"十二五"环境科学与工程系列规划教材

环境流体力学

黄河清 编 著

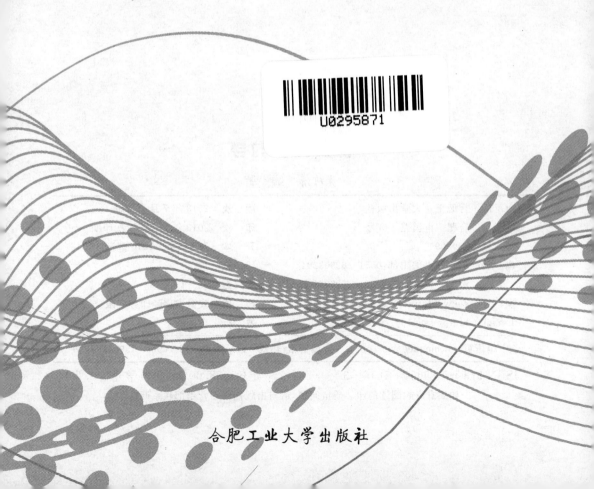

U0295871

合肥工业大学出版社

责任编辑 张择瑞

封面设计 汪哂秋

图书在版编目(CIP)数据

环境流体力学/黄河清编著 . —合肥:合肥工业大学出版社,2013.7

ISBN 978 - 7 - 5650 - 1016 - 3

Ⅰ.①环… Ⅱ.①黄… Ⅲ.①环境物理学—流体力学 Ⅳ.①X12②X52

中国版本图书馆 CIP 数据核字(2012)第 285452 号

环境流体力学

黄河清 编 著

出 版	合肥工业大学出版社	版 次	2013 年 7 月第 1 版
地 址	合肥市屯溪路 193 号	印 次	2013 年 7 月第 1 次印刷
邮 编	230009	开 本	710 毫米×1010 毫米 1/16
电 话	综合图书编辑部:0551—62903204	印 张	17.5
	市 场 营 销 部:0551—62903198	字 数	333 千字
网 址	www. hfutpress. com. cn	印 刷	安徽省瑞隆印务有限公司
E-mail	hfutpress@163. com	发 行	全国新华书店

主编信箱 heqingh@sina. com 责编信箱/热线 zrsg2020@163. com 13965102038

ISBN 978 - 7 - 5650 - 1016 - 3 定价:38.00 元(含教学光盘 1 张)

如果有影响阅读的印装质量问题,请与出版社市场营销部联系调换。

《环境流体力学》编委会

代　序

　　黄河清教授早年留学日本、美国分获硕士及博士学位，自 2008 年归国后一直从事环境流体力学特别是有关重力流的研究及教学，收获颇丰。在其多年研究及教学的基础上，编著了此书。在我看来该书开创了"环境流体力学"先河，在基础知识取舍、章节安排也有独到之处，是一部环境学科的好教材。

　　一、知识结构新而全面，系统而又循序渐进地介绍了与环境流体力学相关的高等数学、量纲分析、本构方程、湍流、有解析解模型、数值模拟基础及重力流的最新研究成果。

　　二、内容精湛匠心独具，编著者将高等数学、流体力学的基础知识和环境流体力学的内容作了恰如其分地完美结合；结合环境流体力学深入研究的需求，作了全新、涵盖广而又难度适中的介绍；而对具解析解的有关环境污染物数学模型及计算流体力学作了最为简约及全面的概括，全书融为一体。

　　三、各章节中均不乏创新之作，书中提出的基于瞬时源模型涌出曲线上的三点计算污染物源强、扩散系数及环境流体流速的公式，比水重或轻的污染物在三维弯曲河道的中间及岸边释放的分布特征、水下重力流的临界弗雷德数和明渠流不同，可以大于1、小于1或不存在，以及有关三维海底弯曲峡谷中浊流流动及沉积特征的研究等都是编著者近年来在国际相关权威学术期刊上发表的有一定应用价值的最新研究成果。

　　当然我不是说该书十全十美，书中语言行文的准确性及流畅性等方面都有可提高的空间，且内容涵盖范围似乎宽泛，作为教材的话可能难以在一学期教完，但不失为开卷有益，不失为广大环境学科的研究人员、在校研究生及高年级学生的有关环境流体力学的一本不可多得的参考书。

中国工程院院士　张杰

2013年6月2日

于哈尔滨工业大学

前　言

国内有关环境流体力学或环境水力学的教材不多且内容大致相仿,包括迁移扩散理论、射流、羽流和浮射流、河流、河口及海湾的混合、分层流等。这些教材的不足之处有两点:一是缺乏整体的理论系统性,比如射流、羽流和浮射流、河流、河口及海湾的混合等都是偏经验的内容过多,有大量的经验公式而难以抓住重点;二是没有包含越来越重要的数值模拟内容。所以本书准备针对此两点不足,对环境流体力学内容做一个全新的整合,以达到内容系统、重点突出、理论及数值模拟兼顾。

本书不类同于国内任何一本相关教材,在作者多年研究及教学的基础上,不企求对传统环境流体力学作面面俱到的阐述,但希望通过本书帮助学生打好牢固的有关环境流体力学的重要的数理及数值模拟的基础,并帮助学生及相关科研人员了解该领域前沿的一些内容,以使他们能够阅读理解国内外这方面研究的论文及专著,结合自己的研究方向,作进一步的发展研究。

随书赠送的光盘不仅含有教学用 PPT 文件、试用版的环境流体模拟软件 Simusoft,还在 Codes Related 文件夹提供了书中第二、六、七章中提及的典型的 Matlab 计算及作图程序,供读者参考、学习及改进用。

本书内容丰富有趣,99% 以上用到的公式均有推导,讲解力求简单明了、清晰易懂,重视系统的基础理论及方法,融入 21 世纪最新的研究成果。

本书编著者感谢国家自然科学基金项目 (40972086,41172103) 的资助,我的研究生叶家盛同学帮助绘制了书中部分插图,特别感谢合肥工业大学出版社张择瑞编辑不断的鼓励、督促,经一年多的努力,终于完成了书稿;后交予各编著委阅读检查及提出修改意见,力争减少错误、通俗而又不乏深度及广度;但由于学识有限,书中可能难免有不妥及可改进之处,恳请各方有识之士不吝赐教。最后衷心感谢中国工程院张杰院士在百忙之中为本书作了可贵的序。

黄河清

2013 年 6 月 15 日

目　　录

第1章　绪论 ………………………………………………………………… (001)

　　1.1　环境流体力学的重要性 …………………………………………… (001)

　　1.2　环境流体力学的研究内容及方法 ………………………………… (007)

　　1.3　环境流体力学的一些基本概念 …………………………………… (008)

　　1.4　环境流体力学发展概况 …………………………………………… (010)

　　1.5　本书后续章节计划安排 …………………………………………… (011)

　　复习思考题 ……………………………………………………………… (013)

　　参考文献 ………………………………………………………………… (013)

第2章　相关高等数学知识 ………………………………………………… (014)

　　2.1　基本微积分 ………………………………………………………… (014)

　　2.2　高斯定理及速度的散度和旋度 …………………………………… (018)

　　2.3　张量基础 …………………………………………………………… (021)

　　2.4　微分方程基础 ……………………………………………………… (027)

　　2.5　常用特殊函数 ……………………………………………………… (033)

　　2.6　偏微分方程基础 …………………………………………………… (036)

　　2.7　MATLAB 快速入门 ………………………………………………… (040)

　　2.8　常用非线性方程求解法 …………………………………………… (054)

　　复习思考题 ……………………………………………………………… (059)

　　参考文献 ………………………………………………………………… (060)

第3章　相似原理和量纲分析 ……………………………………………… (061)

　　3.1　量纲及量纲和谐原理 ……………………………………………… (061)

　　3.2　相似原理、相似准则及模型试验 ………………………………… (062)

3.3　量纲分析 ································· (065)

3.4　基本方程的无量纲化 ················ (068)

3.5　应用量纲分析法解偏微分方程 ········· (069)

复习思考题 ································· (071)

参考文献 ··································· (071)

第 4 章　环境流体力学基本方程 ·········· (072)

4.1　物质导数/随体导数 ················· (072)

4.2　雷诺运输方程 ····················· (073)

4.3　连续方程/质量守恒方程 ············· (075)

4.4　动量方程 ························· (075)

4.5　能量方程 ························· (078)

4.6　标量传质方程 ····················· (082)

4.7　饱和及非饱和区地下水的运动、质量守恒及传质方程 ····· (084)

复习思考题 ································· (088)

参考文献 ··································· (088)

第 5 章　湍流基础 ····················· (089)

5.1　湍流基本特征 ····················· (089)

5.2　层流向湍流的转变 ················· (091)

5.3　湍流研究的一些基本方法、假设及结论 ··· (094)

5.4　两类基本湍流的均流及脉动速度特性 ····· (097)

5.5　雷诺分解及雷诺平均方程 ············· (102)

5.6　基于雷诺平均方程的湍流模型概要 ······ (107)

5.7　湍流标准 k-ε 模型 ··················· (108)

复习思考题 ································· (113)

参考文献 ··································· (114)

第 6 章　具解析解的污染物迁移模型 ······· (115)

6.1　污染物在环境流体中迁移的物理过程 ····· (115)

6.2　剪切流的离散或弥散 ················ (117)

6.3　几种具解析解的一维模型 ……………………………………………… (121)

6.4　几种具解析解的二维及三维模型 ……………………………………… (132)

6.5　根据解析解及实验数据确定扩散系数的方法 ………………………… (135)

6.6　一维河流水质模型简介 ………………………………………………… (145)

6.7　二维河流的污染物中心及岸边释放模型 ……………………………… (155)

复习思考题 …………………………………………………………………… (159)

参考文献 ……………………………………………………………………… (160)

第7章　计算流体力学基础 ………………………………………………… (161)

7.1　数值模拟的必要性、可能性及其局限性 ……………………………… (161)

7.2　数值模拟的一些基本概念 ……………………………………………… (162)

7.3　数值模拟的基本步骤 …………………………………………………… (164)

7.4　基本的离散化方法 ……………………………………………………… (175)

7.5　有限体积法简介 ………………………………………………………… (187)

7.6　非恒定问题的解法 ……………………………………………………… (193)

7.7　RANS 的数值计算解法 ………………………………………………… (201)

复习思考题 …………………………………………………………………… (208)

参考文献 ……………………………………………………………………… (209)

第8章　重力流研究专题 …………………………………………………… (210)

8.1　重力流概述 ……………………………………………………………… (210)

8.2　重力流 RANS 模型方程 ………………………………………………… (213)

8.3　重力流数值模拟和实验的对比研究 …………………………………… (217)

8.4　三维弯曲河道中保守污染物的随流搬运特征 ………………………… (228)

8.5　重力流深度平均模型简介 ……………………………………………… (239)

8.6　有关重力流的重要无量纲数 …………………………………………… (247)

8.7　三维海底峡谷中浊流流动及其沉积研究简介 ………………………… (252)

复习思考题 …………………………………………………………………… (263)

参考文献 ……………………………………………………………………… (263)

第 1 章 绪 论

这一章,我们将重点介绍环境流体力学所要涉及的一些基本概念及其研究内容和方法,最后在回顾环境流体力学发展的基础上介绍一下本书各章内容的安排。

1.1 环境流体力学的重要性

一言以蔽之,环境流体力学(Environmental Fluid Mechanics)是应用流体力学的知识来研究环境污染物在环境流体中的输移、扩散及转化规律与应用的学科。与之密切相关的环境水力学(Environmental Hydraulics)则研究污染物在水环境中的变化规律。我们可以说生活在流体的包围之中,大气、海洋、河流、湖泊、地下水及输水或油管道中的水油等都可以说是广义的环境流体。人类文明的发展特别是近年来在快速创造物质财富的同时,也对环境造成许多超过其自我修复能力的污染,危及人们的生活质量及生存。

先看海洋,曾经是碧波荡漾、有着丰富渔业资源的海洋近几十年来由于受到如图 1-1a 所示的油轮事故及油井泄漏等的原油、大雨及洪水冲至海洋的塑料袋、玻璃瓶、鞋及包装材料等的固体垃圾、海洋排污及开采等造成的水银、二恶英、多氯联苯(PCBs/polychlorinated biphenyls)及多环芳烃(PAHs/polycyclic aromatic hydrocarbon)积聚的污染,一些地方如黑海由于受到来自多瑙河流域 8000 多万人口的生活污水所带来的大量的年以万吨计的氮、磷等,加上多种毒物质在底部聚集,其 90% 以上的水体已变成动植物难以生存的死水。我国的黄海每年接受来自黄河流域的不仅是大量的形成黄颜色的泥沙,还有以百吨计的镉、汞、铅、锌、砷等重金属,1981~1984 年的监测表明,其内虾、螃蟹等甲壳类动物体内镉的含量增加了 2 倍;1989 年的监测显示贝壳类动物体内的汞含量超标达 10 倍以上;1963 年青岛沿海观察到的 141 种海洋动物到 1988 年,仅有 24 种。

再看湖泊,湖泊普遍存在着和上述黑海因人类生产生活所排放的大量的氮、磷等养分而带来的富营养化问题。湖泊的水量因和海洋相比相对较少,流动性也较

图 1-1　2010 年美国墨西哥湾的原油泄漏(a)及受原油污染生存受到威胁的企鹅(b)

弱,所以比海洋更易形成污染。全球约 75% 的湖泊及水库都存在富营养化问题。我国湖泊面积约占国土面积的 1%,由于工业化、城市化及现代农业的飞速发展,大量营养元素及有机物被排入湖中,带来藻类的过度繁殖,使水质不断恶化(赵永宏等,2010)。据统计我国主要湖泊中,已达富营养程度的已过半。五大淡水湖中,太湖、洪泽湖、巢湖已达富营养水平,鄱阳湖、洞庭湖为中营养水平(韦立峰,2006)。"落霞与孤鹜齐飞,秋水共长天一色"怕已成为稀有景色。在过去的十几年中,政府投入了大量的人力与物力治理湖泊污染问题,但收效甚微。如对太湖在"十一五"期间尽管投入了近 20 亿的治理资金,如图 1-2 所示的蓝藻水华还几乎是连年爆发,2007 年 6 月腐烂发臭的水华团飘至无锡市取水口附近,采样测得的总氮、总磷及锰法 COD 的浓度分别高达 23.4mg/L、1.05mg/L 及 53.6mg/L,为正常时的 10～20 倍危及无锡的生活用水,无锡市民纷纷抢购超市内的纯净水,街头零售的桶装纯净水也出现了较大的价格波动(秦伯强,2007)。

图 1-2　多种原因污染带来的富营养化引起的江苏太湖(a)及
云南滇池(b)的蓝藻暴发

　　河流及其流域的交通便利及肥沃的土壤一直支持着人类文明的衍生与发展。但因城市生活污水逐年增加,污水处理严重滞后,以及大量的面源污染问题尚未找到好的解决途径,河流污染问题也是逐渐加重。古诗中的"清泉石上流……随意春芳息"的美景对于城中的人来说,越来越要靠想象力去理解了。根据《全国环境质量报告书》(1993)的统计结果,水污染严重的河流,依次为:海河、辽河、淮河、黄河、松花江、长江、珠江。其中海河劣于Ⅴ类(不适合灌溉用)水质河段高达 56.7%,辽河达 37%,黄河达 36.1%。长江干流劣于Ⅲ类(不适于人体直接接触如游泳用等)水的断面已达 38%,比 8 年前上升了 20.5%。1999 年,在黄河流域的 114 个重点监测断面上,Ⅴ类和劣Ⅴ类水体分别为 70% 和 56.2%。河流污染是指直接或间接排入河流的污染物造成河水水质恶化的现象,其主要特点有:①污染程度随径流量而变化,河流径流量愈大,污染程度愈低;②污染物扩散快,上游遭受污染会很快影响到下游;③污染危害大,污染物通过饮水可直接毒害人体,也可通过食物链和灌溉农田间接危及人身健康;④有一定的自净能力。近年来,沿河企业为单纯追求经济利益,而忽视环境和生态效益,或化学毒品船的倾覆所造成的污染事件时有发生。2005 年 11 月 13 日,中石油吉林石化公司双苯厂苯胺车间发生爆炸事故,事故产生的约 100t 苯、苯胺和硝基苯等有机污染物流入松花江,哈尔滨市政府随即决定,于 11 月 23 日零时起关闭松花江哈尔滨段取水口,停止向市区供水,哈尔滨全城停水四天,哈尔滨市的各大超市无一例外地出现了抢购饮用水的场面。2010 年 7 月 28 日,吉林省永吉县某化工厂 1000 多只装有三甲基一氯硅烷的原料桶,被冲入松花江,顺松花江水流冲往下游(图 1-3b)。三甲基一氯硅烷是无色透明液体,有刺激臭味,受热或遇水分解放热,会分解释放出有毒的腐蚀性烟气,对两岸群众饮水安全造成严重威胁。2012 年春节期间广西龙江河流域发生的镉污染事件可以说是此类污染事件的又一个典型代表,不法企业的镉排放造成了 300 多千米河段的严重的镉污染,4 万多千克鱼死亡,并且威胁到柳州市的用水安全。镉的化合物毒性大,蓄积性也很强,动物吸收的镉很少能排出体外。受镉污染的河水用作灌溉农田,可引起土壤镉污染,进而污染农作物,最后影响到人体。日本的痛痛病就是吃了被含镉污水生产的稻米所致。镉进入人体后,主要贮存在肝、肾等组织中不易排出。镉的慢性毒性主要使肾脏吸收能力不全,降低机体免疫能力及导致骨质疏松、软化,如骨痛病所出现的骨萎缩、变形、骨折等。

生活污水
排放口

图 1-3　某城生活污水直接排放至河流(a)及被洪水冲入松花江的化工原料桶(b)

地下水是水循环中的重要一环,含有较河流及湖泊更多的淡水,流动极其缓慢,因此,地下水污染具有过程缓慢、不易发现和难以治理的特点。地下水一般以渗流的方式补给河流、湖泊和湿地等,也以地下径流的方式流入海洋,所以地下水一经污染,即使彻底消除其污染源,其水质的恢复也将是一个漫长的过程,污染有可能被传至其补给的河流、湖泊和海洋区域。如图 1-4 所示,地下水可能会因垃圾填埋、化粪池、地面储油罐以及雨水等携带的面污染物的渗透而受到污染。20

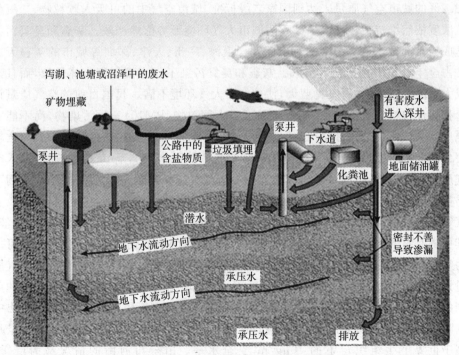

图 1-4　地下水污染污染源示意图

世纪 90 年代初,北京某地发生一起恶性柴油泄漏事件,78t 柴油在一周内全部渗入包气带和潜水含水层,致使附近的水源遭受严重污染,水厂被迫停产,影响供水范围波及 36km²。另外地下水污染和河流污染也是密切相关的,上述广西龙江河发生的镉污染严重超标的原因是之一就是一矿厂未按规定建设,渣场防渗漏措施不完善而导致矿渣渗滤液对周边地下水、土壤造成了严重污染,进而渗入龙江河;还有另一家黑心工厂则将未经处理的含高浓度镉的污染水直接排入和地下水相连的溶洞水中。两家企业的主要负责人均受到了法律的惩处。

大气污染所带来的损害极其广泛,许多时候并不表现为如图 1-5 所示的烟气或毒雾酸雨这类形式,但各种生物无不经常受其影响,对森林和农作物的损害尤为显著。经常呼吸污浊的空气,对人体的健康也是威胁,特别是呼吸道疾病会因此增加。长期生活在被严重污染的大气环境中,犹如慢性中毒。2013 年春节期间以北京为代表的我国多个省市的连续达几十天的雾霾天气,PM2.5 超标达 10 倍以上,严重影响了人们的正常生活及工作,使我们都切身体会到了清洁空气的重要性。历史上比较著名的有 1952 年在英国发生了“伦敦烟雾事件”,连续 4 天高浓度的大气污染,造成约 4000 人死亡。环境保护部部长周生贤 2009 年受国务院委托向全国人大常委会报告当前大气污染防治工作的进展情况时如是说,2008 年,全国 23.2% 的城市空气质量未达到国家二级标准,城市空气中的可吸入颗粒物、二氧化硫浓度依然维持在较高水平。我国城市大气环境形势依然严峻。灰霾和臭氧污染已成为东部城市空气污染的突出问题。上海、广州、天津、深圳等城市的灰霾天数已占全年总天数的 30%～50%。灰霾和臭氧污染不仅直接危害人体健康,而且造成大气能见度下降,看不见蓝天,使公众对大气环境不满。我国目前的空气质量评价指标仅包括二氧化硫、二氧化氮和可吸入颗粒物(PM10)三项污染物,尚不能完全反映大气污染的实际状况,使空气质量评价结果与公众直观感受不一致。比较突出的是国际上发达国家均将 PM2.5(空气中粒径小于 2.5μm 的颗粒物)纳入空气质量标准,如美国的日平均标准为 $30\mu g/m^3$。粒径在 2.5μm 以下的细颗粒物不易被阻挡,吸入人体后会直接进入支气管,干扰肺部的气体交换,引发包括哮喘、支气管炎和心血管病等方面的疾病。这些颗粒还可以通过支气管和肺泡进入血液,其中的有害气体、重金属等溶解在血液中,对人体健康的伤害更大;PM2.5 还可成为病毒和细菌的载体,为呼吸道传染病的传播推波助澜。若将 PM2.5 纳入空气质量评价体系,我国大部分城市的空气质量可能都会不合格。2012 年春节期间的英国的《经济学人》杂志利用卫星数据,发表全中国各省空气质量的测量数据,指出中国除了黑龙江、西藏和海南三个省份外,其他省份空气中的年平均 PM2.5 含量都高于世界卫生组织定下的 $10\mu g/m^3$ 安全水平。山东与河南的情况最为严重,PM2.5 含量超过 $50\mu g/m^3$,为安全水平的 5 倍。

图 1-5 工业烟气的排放(a)及城市汽车排气(b)
是大气污染的两个重要原因

综上所述,可见我们周边的海洋、湖泊、河流及大气等均遭到了严重的污染或处于可能被污染的危险之中。研究上述诸多环境流体中的污染问题,需要我们很好地学习掌握流体力学及环境科学的知识,分析污染的成因及传输过程,对其可能形成的危害提前做出科学的预测,评价各种可选择的防范及治理措施的优劣,从而为保护及改善我们的生活环境、实现可持续发展的科学决策及选择成本效益高的最佳的治理方案等提供有力的科学依据。

1.2 环境流体力学的研究内容及方法

造成环境污染的污染物有物理污染物(热、放射性等)、化学污染物(无机及有机污染物、重金属等)和生物污染物(病菌、病毒等)等(杨志峰,2005)。污染源按其是否随时间变化,分为瞬时源(instantaneous source)及连续源(continuous source）；按其在空间的形式分为点源（point source）、线源及面源。线源及面源一般又被称为非点源（non-point source）。工业废水及生活污水的排放是典型的点源污染；而农业的化肥、农药以及城市的烟气、粉尘等污染物随降雨的地表径流进入各种水体而形成的污染为典型的非点源污染。环境流体力学主要研究的是这些污染物进入环境流体后在时间和空间上的变化规律，具体有：

（1）污染物在环境流体中的扩散、混合及输移的规律；

（2）不同形式排放的污染物进入环境流体的污染特征及变化规律，为环境污染的控制管理及污染事故作出准确的预警预报及对拟建水利工程等进行环境影响评估，为决策提供科学依据；

（3）随着环境治理保护工作的开展，对环境流体力学提出了越来越多的课题，如工业高温废水的热污染扩散；海湾油污染的迁移扩散、海水侵入的淡盐水的混合、废水处理中的曝气和沉淀、氧化塘中的污染物的混合稀释及反应过程等。

环境流体力学作为流体力学在环境科学领域的应用，其研究方法当然也继承了流体力学的实验研究、理论分析及数值模拟三大方法。实践出真知，实践实验是许多科学知识的源头。建立在实验基础上的理论可帮助我们从宏观上或微观上进一步地理解客观世界，指导我们更好地实践，并且理论也是我们建立数学模型、进行数值模拟的基础。由于描述流体及运动的质量、动量及污染物的传输方程均为至今没有普遍理论解的复杂的偏微分方程，其解随各个特定问题的初始及边界条件的不同而不同，因此对现实中的实际问题，很多情形下单纯的理论分析是不够的，还需进行实验模拟或数值模拟研究以得到进一步的定量的结论。过去侧重于实验模拟，近十年来，随着计算机硬件及计算技术的飞速发展，数值模拟也发挥着越来越重要的作用。

1.3　环境流体力学的一些基本概念

学习一门新知识一般包括两项基本内容：一是有关的基本概念，这是基础；二是相关的基本的定理、定律等。环境流体力学的基本概念部分来自于环境科学如浓度、保守物质等，部分则来自流体力学如密度、黏性等。下面我们要在环境流体的背景下考察它们。

1.3.1　密度（Density）

流体密度为单位体积流体的质量，一般以希腊字母 ρ[rhu]来表示，量纲为 $[ML^{-3}]$，其中 M 表示质量，L 表示长度，常用单位为 kg/m^3。水的密度在一个大气压,20℃时为 998kg/m³。水的密度非常特别,在 4℃时最大,低于或高于其时都渐渐减小。自然水体混入污染物时,密度会发生变化,但一般变化不大,多数情形下都会低于 10%。在因水体中混入的污染物所带来的密度增加不大的情形下,流体的质量、动量以及污染物传质方程中的密度均可看作常数,而仅对动量方程的浮力项考虑污染流体和环境流体的密度差就可以了,这就是著名的**波涅勒斯克假设**(Bossinesq assumption),可使我们在不影响精度的前提下,简化问题的复杂性。

气体的密度由气体状态方程

$$\rho = \frac{p}{RT} \tag{1-1}$$

其中 $P[\text{ML}^{-1}\text{T}^{-2}]$=气压;$R[\text{L}^2\text{T}^{-2}\theta^{-1}]$=气体常数,其中 θ 为温度的量纲,对于大气来说其值约为 $287\text{m}^2\text{s}^{-2}\text{K}^{-1}$,其中 K 为开尔文绝对温度;$T[\theta]$=气温。通常在一个标准大气压,20℃时,大气的密度约为 1.2kg/m^3。由状态方程可见气体的密度随着气压的增加而增加,温度的升高而降低。

1.3.2 浓度(Concentration)

浓度一般是指单位体积流体中所含污染物的质量,一般以字母 C 来表示,量纲和密度一样,也是$[\text{ML}^{-3}]$。常见污染物的浓度单位有 g/m^3、g/L 及 mg/L。环境流体中污染物的浓度一般为空间和时间的函数,所以有各种平均浓度,如时间平均浓度、空间平均浓度、流量平均浓度及系综平均浓度等。

另外还有一种无量纲的**体积比浓度**(volumetric concentration),一般以 P 来表示,定义为样品中污染物体积除以样品总体积。而将体积比浓度 P 的倒数定义为**稀释度**(dilution),以 S 来表示。如果环境流体中在某种浓度为 C_d 的污染物被加入前已有该污染物,且其背景浓度为 C_s,则完全混合后的浓度 C 为

$$C = C_s + P(C_d - C_s) \tag{1-2}$$

1.3.3 黏性(Viscosity)

环境流体的水及空气即使混入了一定程度的污染物依然是牛顿流体,也即流体内部的切应力和应变率或速度梯度成正比,其比例系数即为**分子动力黏性系数**(Molecular dynamic viscosity),一般以希腊字母 $\mu[\text{mu}]$ 来表示,量纲为 $[\text{ML}^{-1}\text{T}^{-1}]$,常用单位为 kg/m/s。在讨论流体运动方程时常常要使用**运动黏度**(kinematic viscosity),通常以希腊字母 $\nu[\text{nu}]$ 来表示,为动力黏度除以流体密度,量纲是 $[\text{M}^2\text{T}^{-1}]$,常用单位为 m^2/s。水在常温下的运动黏度约为 $1.0 \times 10^{-6}\text{m}^2/\text{s}$,一般随着温度的升高而降低,也随着污染物浓度的增加而增加。常温常压下大气

的黏度约为 $1.0 \times 10^{-3} \, m^2/s$，一般随着温度的升高而增大，和水恰好相反。

环境流体的流动一般都是湍流，湍流一个重要特性就是极大地促进了扩散，湍流脉动的扩散效应可以通过假想的比流体分子黏度大得多的涡黏度（eddy viscosity）或涡扩散系数（eddy diffusivity）来模拟。在第 5 章湍流章节里，我们将对此进行更详细地讨论。

1.3.4　保守/非保守物质（Conservative/Non-conservative material）

保守物质为在环境流体中不会因物理反应（凝聚、沉降等）、化学反应或生物反应等而改变其数量及质量的物质，如溶解于试管液体中的盐分；反之则为非保守物质，如河流搬运的泥沙会因沉积（sedimentation）或夹带（entrainment）而改变它们在水体中的总量。在环境流体力学中有时要用到的示踪子或示踪质（tracer）是一种理想的保守物质，它的存在对环境流体密度的改变微乎其微，因而不会改变环境流体的运动状态。

1.3.5　质量通量（Mass flux）

环境流体中的污染物的质量通量是指单位时间内通过单位面积的污染物的质量。因为流体的流动速度 $U[LT^{-1}]$ 产生的质量通量为

$$q_c = UC \tag{1-3}$$

式中，$q_c[ML^{-2}T^{-1}]$ 为因流体流动而产生的**随流输移**（advection）质量通量。

由于污染物的浓度不均匀而产生的由浓度高向低处的扩散而产生的质量通量为

$$q_{di} = -D\frac{\partial C}{\partial x_i} \tag{1-4}$$

式中，q_{di} 为因浓度不均匀而产生的沿 x_i 方向的扩散质量通量，它和该方向的浓度梯度以及反映流体对污染物扩散能力强弱的**分子扩散系数**（molecular diffusion coefficient）$D[L^2T^{-1}]$ 成正比。此即费克第一定理。

1.4　环境流体力学发展概况

鉴于污染物的扩散规律在环境流体力学研究中的重要性，环境流体力学可以追溯到 19 世纪中叶费克（Fick，1855）提出的关于物质扩散的费克第一及第二定

理。20 世纪上半叶泰勒(Taylor,1921)关于湍流扩散的研究标志着在这一领域的一大进步。1979 年费切尔等(Ficher et al. ,1979)的专著《内陆及沿海区域的混合》标志这一领域的首次集大成,书中较为系统地讨论分析了污染物在河流及河口等的运移、变化的基本规律。自此,环境流体力学取得了长足的发展。国际水力研究协会(International Association for Hydraulic Research/IAHR)成立了环境水力学组,中国水利学会水力学专业委员会也设立了环境水力学组,国外的许多大学均将传统的土木工程系更名为土木及环境工程系。国内外均有每 2 年一次环境水力学会议,国际权威学术刊物 Journal of Hydraulic Research, Journal of Hydarulic Engineering, Journal of Environmental Engineering 也发表着越来越多的有关环境流体力学方面的文章(董志勇,2006)。但至今国内外有关环境流体力学方面的专著并不多,国外最近有 Rubin(2001)的《Environmental Fluid Mechanics》,书中分为两大部分,第一部分专门讨论流体力学及水力学,第二部分探讨了在地下水、分层流及沉积物搬运方面等环境流体方面的应用;Koldiz(2002)的《Numerical Methods in Environmental Fluid Mechanics》讨论了应用有限差分法、有限元法及有限体积法等数值计算方法来编程分析解决环境流体特别是在空隙介质中的流动问题;由 Singh 和 Hager(2010)主编的《Environmental Hydraulics》里分 10 个专题分别讨论了环境水力学、射流及羽流、入海流、扩散及分散、泥浆和水波的相互作用、热传输、化学传输、河流水质模拟及河口水力学。

1.5 本书后续章节计划安排

上节涉及的教材不足之处主要有两点:一是缺乏整体的理论系统性,比如射流羽流和浮射流、河流、河口及海湾的混合等都是偏经验的内容过多,有大量的经验公式而难以抓住重点;二是没有包含越来越重要的数值模拟内容。所以本书准备针对此两点不足,对环境流体力学内容做一个全新的整合,以达到内容系统、重点突出、理论及数值模拟都兼顾的目的。

环境流体力学和流体力学一样是和数学密切相关的一门科学,良好的高等数学基础是掌握环境流体力学的关键。所以第 2 章将概略地汇总高等数学和本书相关的内容,例题均尽可能地采用本书后续章节要涉及的内容。也可以说期望通过第 2 章结合流体力学实例的回顾高等数学,进一步加深对相关重要数学概念、方法的理解,为后续的学习打好基础。读者也可经常来此查阅不熟悉或忘却的内容。在计算机日益普及的今天,掌握一门好的程序语言无疑会促进我们学好环境流体力学,所以在第 2 章的 2.7 节对在科学及工程计算方面国际上应用广泛的

MATLAB 语言作了一非常简明扼要的入门介绍。本书的计算程序及图形绘制大都应用了 MATLAB 语言。

鉴于量纲分析的广泛实用性及重要性，也作为对高等数学知识的一个重要补充，本书第 3 章重点对其进行介绍，以突出其重要性。

第 4 章介绍流体力学的基本方程及传质方程。和大多数流体力学或水力学的书中从微分的角度讨论不同，本书将以积分形式的雷诺运输方程为基础推导出质量、动量、能量守恒方程及污染物的传质方程，从另一个角度帮助学生理解环境流体运动方程的一致性，为今后建立污染物的数学模型打好坚实的理论基础。

由于自然界的环境流体的流动大都是湍流，所以第 5 章专门讨论湍流。我们将比一般的水力学教材更加详细地介绍湍流的基本特征、湍流研究基本方法、假设及结论、层流向湍流的转变、壁面边界层及自由剪切层两类湍流产生机制、雷诺平均及各种雷诺平均方程的导出、一些主要的湍流模型等。特别详细介绍了在工程实践中被广泛应用的湍流二方程 k-ε 模型的导出及应用。

第 6 章重点介绍传统环境水力学中涉及的大多数具解析解的污染物迁移模型。内容主要包括无限水体中瞬时点源、恒定污染源及有限分布源等的一维及多维模型，根据解析解及实验数据确定数学模型中扩散系数的方法，一维河流水质模型及二维河流的污染物中心释放和岸边释放模型的理论分析等。

第 7 章将介绍计算流体力学(CFD)的基础。这一章的目的是使读者不仅会用一般的数值模拟软件，也能理解 CFD 的一些重要概念如一致性、稳定性、收敛性、守恒性、有界性及精度等，会使用基本的离散化方法，如迎风格式、中心格式、顺风格式及 QUICK 格式等及理解它们的特性；并且还能应用有限体积法编程数值求解一些恒定及非恒定污染物传质方程，包括雷诺平均的纳维尔－斯托克斯(RANS)方程。

第 8 章将对环境流体的一类重要类型——重力流或称为异重流(gravity flow)进行专题讨论。内容包括应用在第 3～7 章的基础上建立的三维数值模型研究污染物在弯曲河道内的传输及分布特征问题，同时也对简化的深度平均的二维及一维模型作一简单介绍。最后介绍关于重力流研究的一些最新进展，特别是对重力流的梯度理查德森数及整体理查德森数的临界值的突破传统观念的研究，以及对海底浊流在弯曲渠道内的流动及沉积特征的研究。

本书不企求对环境流体力学作面面俱到的阐述，但希望帮助读者打好牢固的有关环境流体力学的重要的数理基础及数值模拟基础，并帮助学生及相关研究人员了解该领域研究前沿的一些内容，以使他们能够阅读理解国内外这方面研究的论文及专著，结合自己的研究方向，作进一步的发展。

复习思考题

1.1 什么是环境流体力学?

1.2 结合身边的例子谈一谈学习环境流体力学的重要性。

1.3 简单解释 PCBs、PAHs。

1.4 何谓点污染源及面污染源?

1.5 河流污染的主要特点是什么

1.6 地下水污染的主要特点是什么?

1.7 镉污染如何对人体造成危害?

1.8 什么是 PM2.5 及其对人体的危害有哪些?

1.9 环境流体力学的研究方法有哪些?

1.10 何谓体积比浓度及稀释度?

1.11 推导式(1-2)。

1.12 何谓非保守物质?

参 考 文 献

程文,王颖,周孝德. 环境流体力学. 西安:西安交通大学出版社,2011.

董志勇. 环境水力学. 北京:科学出版社,2006.

李大美,黄克中. 环境水力学. 武汉:武汉大学出版社,2007.

秦伯强. 我国湖泊富营养化及其水环境安全. 科学对社会的影响,2007,3:17-23.

杨志峰. 环境水力学原理. 北京:北京师范大学出版社,2006.

赵宗升. 环境流体力学. 北京:北京大学出版社,2010.

左东启. 中国水利百科全书 水力学、河流及海岸动力学分册. 北京:中国水利水电出版社,2004.

Ficher H B,et al. Mixing in inland and coastal waters. Academic Press,1979.

Fick A E. Uber diffusion. Ann. Phys. Chem. ,1855a,94:59-86.

Fick A E. On liquid diffusion. Philosophic Magazine,1855b,4(4):30-39.

Kolditz O. Computational Environmental Fluid Mechanics,2002.

Rubin H. Environmental fluid mechanics. Marcel & Dekker,Inc. ,2001.

Singh V P,Hager W H. Environmental Hydraulics. Kluwer Academic Publishers,2010.

Taylor G I. Diffusion by continuous movements. Proc. London Math. Soc. ,1921,20:196-211.

第2章 相关高等数学知识

这一章将对环境流体力学所涉及的高等数学部分作一扼要回顾。内容包括基本微积分、高斯定理及速度的散度和旋度、张量基础、微分方程及偏微分方程基础、常用特殊函数、MATLAB 入门简介及非线性方程的求根等。这儿并不追求数学上的严格性，而是侧重于通过结合环境流体力学实例的讲解，帮助学生加深对有关数学的概念及其物理意义的理解。希望读者在学习本章内容的同时，也能阅读相关数学参考文献，相辅相成，牢固掌握有关数学的概念、方法及其应用，顺利地学习此章之后的内容。读者在后续章节遇到数学问题时，也可查阅本章相关内容，以帮助理解。

2.1 基本微积分

函数(function)是表示某个量(**因变量**/dependent variable)和其他量(**自变量**/independent variable)之间的关系的。这些量可以是**标量**(scalar)如污染物的浓度 c、**矢量**(vector)如流体流动速度 $\vec{u}$ 或**张量**(tensor)如应力 τ[tau]等。一般环境流体满足连续介质假设，在欧拉法的流场中，浓度、速度及应力等自变量都是空间(在直角坐标系中以 x, y, z 来表示)和时间 t 的连续函数，一般用 $c(x, y, z, t)$, $u(x, y, z, t)$ 及 $\tau(x, y, z, t)$ 来表示。假设速度矢量沿直角坐标各方向的分量分别为 u_1, u_2, u_3，则速度矢量可写成

$$\vec{u}(x, y, z, t) = u_1(x, y, z, t)i + u_2(x, y, z, t)j + u_3(x, y, z, t)k \qquad (2-1)$$

这儿 i, j, k 分别表示沿 x, y, z 方向的单位方向矢量。

2.1.1 矢量点积(Dot product)

二矢量点积为一标量，其值为一矢量的模长乘以另一矢量在其方向上的投影模长，或者说二矢量模长的积乘以二矢量夹角的余弦，即

$$\vec{u} \cdot \vec{v} = |\vec{u}||\vec{v}|\cos\alpha = (u_1 i + u_2 j + u_3 k) \cdot (v_1 i + v_2 j + v_3 k)$$

$$= u_1 v_1 + u_2 v_2 + u_3 v_3 \tag{2-2}$$

有时简写成

$$\vec{u} \cdot \vec{v} = u_i v_i = \sum_{i=1}^{3} u_i v_i \tag{2-3}$$

上式中间的记法为爱因斯坦标记法,是一种非常简便的表示点积的方法,下面讨论张量时我们会经常用到。矢量的模长定义为矢量自身点积的平方根,即

$$|\vec{u}| = \sqrt{\vec{u} \cdot \vec{u}} = \sqrt{u_i u_i} \tag{2-4}$$

2.1.2　导数(Derivative) 及偏导数(Partial derivative)

导数的数学定义为当某连续函数自变量的改变量趋于零时对应函数改变量与自变量改变量比的极限值。比如说浓度在均匀场中为时间的连续函数,浓度对时间的导数为:

$$\frac{\mathrm{d}c(t)}{\mathrm{d}t} = c'(t) = \lim_{\Delta t \to 0} \frac{c(t+\Delta t) - c(t)}{\Delta t} \tag{2-5}$$

实际应用时,导数可以理解成函数对应自变量单位改变量的改变量,上式即表示单位时间内(1s)浓度的改变量,也即浓度随时间的变化率。又比如说在一维稳定场中,浓度仅为 x 的函数,导数 $\dfrac{\mathrm{d}c(x)}{\mathrm{d}x}$ 即表示浓度沿 x 方向改变单位长度(1m)时的改变量,也即浓度随距离的变化率。

在一般的非均匀、非稳态的场中,浓度既是空间又是时间的函数,我们假设空间坐标不变,及固定在空间的某点上观察该点浓度随时间的变化率,即为该点浓度对时间的**偏导数**(partial derivative),表示成 $\dfrac{\partial c(x,y,z,t)}{\partial t}$。类似地,$\dfrac{\partial c(x,y,z,t)}{\partial x}$ 表示在时间 t 及空间坐标 y,z 不变的前提下,浓度 c 沿 x 方向的变化率。

2.1.3　微分及全微分(Differentiation/Total differential)

连续函数的自变量的微小改变量所带来的因变量的改变量即为其**微分**。借用前面均匀场中浓度 $c(t)$ 的例子和导数的定义,其微分即为:$\mathrm{d}c(t) = c'(t)\mathrm{d}t$。若要考虑一般时空场中浓度 $c(x,y,z,t)$ 因各个自变量的变化而带来的总的变化即为浓度的**全微分**

$$\mathrm{d}c(x,y,z,t) = \frac{\partial c}{\partial x}\mathrm{d}x + \frac{\partial c}{\partial y}\mathrm{d}y + \frac{\partial c}{\partial z}\mathrm{d}z + \frac{\partial c}{\partial t}\mathrm{d}t \tag{2-6}$$

其物理意义为浓度对各自变量的变化率(偏导数)乘以各自变量的改变量的总和，即为浓度因各自变量的改变而发生的变化的总和。

2.1.4 标量场梯度(Gradient)

考察某一固定时刻的浓度场 $c(x,y,z)$。因时间固定了，则 c 仅为空间场坐标的函数。浓度在 x,y,z 各方向的变化率分别为 $\dfrac{\partial c(x,y,z)}{\partial x}$，$\dfrac{\partial c(x,y,z)}{\partial y}$ 及 $\dfrac{\partial c(x,y,z)}{\partial z}$。那么浓度 c 随距离变化最大的方向的变化率应为沿各坐标轴方向变化率的矢量和，此即为 c 的**梯度**

$$\mathrm{grad}c = \nabla c = \frac{\partial c}{\partial x}i + \frac{\partial c}{\partial y}j + \frac{\partial c}{\partial z}k \tag{2-7}$$

式中

$$\nabla = \frac{\partial}{\partial x}i + \frac{\partial}{\partial y}j + \frac{\partial}{\partial z}k \tag{2-8}$$

为**哈密顿算符**(Hamilton operator)，它具有矢量及微分的双重性质；$\mathrm{grad}c$ 表示求 c 的梯度。梯度是一矢量，它的方向为该标量单位距离改变量最大的方向，其长度或模即为沿该方向的单位长度的改变率。

2.1.5 积分(Integration)

积分有线积分、面积分及体积积分等不同的形式，本质上都是对分布不均匀的量求和。我们以常见的面积分为例，假设三维河道恒定流场中 x 为常量的某断面 $a(y,z)$ 处，浓度 $c(y,z)$ 及速度 $u(y,z)$ 均为 y,z 的函数。如果我们要求通过此断面的单位时间的体积流量 $Q(\mathrm{m^3/s})$ 或断面平均速度 U 及平均浓度 C 时，就需要如下积分

$$Q = \int_a u(y,z)\mathrm{d}y\mathrm{d}z \tag{2-9}$$

$$U = \frac{Q}{A} = \frac{\displaystyle\int_a u(y,z)\mathrm{d}y\mathrm{d}z}{A} \tag{2-10}$$

$$C = \frac{\displaystyle\int_A c(y,z)\mathrm{d}y\mathrm{d}z}{A} \tag{2-11}$$

式中 A 为该断面面积。

2.1.6　泰勒级数(Taylor series)

若函数 $f(x)$ 在 $x=x_0$ 处有任意阶导数,则其可用如下幂级数来逼近

$$f(x) \approx \sum_0^{+\infty} \frac{f^{(n)}(x_0)}{n!}(x-x_0)^n$$

$$= f(x_0) + f'(x_0)(x-x_0) + \frac{f''(x_0)}{2}(x-x_0)^2 + \cdots \quad (2-12)$$

我们称之为函数的泰勒级数或泰勒展开式。在后续章节里用简化变换法求解非线性方程及讨论离散微分项的格式时,都需要用到函数的泰勒级数。一些常见函数在 $x_0 = 0$ 点的泰勒展开式为

$$e^x \approx 1 + x + \frac{x^2}{2} + \frac{x^3}{3!} + \cdots \quad x \in [-\infty, +\infty] \qquad (2-13)$$

$$\sin x \approx x - \frac{x^3}{3!} + \frac{x^5}{5!} - \cdots \quad x \in [-\infty, +\infty] \qquad (2-14)$$

$$\cos x \approx 1 - \frac{x^2}{2!} + \frac{x^4}{4!} - \cdots \quad x \in [-\infty, +\infty] \qquad (2-15)$$

$$(1+x)^a \approx 1 + ax + \frac{a(a-1)}{2}x^2 + \frac{a(a-1)(a-2)}{3!}x^3 + \cdots$$

$$x \in (-1, +1) \qquad (2-16)$$

式中,a 为任一实数。

2.1.7　莱布尼兹积分定理(Leibniz integral rule)

设 $\varphi(x, y(x))$ 在其定义域内连续,那么其在变量域 $y_b(x)$, $y_s(x)$ 积分的微分可以表示成

$$\frac{\partial}{\partial x} \int_{y_b(x)}^{y_s(x)} \varphi(x, y(x)) \, dy = \frac{\partial y_s}{\partial x} \varphi(x, y_s) - \frac{\partial y_b}{\partial x} \varphi(x, y_b) + \int_{y_b}^{y_s} \frac{\partial \varphi(x, y)}{\partial x} dy$$

$$(2-17)$$

证明:设 $\Phi(x) = \int_{y_b(x)}^{y_s(x)} \varphi(x, y(x)) \, dy$,则

$$\Delta\Phi = \Phi(x+\Delta x) - \Phi(x) = \int_{y_b+\Delta y_b}^{y_s+\Delta y_s} \varphi(x+\Delta x, y) \, dy - \int_{y_b}^{y_s} \varphi(x, y) \, dy$$

$$= \left[\left(\int_{y_b+\Delta y_b}^{y_b} + \int_{y_b}^{y_s} + \int_{y_s}^{y_s+\Delta y_s} \right) \varphi(x+\Delta x, y) \, dy \right] - \int_{y_b}^{y_s} \varphi(x, y) \, dy$$

$$= -\int_{y_b}^{y_b+\Delta y_b} \varphi(x+\Delta x, y)\,\mathrm{d}y + \int_{y_b}^{y_s} [\varphi(x+\Delta x, y) - \varphi(x, y)]\,\mathrm{d}y + \int_{y_s}^{y_s+\Delta y_s} \varphi(x+\Delta x, y)\,\mathrm{d}y$$

$$\overset{\text{中值定理}}{=} -\varphi(x+\Delta x, \xi_b)\,\Delta y_b + \int_{y_b}^{y_s} [\varphi(x+\Delta x, y) - \varphi(x, y)]\,\mathrm{d}y + \varphi(x+\Delta x, \xi_s)\,\Delta y_s$$

式中 $\xi_b \in [y_b, y_b + \Delta y_b]$, $\xi_s \in [y_s, y_s + \Delta y_s]$, 那么

$$\frac{\partial}{\partial x} \int_{y_b(x)}^{y_s(x)} \varphi(x, y(x))\,\mathrm{d}y = \frac{\mathrm{d}\Phi(x)}{\mathrm{d}x} = \lim_{\Delta x \to 0} \frac{\Delta \Phi}{\Delta x}$$

$$= -\varphi(x, y_b) \lim_{\Delta x \to 0} \frac{\Delta y_b}{\Delta x} + \int_{y_b}^{y_s} \lim_{\Delta x \to 0} \frac{[\varphi(x+\Delta x, y) - \varphi(x, y)]}{\Delta x}\,\mathrm{d}y + \varphi(x, y_s) \lim_{\Delta x \to 0} \frac{\Delta y_s}{\Delta x}$$

$$= \frac{\partial y_s}{\partial x} \varphi(x, y_s) - \frac{\partial y_b}{\partial x} \varphi(x, y_b) + \int_{y_b}^{y_s} \frac{\partial \varphi(x, y)}{\partial x}\,\mathrm{d}y$$

证毕。作为莱布尼兹积分定理的特例,若积分上下限为常数 a, b,则应用莱布尼兹积分定理得

$$\frac{\partial}{\partial x} \int_b^a \varphi(x, y)\,\mathrm{d}y = \int_b^a \frac{\partial \varphi(x, y)}{\partial x}\,\mathrm{d}y \tag{2-18}$$

即连续函数关于定区间积分的微分和微分后的积分是可以互换的。第 8 章在推导重力流的深度平均模型方程时,要用到莱布尼兹积分定理。

2.2　高斯定理及速度的散度和旋度

　　这节我们以稳定速度场矢量 $\vec{u}(x, y, z)$ 为代表,来讨论速度矢量的面积分、散度、旋度以及后面将经常用到的高斯定理等。

2.2.1　速度矢量的面积分

　　若速度矢量不垂直于断面 A,速度矢量可以分解成垂直于及平行于 A 的两个分量,只有垂直的速度分量才随流输运量有贡献,所以求通过断面流量的式(2-9)在这种情形下就要修改成如下更一般的矢量积分的形式

$$Q = \int_A \vec{u} \cdot \mathrm{d}\vec{A} = \int_A \vec{u} \cdot \vec{n}\,\mathrm{d}A \tag{2-19}$$

式中,$\vec{n}$ 为 A 的外法线方向的单位矢量。

　　若 A 为一封闭的曲面,其所包含的体积为 V,则上式算出的 Q 为正时,表示单

位时间纯流出 V 的量,为负时为纯流入量,为零时流入的等于流出的。

2.2.2　速度矢量的散度

我们将哈密顿算符和速度矢量的点积,即

$$\nabla \cdot \vec{u} = \left(\frac{\partial}{\partial x} i + \frac{\partial}{\partial y} j + \frac{\partial}{\partial z} k \right) \cdot (u_1 i + u_2 j + u_3 k) = \frac{\partial u_1}{\partial x} + \frac{\partial u_2}{\partial y} + \frac{\partial u_3}{\partial z}$$

$$(2-20)$$

定义为速度矢量的**散度**(divergence)。流体流动速度的散度为一标量,量纲为 $[\mathrm{T}^{-1}]$,其物理意义为流体的体积在单位时间内相对于单位体积的改变量。由流体力学的知识我们也知道,散度式(2-20)最右边的各项分别为流体微元在各坐标轴方向上的线性变化率。散度为零即各坐标方向的线性变化率之和为零,流体微元保持总体积不变。

2.2.3　高斯定理(Gaussian theorem)

设 V 是由光滑或分段光滑的封闭曲面 A 所包围的有界封闭空间,函数 P,Q,R 为定义在 V 上的函数且有一阶连续偏导数,则有如下高斯公式

$$\int_V \left(\frac{\partial P}{\partial x} + \frac{\partial Q}{\partial y} + \frac{\partial R}{\partial z} \right) \mathrm{d}x\mathrm{d}y\mathrm{d}z = \int_A (P\mathrm{d}y\mathrm{d}z + Q\mathrm{d}x\mathrm{d}z + R\mathrm{d}x\mathrm{d}y)$$

$$= \int_A (P\cos\alpha + Q\cos\beta + R\cos\gamma) \,\mathrm{d}A \qquad (2-21)$$

$$= \int_A \vec{u} \cdot \vec{n}\,\mathrm{d}A$$

式中,$\cos\alpha, \cos\beta, \cos\gamma$ 为曲面 A 的外法线的方向余弦;$\vec{u} = Pi + Qj + Rk$ 为分别以 P,Q,R 为各直角坐标分量的矢量;$\vec{n}$ 为 A 的外法线方向的单位矢量。鉴于高斯定理的重要性,下面给出其对光滑封闭曲面的证明。

设 $x_2(y,z),x_1(y,z)$ 分别为构成封闭体积 V 的沿 x 方向的前后 2 个面 s_2,s_1,A_{yz} 为此两面在 yz 面上的共同投影面,根据三重积分法则

$$\int_V \left(\frac{\partial P}{\partial x} \right) \mathrm{d}x\mathrm{d}y\mathrm{d}z = \int_{A_{yz}} \mathrm{d}y\mathrm{d}z \int_{x_1(y,z)}^{x_2(y,z)} \frac{\partial P}{\partial x}\mathrm{d}x$$

$$= \int_{A_{yz}} \left[P(x_2(y,z),y,z) - P(x_1(y,z),y,z) \right] \mathrm{d}y\mathrm{d}z$$

再根据曲面积分法则

$$\int_A P\,\mathrm{d}y\,\mathrm{d}z = \int_{s_2} P(x,y,z)\,\mathrm{d}y\,\mathrm{d}z + \int_{s_1} P(x,y,z)\,\mathrm{d}y\,\mathrm{d}z$$

$$= \int_{A_{yz}} P(x_2(y,z),y,z)\,\mathrm{d}y\,\mathrm{d}z - \int_{A_{yz}} P(x_1(y,z),y,z)\,\mathrm{d}y\,\mathrm{d}z$$

由上两式得

$$\int_V \frac{\partial P}{\partial x}\,\mathrm{d}x\,\mathrm{d}y\,\mathrm{d}z = \int_A P\,\mathrm{d}y\,\mathrm{d}z$$

同理得

$$\int_V \frac{\partial Q}{\partial y}\,\mathrm{d}x\,\mathrm{d}y\,\mathrm{d}z = \int_A Q\,\mathrm{d}x\,\mathrm{d}z$$

$$\int_V \frac{\partial R}{\partial z}\,\mathrm{d}x\,\mathrm{d}y\,\mathrm{d}z = \int_A R\,\mathrm{d}x\,\mathrm{d}y$$

上面三式相加即得高斯定理。

2.2.4　高斯定理对矢量、标量及张量的应用形式

对上述高斯定理的 P,Q,R 分别取为速度矢量的各直角坐标分量 u_1,u_2,u_3，则有

$$Q = \int_A \vec{u}\cdot\mathrm{d}\vec{A} = \int_A \vec{u}\cdot\vec{n}\,\mathrm{d}A = \int_V \left(\frac{\partial u_1}{\partial x} + \frac{\partial u_2}{\partial y} + \frac{\partial u_3}{\partial z}\right)\mathrm{d}x\,\mathrm{d}y\,\mathrm{d}z = \int_V (\nabla\cdot\vec{u})\,\mathrm{d}V$$

$$(2-21a)$$

若流体在通过体积 V 时没有发生体积改变，即流入的等于流出的，则 $Q=0$，进而可推出在此情形下速度的散度 $\nabla\cdot\vec{u}=0$，此即不可压缩流体的质量守恒方程。

对式(2-21)高斯定理取 $P=Q=R=c$，式中 c 为一标量，则得到如下关于标量的高斯定理

$$\int_A c\,\mathrm{d}\vec{A} = \int_A c\vec{n}\,\mathrm{d}A = \int_V \nabla c\,\mathrm{d}V \qquad (2-21b)$$

由上式可方便地推出常量的关于封闭曲面的面积分为零。若 P 为一张量，高斯定理也成立

$$\int_A P\cdot\vec{n}\,\mathrm{d}A = \int_V \nabla\cdot P\,\mathrm{d}V \qquad (2-21c)$$

上式的证明请参阅有关参考书(吴望一，1982)。

2.2.5　速度矢量的旋度(Rotation)

我们定义速度矢量的旋度为哈密顿算符与速度矢量的**叉乘**(cross product),即

$$\mathrm{rot}\vec{u} = \nabla \times \vec{u} = \begin{vmatrix} i & j & k \\ \partial/\partial x & \partial/\partial y & \partial/\partial z \\ u_1 & u_2 & u_3 \end{vmatrix}$$

$$= \left(\frac{\partial u_3}{\partial y} - \frac{\partial u_2}{\partial z}\right)i + \left(\frac{\partial u_1}{\partial z} - \frac{\partial u_3}{\partial x}\right)j + \left(\frac{\partial u_2}{\partial x} - \frac{\partial u_1}{\partial y}\right)k \qquad (2-22)$$

速度矢量的旋度依然为一矢量,方向指向流场中速度环量密度最大的方向,其模长即为环量密度最大值。关于旋度物理意义的推导请参阅高等数学或流体力学参考书(张鸣远等,2006)。由流体力学知识我们知道流体速度的旋度也被定义成**涡量**(vorticity),一般以希腊大写字母 Ω[omega] 来表示。涡量刻画了流体微团的旋转运动,其各项分别表示转轴在其方向的旋转角速度的 2 倍。

2.3　张量基础

我们这里所讨论的张量为笛卡尔直角坐标系中的笛卡尔张量 (Cartesian tensors)。流体的运动方程的推导及有关矢量、张量的各种运算可以以张量的形式非常简约地进行及表示出来,这正是我们学习张量的目的。

2.3.1　下标表示法及求和约定(Suffix sum convention)

在笛卡尔直角坐标中,张量标记法一般将三互相垂直方向的坐标 x,y,z 分别以 x_1,x_2,x_3 来表示,而三方向的单位矢量 i,j,k 分别记为 e_1,e_2,e_3,并且约定:如果同一项中有两个下标(suffix)相同时,就对该下标从 1 至 3 求和,这样式(2-1)的速度矢量就可记为

$$u_i e_i = \sum_{i=1}^{3} u_i e_i = u_1 e_1 + u_2 e_2 + u_3 e_3 \qquad (2-23)$$

如上式在同一项中出现两次的下标称为**哑指标**(dummy suffix),改变此指标字母并不影响该项的值。比如我们完全可将上式中的下标 i 换成 j 或其他任何字母,其值都是一样如等号右边所示的三项之和。而在一项中只出现一次的下标称为**自由**

下标(free suffix)。自由下标不可随意更换。

2.3.2 标量、矢量及张量(Scalar,Vector & Tensor)

实际上所有物理量均可看作张量,按其维数不同可以分为标量、矢量及二阶或更高阶的张量等。**标量**为一维量,只需一个数来表示,在不同的直角坐标系中的值都相同。常见的浓度、密度、压力、温度及能量等都是标量。标量可看作零阶张量。

矢量不仅有大小,还有方向,在笛卡尔三维空间中需 3 个分量及对应的单位方向矢量又称**正交基矢量**(orthonormal base vector)来表示,如式(2-23)所示的速度即为一矢量。矢量可看作是一阶张量。

三维空间的二阶张量由 9 个分量组成,流体力学中的应力、应变率等都是二阶张量。二阶张量需 2 个下标来表示,如应力、应变率一般分别记为 τ_{ij},$S_{ij}(i,j=1,2,3)$。我们也常以矩阵的形式来表示二阶张量

$$\tau_{ij} = \begin{bmatrix} \tau_{11} & \tau_{12} & \tau_{13} \\ \tau_{21} & \tau_{22} & \tau_{23} \\ \tau_{31} & \tau_{32} & \tau_{33} \end{bmatrix} \tag{2-24}$$

二阶张量也可由两个基矢量表示成

$$\tau = \tau_{ij}\boldsymbol{e}_i\boldsymbol{e}_j \tag{2-25}$$

2.3.3 克罗内克符和置换符(Kronecker delta & alternating symbol/Levi-Civita symbol)

为了采用张量进行各种运算的方便,引入了克罗内克符 δ_{ij} 和置换符。克罗内克符 δ_{ij} 定义为

$$\delta_{ij} = \begin{cases} 0 & i \neq j \\ 1 & i = j \end{cases} \tag{2-26}$$

根据定义可得

$$a_j\delta_{ij} = a_i \tag{2-27}$$

$$\boldsymbol{e}_i \cdot \boldsymbol{e}_j = \delta_{ij} \tag{2-28}$$

$$\frac{\partial x_i}{\partial x_j} = \delta_{ij} \tag{2-29}$$

置换符 ε_{ijk} 的定义为

$$\varepsilon_{ijk} = \begin{cases} 0 & i,j,k \text{ 有 2 个或 2 个以上相同} \\ 1 & ijk \text{ 为 123 或 231 或 312} \\ -1 & ijk \text{ 为 213 或 321 或 132} \end{cases} \qquad (2-30)$$

根据定义有

$$\boldsymbol{e}_i \cdot (\boldsymbol{e}_j \times \boldsymbol{e}_k) = \varepsilon_{ijk} \qquad (2-31)$$

$$\boldsymbol{e}_i \times \boldsymbol{e}_j = \varepsilon_{ijk}\boldsymbol{e}_k \qquad (2-32)$$

根据以上结果,我们可推出一些重要的矢量运算的张量表达式

$$\vec{u} \cdot \vec{v} = (u_i\boldsymbol{e}_i) \cdot (v_j\boldsymbol{e}_j) = u_iv_j\boldsymbol{e}_i \cdot \boldsymbol{e}_j = u_iv_j\delta_{ij} = u_iv_i \qquad (2-33)$$

$$\vec{u} \times \vec{v} = (u_i\boldsymbol{e}_i) \times (v_j\boldsymbol{e}_j) = u_iv_j\boldsymbol{e}_i \times \boldsymbol{e}_j = u_iv_j\varepsilon_{ijk}\boldsymbol{e}_k = \varepsilon_{kij}\boldsymbol{e}_ku_iv_j = \begin{vmatrix} \boldsymbol{e}_1 & \boldsymbol{e}_2 & \boldsymbol{e}_3 \\ u_1 & u_2 & u_3 \\ v_1 & v_2 & v_3 \end{vmatrix}$$
$$(2-34)$$

$$(\vec{u} \times \vec{v}) \cdot \vec{w} = \varepsilon_{ijk}u_iv_j\boldsymbol{e}_k \cdot w_l\boldsymbol{e}_l = \varepsilon_{ijk}u_iv_jw_l\delta_{kl} = \varepsilon_{ijk}u_iv_jw_k = \begin{vmatrix} u_1 & u_2 & u_3 \\ v_1 & v_2 & v_3 \\ w_1 & w_2 & w_3 \end{vmatrix}$$
$$(2-35)$$

2.3.4　对称 / 反对称张量(Symmetric/antisymmetric tensor)

对于一个二阶张量 τ_{ij},若其共轭张量 τ_{ji} 和其相等,即为**对称张量**,对称张量只有 6 个独立分量。若 $\tau_{ij} = -\tau_{ji}$,则为**反对称张量**,反对称张量的对角线元素为零,只有 3 个独立分量。由下式可知,二阶张量可以分解成一个对称张量和一个反对称张量之和,此即为**张量分解定理**

$$\tau_{ij} = \frac{1}{2}(\tau_{ij} + \tau_{ji}) + \frac{1}{2}(\tau_{ij} - \tau_{ji}) \qquad (2-36)$$

应变率张量(rate of strain tensor)

$$s_{ij} = \frac{1}{2}\left(\frac{\partial u_i}{\partial x_j} + \frac{\partial u_j}{\partial x_i}\right) \qquad (2-37)$$

为对称张量。而旋转率张量(rate of rotation tensor)

$$\Omega_{ij} = \frac{1}{2}\left(\frac{\partial u_i}{\partial x_j} - \frac{\partial u_j}{\partial x_i}\right) \qquad (2-38)$$

为反对称张量。

2.3.5 张量的代数运算

二张量相等需张量的各分量相等。同阶张量可以进行加减运算,即各对应元素相加减。标量乘以张量即为标量乘张量的各个元素,称之为**张量数乘**。以上运算的结果依然为同阶张量。

矢量 $\vec{u}$ 与二级张量 τ 的点乘有如下两种:

$$\vec{u} \cdot \tau = (a_i\boldsymbol{e}_i) \cdot (\tau_{jk}\boldsymbol{e}_j\boldsymbol{e}_k) = a_i\tau_{jk}\boldsymbol{e}_i \cdot \boldsymbol{e}_j\boldsymbol{e}_k = a_i\tau_{jk}\delta_{ij}\boldsymbol{e}_k = a_i\tau_{ik}\boldsymbol{e}_k \qquad (2-39)$$

$$\tau \cdot \vec{u} = (\tau_{jk}\boldsymbol{e}_j\boldsymbol{e}_k) \cdot (a_i\boldsymbol{e}_i) = a_i\tau_{jk}\boldsymbol{e}_k \cdot \boldsymbol{e}_i\boldsymbol{e}_j = a_i\tau_{jk}\delta_{ki}\boldsymbol{e}_j = a_i\tau_{ji}\boldsymbol{e}_j \qquad (2-40)$$

可见矢量与二阶张量点乘的顺序不同结果也不同,但均为一矢量。

二阶张量 S、T 的**双点乘**定义如下

$$S : T = (s_{ij}\boldsymbol{e}_i\boldsymbol{e}_j) : (t_{kl}\boldsymbol{e}_k\boldsymbol{e}_l) = s_{ij}t_{kl}(\boldsymbol{e}_i \cdot \boldsymbol{e}_k)(\boldsymbol{e}_j \cdot \boldsymbol{e}_l) = s_{ij}t_{kl}\delta_{ik}\delta_{jl} = s_{ij}t_{ij}$$

$$(2-41)$$

结果为各二阶张量对应元素乘积之和,为一标量。由此可方便地推出二阶对称张量和反对称张量的双点乘等于零(作业)。置换符 ε_{ijk} 关于 i,j 也是反对称的,它与对称张量 s_{ij} 的双点乘也等于零。

2.3.6 微积分运算的张量表示

式(2-8)的哈密顿算符可用张量表示为

$$\nabla = \frac{\partial}{\partial x_i}\boldsymbol{e}_i \qquad (2-42)$$

则标量浓度 c 的梯度可写成

$$\nabla c = \frac{\partial c}{\partial x_i}\boldsymbol{e}_i \qquad (2-43)$$

而速度矢量的散度和旋度可分别表示为

$$\nabla \cdot \vec{u} = \frac{\partial}{\partial x_i}\boldsymbol{e}_i \cdot u_j\boldsymbol{e}_j = \frac{\partial u_j}{\partial x_i}\delta_{ij} = \frac{\partial u_i}{\partial x_i} \qquad (2-44)$$

$$\nabla \times \vec{u} = \frac{\partial}{\partial x_i}\boldsymbol{e}_i \times u_j\boldsymbol{e}_j = \frac{\partial u_j}{\partial x_i}\boldsymbol{e}_i \times \boldsymbol{e}_j = \varepsilon_{ijk}\frac{\partial u_j}{\partial x_i}\boldsymbol{e}_k \qquad (2-45)$$

由此可见标量的梯度、矢量的散度及旋度的张量表示法较前面的一般表示法(式 2-7,2-20,2-22)要简短得多。不仅如此,张量亦可简练地表达许多更复杂的运算如下:

矢量的梯度:

$$\nabla \vec{u} = \left(\frac{\partial}{\partial x_i} \boldsymbol{e}_i\right)(u_j \boldsymbol{e}_j) = \frac{\partial u_j}{\partial x_i} \boldsymbol{e}_i \boldsymbol{e}_j \tag{2-46}$$

可见矢量的梯度满足二阶张量的定义(2-25)。一般地,一个 n 阶张量的梯度为 $n+1$ 阶张量。

二阶张量的旋度:

$$\nabla \times \tau_{ij} = \left(\frac{\partial}{\partial x_k} \boldsymbol{e}_k\right) \times (\tau_{ij} \boldsymbol{e}_i \boldsymbol{e}_j) = \frac{\partial \tau_{ij}}{\partial x_k}(\boldsymbol{e}_k \times \boldsymbol{e}_i)\boldsymbol{e}_j = \varepsilon_{kil}\frac{\partial \tau_{ij}}{\partial x_k}\boldsymbol{e}_j \boldsymbol{e}_l \tag{2-47}$$

拉普拉斯算符(Laplacian operator):

拉普拉斯算符 ∇^2 为两个哈密顿算符的点乘,即

$$\nabla^2 = \nabla \cdot \nabla = \left(\frac{\partial}{\partial x_k} \boldsymbol{e}_k\right) \cdot \left(\frac{\partial}{\partial x_i} \boldsymbol{e}_i\right) = \frac{\partial^2}{\partial x_k \partial x_i}\delta_{ki} = \frac{\partial^2}{\partial x_i \partial x_i} \tag{2-48}$$

拉普拉斯算符作用于标量 c,可看作先求其梯度,再求其散度,结果为

$$\nabla^2 c = \nabla \cdot (\nabla c) = \frac{\partial^2 c}{\partial x_i \partial x_i} \tag{2-49}$$

拉普拉斯算符作用于矢量为

$$\nabla^2 u \longrightarrow = \frac{\partial^2}{\partial x_i \partial x_i}(u_j \boldsymbol{e}_j) = \frac{\partial}{\partial x_i}\left(\frac{\partial u_j}{\partial x_i}\right)\boldsymbol{e}_j \tag{2-50}$$

标量 ρ 和矢量 $\vec{u}$ 乘积的散度:

$$\nabla \cdot (\rho \vec{u}) = \left(\frac{\partial}{\partial x_i} \boldsymbol{e}_i\right) \cdot (\rho u_j \boldsymbol{e}_j) = u_j \frac{\partial \rho}{\partial x_i}\boldsymbol{e}_i \cdot \boldsymbol{e}_j + \rho \frac{\partial u_j}{\partial x_i}\boldsymbol{e}_i \cdot \boldsymbol{e}_j$$

$$= u_j \frac{\partial \rho}{\partial x_i}\delta_{ij} + \rho \frac{\partial u_j}{\partial x_i}\delta_{ij} = u_i \frac{\partial \rho}{\partial x_i} + \rho \frac{\partial u_i}{\partial x_i} \tag{2-51}$$

$$= \vec{u} \cdot \nabla \rho + \rho \nabla \cdot \vec{u}$$

牛顿流体应力张量 $\tau_{ij} = 2\mu s_{ij} = \mu\left(\dfrac{\partial u_i}{\partial x_j} + \dfrac{\partial u_j}{\partial x_i}\right)\boldsymbol{e}_i \boldsymbol{e}_j$ 的散度:

$$\nabla \cdot \tau_{ij} = \left(\frac{\partial}{\partial x_k} \boldsymbol{e}_k\right) \cdot \mu \left(\frac{\partial u_j}{\partial x_i} + \frac{\partial u_i}{\partial x_j}\right) \boldsymbol{e}_i \boldsymbol{e}_j$$

$$= \mu \left(\frac{\partial}{\partial x_k}\right) \left(\frac{\partial u_j}{\partial x_i} + \frac{\partial u_i}{\partial x_j}\right) \boldsymbol{e}_k \cdot \boldsymbol{e}_i \boldsymbol{e}_j$$

$$\hspace{6cm} (2-52)$$

$$= \mu \left(\frac{\partial^2 u_j}{\partial x_i \partial x_k} + \frac{\partial^2 u_i}{\partial x_j \partial x_k}\right) \delta_{ki} \boldsymbol{e}_j$$

$$= \mu \left(\frac{\partial^2 u_j}{\partial x_i \partial x_i} + \frac{\partial}{\partial x_j}\left(\frac{\partial u_i}{\partial x_i}\right)\right) \boldsymbol{e}_j$$

牛顿流体应力张量 τ_{ij} 和速度矢量 $\vec{u}$ 点积的散度:

$$\nabla \cdot (\tau_{ij} \cdot \vec{u}) = \vec{u} \cdot (\nabla \cdot \tau_{ij}) + \tau_{ij} \boldsymbol{e}_i \boldsymbol{e}_j : \frac{\partial u_k}{\partial x_l} \boldsymbol{e}_k \boldsymbol{e}_l$$

$$= \vec{u} \cdot (\nabla \cdot \tau_{ij}) + \tau_{ij} \frac{\partial u_i}{\partial x_j}$$

$$= \vec{u} \cdot (\nabla \cdot \tau_{ij}) + \tau_{ij} : \left(\frac{1}{2}\left(\frac{\partial u_k}{\partial x_l} + \frac{\partial u_l}{\partial x_k}\right) + \frac{1}{2}\left(\frac{\partial u_k}{\partial x_l} - \frac{\partial u_l}{\partial x_k}\right)\right)$$

上式中应力张量为二阶对称张量,而最右边括弧内第二项的物理意义为旋转角速度的反对称张量,二者乘积为零,所以根据双点积定义式(2-41)

$$\nabla \cdot (\tau_{ij} \cdot \vec{u}) = \vec{u} \cdot (\nabla \cdot \tau_{ij}) + 2\mu s_{ij} : s_{ij} = \vec{u} \cdot (\nabla \cdot \tau_{ij}) + \Phi \hspace{1cm} (2-53)$$

式中黏性力耗散项

$$\Phi = 2\mu s_{ij} : s_{ij}$$

$$= \mu \left[2\left(\frac{\partial u}{\partial x}\right)^2 + 2\left(\frac{\partial v}{\partial y}\right)^2 + 2\left(\frac{\partial w}{\partial z}\right)^2 + \left(\frac{\partial v}{\partial x} + \frac{\partial u}{\partial y}\right)^2 + \left(\frac{\partial u}{\partial z} + \frac{\partial w}{\partial x}\right)^2 + \left(\frac{\partial v}{\partial z} + \frac{\partial w}{\partial y}\right)^2\right]$$

$$\hspace{6cm} (2-54)$$

2.3.7 张量应用例 —— 公式的推导

用张量表示法可方便地进行用其他方法表示起来复杂的运算。比如说我们要推导一标量 c 的散度的旋度为零,如果用矢量表示法推导的话为

$$\nabla \times (\nabla c) = \left(\vec{i} \frac{\partial}{\partial x} + \vec{j} \frac{\partial}{\partial y} + \vec{k} \frac{\partial}{\partial z}\right) \times \left(\vec{i} \frac{\partial c}{\partial x} + \vec{j} \frac{\partial c}{\partial y} + \vec{k} \frac{\partial c}{\partial z}\right)$$

$$= (\vec{i} \times \vec{i}) \frac{\partial^2 c}{\partial x^2} + (\vec{i} \times \vec{j}) \frac{\partial^2 c}{\partial x \partial y} + (\vec{i} \times \vec{k}) \frac{\partial^2 c}{\partial x \partial z}$$

$$+ (\vec{j} \times \vec{i}) \, \frac{\partial^2 c}{\partial x \partial y} + (\vec{j} \times \vec{j}) \, \frac{\partial^2 c}{\partial y^2} + (\vec{j} \times \vec{k}) \, \frac{\partial^2 c}{\partial y \partial z} \qquad (2-55)$$

$$+ (\vec{k} \times \vec{i}) \, \frac{\partial^2 c}{\partial x \partial z} + (\vec{k} \times \vec{j}) \, \frac{\partial^2 c}{\partial y \partial z} + (\vec{k} \times \vec{k}) \, \frac{\partial^2 c}{\partial z^2}$$

$$= 0 + \vec{k} \, \frac{\partial^2 c}{\partial x \partial y} - \vec{j} \, \frac{\partial^2 c}{\partial x \partial z} - \vec{k} \, \frac{\partial^2 c}{\partial x \partial y} + 0 + \vec{i} \, \frac{\partial^2 c}{\partial y \partial z} + \vec{j} \, \frac{\partial^2 c}{\partial x \partial z} - \vec{i} \, \frac{\partial^2 c}{\partial y \partial z} + 0$$

$$= 0$$

但用张量表示法推导的话为

$$\nabla \times (\nabla c) = \varepsilon_{ijk} \, \frac{\partial}{\partial x_i} \left(\frac{\partial c}{\partial x_j} \right) \boldsymbol{e}_k = - \varepsilon_{jik} \, \frac{\partial}{\partial x_j} \left(\frac{\partial c}{\partial x_i} \right) \boldsymbol{e}_k \qquad (2-56)$$

由于标量的微分项是相等的,上式即意味着不论 i,j 如何取值,对应 $\boldsymbol{e}_k$ 各项系数的正和负值相等,那么唯一的可能性是其为零。

2.4　微分方程基础

这里我们将以水处理动力学中的一些问题为例,对一阶齐次及非齐次微分方程、二阶微分方程等的基本解法作简要的回顾。有定解的微分方程数学模型需要有初始及边界条件,这些条件的个数一般应和模型中的微分方程关于各变量微分阶数的和相等。

2.4.1　一阶齐次微分方程

以 $L(t)$ 表示时间 t 时刻的有机物浓度(或生化需氧量 BOD),实验证明有机物被氧化的速率是和其自身浓度成正比的,其比例系数我们称之为耗氧常数 k_d $[\mathrm{T}^{-1}]$,也即存在下面一阶反应动力学的关系

$$\begin{cases} \dfrac{\mathrm{d}L(t)}{\mathrm{d}t} = - k_d L \\[2mm] L(t=0) = L_0 \end{cases} \qquad (2-57)$$

因为 L 随时间的增加而减少,所以微分方程右边有负号;初始条件中的 L_0 为起始浓度。设 k_d 为常数,用变量分离法及应用初始条件定积分,可方便求得其解如下

$$\int_{L_0}^{L} \frac{\mathrm{d}L}{L} = -k_d \int_0^t \mathrm{d}t$$

$$\ln(L)\big|_{L_0}^{L} = -k_d\, t\big|_0^t \tag{2-58}$$

$$\ln(L/L_0) = -k_d t$$

$$L = L_0 \mathrm{e}^{-k_d t}$$

设 $L_0 = 100\,\mathrm{mg/L}$，在耗氧常数分别为 $0.1\mathrm{d}^{-1}$ 及 $0.8\mathrm{d}^{-1}$ 时的有机物浓度随时间的变化曲线如图 2-1 所示 Fig2_1script. m。可见耗氧常数越大，有机物浓度越快地随时间呈指数函数衰减。

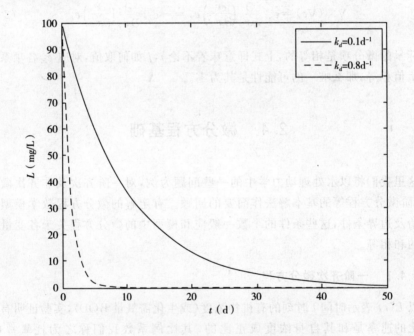

图 2-1　两不同耗氧常数下的有机物浓度下降过程

2.4.2　一阶非齐次微分方程

我们以著名的 Streeter-Phelps 模型为例来看一阶非齐次微分方程的典型解法。河中溶解氧赤字等于饱和溶解氧浓度减去实际溶解氧浓度，模型方程为

$$
\begin{cases}
\dfrac{\mathrm{d}D(t)}{\mathrm{d}t} = -k_r D + k_d L \\[2mm]
\dfrac{\mathrm{d}L(t)}{\mathrm{d}t} = -k_d L \\[2mm]
L(t=0) = L_0 \\[2mm]
D(t=0) = D_0
\end{cases}
\tag{2-59}
$$

式中，$k_r [\mathrm{T}^{-1}]$ 为复氧常数；$D_0 [\mathrm{ML}^{-3}]$ 为初期氧缺量。

模型微分方程的物理意义为溶解氧赤字 D 随时间的变化率和其本身的一次方成反比，和有机物浓度 L 成正比。由于 L 也是时间 t 的函数，所以模型方程是非齐次的微分方程。先求其对应齐次方程的一般解

$$
\frac{\mathrm{d}D}{D} = -k_r \mathrm{d}t
$$

$$
\mathrm{d}(\ln D) = -\mathrm{d}(k_r t)
\tag{2-60}
$$

$$
\ln D = -k_r t + C
$$

$$
D(t) = \mathrm{e}^{-k_r t + C} = \mathrm{e}^{C} \mathrm{e}^{-k_r t} = C' \mathrm{e}^{-k_r t}
$$

对于齐次方程，上式中的 $C，C'$ 均应为常数，而现在是求非齐次方程（2-59）的解，且非齐次项中的 L 也是个自然对数关于时间 t 的函数（2-58），所以我们可以假定上式中的 C' 也为 t 的函数，带入模型微分方程中并应用初始条件求解

$$
\mathrm{e}^{-k_r t} \frac{\mathrm{d}C'}{\mathrm{d}t} + C'(-k_r) \mathrm{e}^{-k_r t} = -k_r C' \mathrm{e}^{-k_r t} + k_d L_0 \mathrm{e}^{-k_d t}
$$

式中对 L 应用了式（2-58）的解。有趣的是上式等号两边有可以消去的完全相同的项，这样我们就可以方便地求出 C' 对时间 t 的函数了

$$
\mathrm{d}C' = k_d L_0 \mathrm{e}^{(k_r - k_d) t} \mathrm{d}t
$$

$$
C'(t) = \frac{k_d L_0}{k_r - k_d} \mathrm{e}^{(k_r - k_d) t} + C''
$$

式中 C'' 为待定参数，带入式（2-60）的解中得

$$
D(t) = \left[\frac{k_d L_0}{k_r - k_d} \mathrm{e}^{(k_r - k_d) t} + C'' \right] \mathrm{e}^{-k_r t}
\tag{2-61}
$$

对其应用模型的初始条件,求得参数

$$C'' = D_0 - \frac{k_d L_0}{k_r - k_d}$$

得模型的最终解为

$$D(t) = \frac{k_d L_0}{k_r - k_d} e^{-k_d t} + D_0 e^{-k_r t} - \frac{k_d L_0}{k_r - k_d} e^{-k_r t}$$

$$= \frac{k_d L_0}{k_r - k_d} (e^{-k_d t} - e^{-k_r t}) + D_0 e^{-k_r t} \qquad (2-62)$$

2.4.3 二阶微分方程

对一些特殊的简单二阶微分方程可采用以下两例题所示的降阶的方法来求解。

例题一: 有源无随流固定边界扩散情形

$$\begin{cases} D \dfrac{\mathrm{d}^2 c(x)}{\mathrm{d}x^2} + q = 0 \\[2mm] c(x=0) = c_0 \\[2mm] c(x=L) = c_L \end{cases} \qquad (2-63)$$

式中,$D[\mathrm{L}^2\mathrm{T}^{-1}]$ 为扩散系数,$q[\mathrm{ML}^{-3}\mathrm{T}^{-1}]$ 为源强。因为存在二阶微分,所以需要两个边界条件。

$$\frac{\partial^2 c(x)}{\partial x^2} = -\frac{q}{D}$$

$$\frac{\partial c}{\partial x} = -\frac{q}{D}x + C_1$$

$$c = -\frac{q}{2D}x^2 + C_1 x + C_2$$

带入边界条件,解得

$$C_2 = c_0$$

$$C_1 = \frac{c_L - c_0}{L} + \frac{q}{2D}L$$

所以最终解为

$$c(x) = -\frac{q}{2D}x^2 + \left(\frac{c_L - c_0}{L} + \frac{q}{2D}L\right)x + c_0 \qquad (2-64)$$

设 $x \in [0,1]$，$c_0 = 100\,\mathrm{mg/L}$，$c_L = 200\,\mathrm{mg/L}$，$D = 0.05\,\mathrm{m^2/s}$，对应三种不同源强的浓度分布如图 2-2 所示。可见源项为正时，区间内的污染物通过边界向外部传输，而为负时，外部的污染物通过边界向内传输。

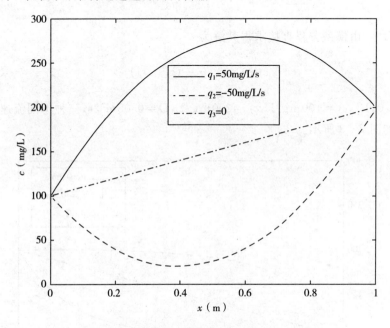

图 2-2　有源及无源固定边界扩散微分方程的解

例题二：一维稳定无源随流固定边界扩散情形

$$\begin{cases} u\dfrac{\mathrm{d}c}{\mathrm{d}x} = D\dfrac{\mathrm{d}^2 c(x)}{\mathrm{d}x^2} \\[2mm] c(x=0) = c_0 \\[2mm] c(x=L) = c_L \end{cases} \qquad (2-65)$$

式中，$D[\mathrm{L^2 T^{-1}}]$ 为扩散系数；$u[\mathrm{LT^{-1}}]$ 为恒定流速。对这种类型的方程，令 $y = \dfrac{\partial c}{\partial x}$，即可将其降为一阶方程

$$D\frac{\mathrm{d}y}{\mathrm{d}x}=uy \Rightarrow \frac{\mathrm{d}y}{y}=\frac{u}{D}\mathrm{d}x \Rightarrow \ln y=\frac{u}{D}x+C_1 \Rightarrow y=\mathrm{e}^{\frac{u}{D}x+C_1}=C_2\mathrm{e}^{\frac{u}{D}x}$$

$$\frac{\mathrm{d}c}{\mathrm{d}x}=C_2\mathrm{e}^{\frac{u}{D}x} \Rightarrow \mathrm{d}c=\frac{C_2 D}{u}\mathrm{e}^{\frac{u}{D}x}\mathrm{d}\left(\frac{u}{D}x\right) \Rightarrow c=\frac{C_2 D}{u}\mathrm{e}^{\frac{u}{D}x}+C_3$$

再应用边界条件求得积分常数 C_2,C_3，即得模型最终解为

$$c(x)=c_0+\frac{1-\mathrm{e}^{\frac{u}{D}x}}{1-\mathrm{e}^{\frac{u}{D}L}}(c_L-c_0) \tag{2-66}$$

若速度为零，由模型方程直接求得其解为

$$c(x)=c_0+\frac{x}{L}(c_L-c_0) \tag{2-67}$$

设 $x\in[0,1]$，$c_0=100\,\mathrm{mg/L}$，$c_L=200\,\mathrm{mg/L}$，$D=0.05\,\mathrm{m^2/s}$，三种不同流速下的浓度分布如图 2-3 所示。

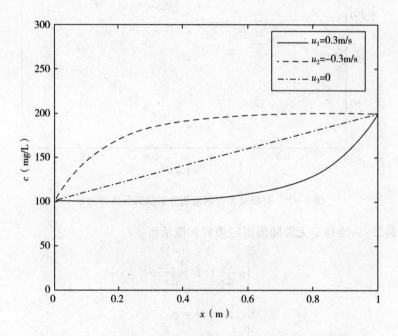

图 2-3　三种不同恒定流速下无源带固定边界扩散微分方程的解

由图可见，当 $u>0$ 时，高浓度流体被推向了右方；当 $u<0$ 时，高浓度流体被推向左方；当 $u=0$ 时，就和无源纯扩散一样浓度随距离呈线性分布了。

对于二阶常系数齐次微分方程

$$a \frac{\mathrm{d}^2 C}{\mathrm{d}x^2} + b \frac{\mathrm{d}C}{\mathrm{d}x} + cC = 0$$

式中，a，b，c 为常数。此类方程的一般解法是先求其特征方程 $a\lambda^2 + b\lambda + c = 0$ 的根 $\lambda_{1,2} = \dfrac{-b \pm \sqrt{b^2 - 4ac}}{2a}$，若其为不同两实根，那么方程的通解可表示成

$$C(x) = A\mathrm{e}^{\lambda_1 x} + B\mathrm{e}^{\lambda_2 x} \tag{2-68a}$$

若为两相等实根，方程通解为

$$C(x) = (A + Bx)\mathrm{e}^{\lambda_1 x} \tag{2-68b}$$

若为两虚根，则方程通解为

$$C(x) = \mathrm{e}^{-\frac{b}{2a}x} \left[A\cos(rx) + B\sin(rx) \right] \tag{2-68c}$$

式中，A，B 为需要根据边界条件而确定的常数；r 为虚根的虚部。

2.5 常用特殊函数

这节我们汇总环境流体力学中常用到的几个函数及其基本性质。这些函数有狄拉克函数、正态分布函数及误差函数。

2.5.1 狄拉克 δ 函数（δ-function）

尽管一般污染物浓度的分布都是有一定空间或时间的，但为了建模的方便，我们常常假设浓度是集中于某一点或某一时刻的。对于点浓度、瞬时浓度这类抽象的模型概念，在数学中引入了 δ 函数对其进行描述。δ 函数为一种广义函数，其定义由下面关于其本身及其积分的两部分构成

$$\begin{cases} \delta(x) = \begin{cases} \infty, & x = 0 \\ 0, & x \neq 0 \end{cases} & \text{(a)} \\[2ex] \displaystyle\int_a^b \delta(x)\mathrm{d}x = \begin{cases} 1, & a < 0 < b \\ 0, & \text{otherwise} \end{cases} & \text{(b)} \end{cases} \tag{2-69}$$

$\delta(x)$ 函数具有 $[x^{-1}]$ 的量纲，其物理意义可看作在 x 为零时的值无穷大，但无限窄，其包含 x 为零点的积分为单位 1。下面式（2-82）及第 6 章 6.3.1 小节的一维瞬时点源模型即用 $\delta(x)$ 函数定义了点源浓度的初始状态，假设污染物浓度起始全部

集中在点 $x=0$ 处,和瞬间投入的情形是较一致的。δ 函数有如下一些常见性质:

奇函数:

$$\delta(-x) = \delta(x) \tag{2-70}$$

和连续函数 $c(x)$ 乘积的积分:

若 c 在 $(-\infty, \infty)$ 上有定义

$$\int_{-\infty}^{\infty} c(x)\delta(x-x_0)\mathrm{d}x = c(x_0) \tag{2-71}$$

傅立叶变换:

$$F(\delta(x)) = \int_{-\infty}^{\infty} \delta(x)\mathrm{e}^{-i\omega x}\,\mathrm{d}x = \mathrm{e}^0 = 1 \tag{2-72}$$

2.5.2　正态分布函数(Normal distribution function)

正态分布又称**高斯分布**(Gaussian distribution),是**随机变量**(random variable)的一种最常见的分布方式。学生考试考分的分布及后面涉及的瞬时点源扩散模型浓度的分布实际上都符合高斯分布。随机变量 x 的正态分布的**概率密度函数**(probability density function)由其**均值**(mean)μ 及**标准差**(standard deviation)σ 表述如下

$$f(x) = N(x;\mu,\sigma^2) = \frac{1}{\sigma\sqrt{2\pi}}\mathrm{e}^{-\frac{(x-\mu)^2}{2\sigma^2}} \tag{2-73}$$

若 $\mu=0,\sigma=1$,则称其为**标准正态分布**(standard normal distribution),此时

$$f(x) = N(x;0,1) = \frac{1}{\sqrt{2\pi}}\mathrm{e}^{-\frac{x^2}{2}} \tag{2-74}$$

图 2-4 表示了均值为零的三种不同标准差下的正态概率密度函数图。由图可见,标准差越大,函数的分布范围越广,在均值处的概率峰值越低。

累积分布函数CDF(cumulative distribution function)$F(x)$ 表示随机变量取小于 x 值事件的概率,若 $f(x)$ 为上述正态概率密度函数,即

$$F(x) = \int_{-\infty}^{x} f(x)\mathrm{d}x = \int_{-\infty}^{x} \frac{1}{\sigma\sqrt{2\pi}}\mathrm{e}^{-\frac{(x-\mu)^2}{2\sigma^2}}\mathrm{d}x \tag{2-75}$$

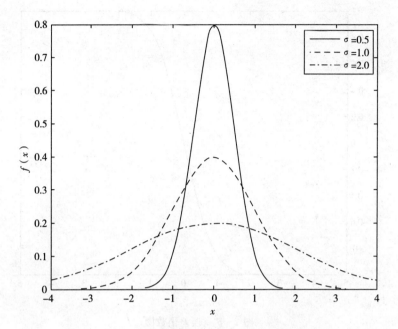

图 2-4　三不同标准差下的正态概率密度函数图

根据定义应有 $F(\infty) = \int_{-\infty}^{\infty} f(x)\,\mathrm{d}x = \int_{-\infty}^{\infty} \dfrac{1}{\sigma\sqrt{2\pi}}\mathrm{e}^{-\frac{(x-\mu)^2}{2\sigma^2}}\,\mathrm{d}x = 1$，这可以由下面式（2-85）的积分公式推得。

2.5.3　误差函数(Error function)

一些简单的污染物扩散模型的解析解可用误差函数方便地表示出来，其定义为

$$\mathrm{erf}(x) = \frac{2}{\sqrt{\pi}} \int_0^x \mathrm{e}^{-u^2}\,\mathrm{d}u \qquad\qquad (2-76)$$

可见 $\mathrm{erf}(0)=0$，应用（2-85）积分公式可推出 $\mathrm{erf}(\infty)=1$。其值随 x 的分布如图 2-5 所示。由图可见，其函数值主要在 $[-2,2]$ 的区间内单调上升，由 -1 升为 $+1$。

另外我们将余误差函数定义为

$$\mathrm{erf}c = 1 - \mathrm{erf}(x) = \frac{2}{\sqrt{\pi}} \int_x^{\infty} \mathrm{e}^{-u^2}\,\mathrm{d}u \qquad\qquad (2-77)$$

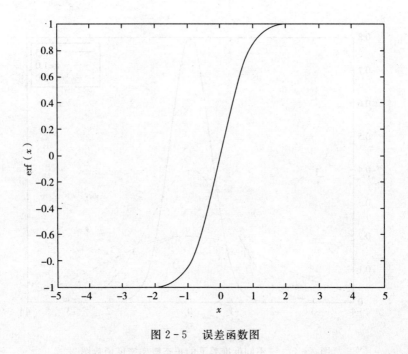

图 2 - 5　误差函数图

2.6　偏微分方程基础

　　环境流体力学的数学模型中无论是流体的运动方程还是污染物的传质方程，一般情况下均为偏微分方程。对于一些有界的问题，可用变量分离法求解；而对于环境流体力学里常遇到的无界或半无界的问题，一般采用积分变换法来求解。常用的有傅立叶变换法（Fourier transformation）及拉普拉斯变换法（Laplatian transformation）。这些方法的详细内容请参阅有关数学物理方法的教材（如姚端正，梁家宝，2010；梁昆淼，2001）。这儿仅结合下面和环境流体力学相关的例题作一扼要介绍。下一章要介绍的量纲分析法也可同样地将部分偏微分方程简化为一般微分方程求解。

2.6.1　傅立叶变换法

　　对一连续有界函数 $f(x)$，我们将

$$G(\omega) = F[f(x)] = \int_{-\infty}^{\infty} f(x) e^{-i\omega x} \, dx \qquad (2-78)$$

称作 $f(x)$ 的傅立叶变换，这儿 F 表示对其后中括号内的函数进行傅立叶变换之

意，ω 为一实数，$i = \sqrt{-1}$。而将

$$f(x) = F^{-1}[G(\omega)] = \frac{1}{2\pi} \int_{-\infty}^{\infty} G(\omega) e^{i\omega x} \, \mathrm{d}\omega \tag{2-79}$$

称为傅立叶逆变换，这儿 F^{-1} 表示对其后中括号内的函数进行傅立叶逆变换。$G(\omega)$ 和 $f(x)$ 互为像函数和原函数。傅立叶变换有如下重要性质：

线性：

若 a, b 为任意常数；f, g 为满足傅立叶变换的任意函数，则

$$F[af + bg] = aF(f) + bF(g) \tag{2-80}$$

根据定义可方便证明之，当作习题。

微分的傅立叶变换：

若 $|x| \to \infty$ 时，$f(x)$ 及其任意阶微分均趋于零，则

$$F[f'(x)] = i\omega F[f(x)]$$

$$F[f''(x)] = (i\omega)^2 F[f(x)]$$

$$\cdots\cdots \tag{2-81}$$

$$F[f^n(x)] = (i\omega)^n F[f(x)]$$

下面对其一阶微分性质予以证明，余下当作习题。由傅立叶变换定义及分布积分法

$$F[f'(x)] = \int_{-\infty}^{\infty} f'(x) e^{-i\omega x} \, \mathrm{d}x = (f(x) e^{-i\omega x}) \Big|_{-\infty}^{\infty} - \int_{-\infty}^{\infty} f(x) \mathrm{d}(e^{-i\omega x})$$

$$\overset{\text{由假定} f(x) \text{特性}}{=} 0 - \int_{-\infty}^{\infty} -i\omega f(x) e^{-i\omega x} \, \mathrm{d}x = i\omega \int_{-\infty}^{\infty} f(x) e^{-i\omega x} \, \mathrm{d}x = i\omega F[f(x)]$$

证毕。

之所以要学习傅立叶变换，是因为对适用条件的模型的偏微分方程及其边界条件应用傅立叶变换，可将其转换为较易解的关于其像函数的一般微分方程，从而求得其像函数的解，再应用傅立叶逆变换，就可得到原偏微分方程的解。我们看下面应用傅立叶变换法解一维无随流瞬时点源扩散模型的例子

$$\begin{cases} \dfrac{\partial c(x,t)}{\partial t} = D \dfrac{\partial^2 c(x,t)}{\partial x^2} & x \in [-\infty, \infty], t > 0 \quad \text{(a)} \\[2mm] c(x,0) = m\delta(x) & \text{(b)} \\[2mm] c(-\infty, t) = c(\infty, t) = 0 & \text{(c)} \end{cases} \tag{2-82}$$

其中，浓度 c 为距离 x 及时间 t 的函数，量纲为 $[ML^{-3}]$；D 为扩散系数，量纲同运动黏度，为 $[L^2T^{-1}]$；m 为瞬时在垂直于 x 轴的面上的单位面积上的污染物质量，称作**瞬时面源强度**，量纲为 $[ML^{-2}]$；δ 函数定义请参阅前面第 2.5.1 小节。为书写方便，我们用 c 加上划线表示其关于距离 x 的傅立叶变换，即 $\bar{c}(\omega,t) = F[c(x,t)] = \int_{-\infty}^{\infty} c(x,t) e^{-i\omega x} dx$，对方程及初始条件两边进行此变换得

$$\begin{cases} \dfrac{d\bar{c}}{dt} = -D\omega^2 \bar{c} & \text{(a)} \\[3mm] \bar{c}(t=0) = m & \text{(b)} \end{cases} \qquad (2-83)$$

注意：在对式(2-82)的傅立叶变换中，连续函数的微分积分可以互换，左边对时间的偏微分不影响其对函数的 x 变量傅立叶变换；右边应用了傅立叶变换的二阶微分性质(式 2-81)，边界条件式(2-82c)保证了对其可以应用傅立叶变换的微分性质(式 2-72)。对初始条件的傅立叶变换应用了狄拉克函数的积分性质。我们欣喜地看到，模型原来的偏微分方程变成了关于时间 t 的一阶可分离变量的微分方程，注意参数 ω 为一与 t 无关的实参量，解之得

$$\bar{c}(t,\omega) = m e^{-D\omega^2 t}$$

对其进行关于变量 ω 的傅立叶逆变换

$$c(x,t) = \frac{1}{2\pi} \int_{-\infty}^{\infty} m e^{-D\omega^2 t} e^{i\omega x} d\omega = \frac{1}{2\pi} \int_{-\infty}^{\infty} m e^{-D\omega^2 t} [\cos(\omega x) + i\sin(\omega x)] d\omega$$

$$\overset{\because \sin(\omega x) \text{为奇函数}}{=} \frac{1}{\pi} \int_0^{\infty} m e^{-D\omega^2 t} \cos(\omega x) d\omega = \frac{m}{\pi} \int_0^{\infty} e^{-Dt\omega^2} \cos(\omega x) d\omega \quad (2-84)$$

$$= \frac{m}{\pi} \left(\frac{1}{2} \sqrt{\frac{\pi}{Dt}} e^{-\frac{x^2}{4Dt}} \right) = \frac{m}{2\sqrt{\pi Dt}} e^{-\frac{x^2}{4Dt}}$$

其中，我们应用了如下积分公式(姚端正等，2010)

$$\int_0^{\infty} e^{-ax^2} \cos(bx) dx = \frac{1}{2} \sqrt{\frac{\pi}{a}} e^{-\frac{b^2}{4a}}, a > 0 \qquad (2-85)$$

2.6.2 拉普拉斯变换法

之所以需要拉普拉斯变换，是因为傅立叶变换要求被变换函数在 $\pm\infty$ 区间内绝对可积等条件，使得常数、多项式及三角函数等都不适用。拉普拉斯变换可部分

解决傅立叶变换不能解决的问题。拉普拉斯变换定义及许多性质都和傅立叶变换类似,请参阅有关数学物理方法的教材(姚端正,梁家宝,2010;梁昆淼,2001)。这儿仅结合环境流体力学相关的例题作一扼要介绍。应用拉普拉斯变换法解微分方程的步骤和应用傅立叶变换法也是一样的,对适用条件的定义在半无限空间的模型的偏微分方程及其边界条件应用变换,可将其转换为较易解的关于其像函数的一般微分方程,从而求得其像函数的解,再对其应用拉普拉斯逆变换,就可得到原偏微分方程的解。我们看下面应用拉普拉斯变换法解一维恒定污染源模型随流输运扩散模型的例子,模型数学表述如下:

$$\begin{cases} \dfrac{\partial c(x,t)}{\partial t} + U\dfrac{\partial c}{\partial x} = D\dfrac{\partial^2 c}{\partial x^2} & x \in [0,\infty], t > 0 \quad \text{(a)} \\[3mm] c(x,0) = \begin{cases} c_0 & x = 0 \\ 0 & x > 0 \end{cases} & \text{(b)} \\[3mm] c(\infty,t) = 0 & \text{(c)} \end{cases} \quad (2-86)$$

其中,$U[LT^{-1}]$ 为环境流体的恒定流速,其他变量意义同前例模型。

对模型方程应用如下拉普拉斯变换,设 $\bar{c}(p,x) = L[c(x,t)] = \int_0^\infty c(x, t)e^{-pt}\mathrm{d}t$,那么 c 对时间一阶微分的拉普拉斯变换为

$$L\left[\frac{\partial c(x,t)}{\partial t}\right] = \int_0^\infty \frac{\partial c(x,t)}{\partial t}e^{-pt}\mathrm{d}t = \int_0^\infty e^{-pt}\mathrm{d}c(x,t)$$

$$= e^{-pt}c(x,t)\Big|_0^\infty - \int_0^\infty c(x,t)(-p)e^{-pt}\mathrm{d}t$$

$$= p\bar{c} - c(x,0) = p\bar{c}$$

对方程(2-86a)两边同乘 e^{-pt} 并在区间 $[0,\infty]$ 积分,并应用上式得

$$\begin{cases} D\dfrac{\mathrm{d}^2\bar{c}(x,p)}{\mathrm{d}x^2} - U\dfrac{\mathrm{d}\bar{c}}{\mathrm{d}x} - p\bar{c} & \text{(a)} \\[3mm] \bar{c}(0,p) = \int_0^\infty c(0,t)e^{-pt}\mathrm{d}t = \int_0^\infty c_0 e^{-pt}\mathrm{d}t = \dfrac{c_0}{p} & \text{(b)} \\[3mm] \bar{c}(\infty,p) = \int_0^\infty c(\infty,t)e^{-pt}\mathrm{d}t = 0 & \text{(c)} \end{cases} \quad (2-87)$$

应用二阶常系数齐次微分方程通解式(2-68)及边界条件得

$$\bar{c}(x,p) = \frac{c_0}{p}e^{\left(\frac{U}{2D} - \frac{1}{\sqrt{D}}\sqrt{pD^2 + \frac{DU^2}{4}}\right)x}$$

对其进行关于变量 p 的拉普拉斯逆变换

$$c(x,t) = \frac{1}{2\pi i} \int_{\beta-i\infty}^{\beta+i\infty} \bar{c}(x,p) e^{ip} \, \mathrm{d}p = \frac{c_0 e^{\frac{Ux}{2D}}}{2\pi i} \int_{\beta-i\infty}^{\beta+i\infty} \frac{1}{p} e^{-\frac{x}{\sqrt{D}}\sqrt{p+\frac{U^2}{4D}}} e^{ip} \, \mathrm{d}p$$

$$\qquad (2-88)$$

$$= \frac{c_0}{2}\left[\mathrm{erfc}\left(\frac{x-Ut}{2\sqrt{Dt}}\right) + e^{\frac{Ux}{D}} \mathrm{erfc}\left(\frac{x+Ut}{2\sqrt{Dt}}\right)\right]$$

其中应用了如下拉普拉斯逆变换式

$$L^{-1}\left[\frac{1}{p} e^{-a\sqrt{b^2+p}}\right] = \frac{e^{-ab}}{2}\mathrm{erfc}\left(\frac{a-2bt}{2\sqrt{t}}\right) + \frac{e^{ab}}{2}\mathrm{erfc}\left(\frac{a+2bt}{2\sqrt{t}}\right) \qquad (2-89)$$

2.7　MATLAB 快速入门

MATLAB(Matrix Laboratory)是专门针对工程及科学计算而开发的具图形用户界面的功能强大且易学易用的高级计算机程序语言。美国 Mathworks 公司自 1984 年推出其第一个商业版本以来,不断改进、创新、发展,现在几乎每半年就会推出一更新版本。MATLAB 已成为美国及国际上最为流行的科学计算及工程计算软件,在众多的美国大学可以说是学生必学的软件及研究人员的得力助手。读者可以看到本书的许多图形都是用 MATLAB 程序作的,所以掌握 MATLAB 对于我们学好环境流体力学无疑有极大的促进作用。本节仅就经常用到的 MATLAB 桌面工作环境、变量的创建及命令行操作、程序设计基础、作图基础及创建图形性用户界面程序等五方面做一扼要介绍。

2.7.1　MATLAB 桌面工作环境

以 2011 年下半年发布的程序 R2011b 为例,启动程序后打开的 MATLAB 桌面工作环境一般如图 2-6 所示。

对于用过众多程序的我们的来说,这种界面再熟悉不过,几乎无需多加解释。上边第一行为菜单项(Menu bar),包括 File、Edit、View、Debug、Desktop、Window、Help 共六项。对于初学者来说,知道下面两点就行了:

(1)点击 Desktop 就可选择要打开或关闭的窗口,所以看不到需要的窗口无需慌张;

(2)由 Help/Demos 可打开 MATLAB 的每段只有几分钟左右的视频教学课程,如 Getting started with MATLAB,Working in the Development Environment,Writing a MATLAB program 等,可以在学英语的同时,掌握 MATLAB,何乐而不为? 看完这

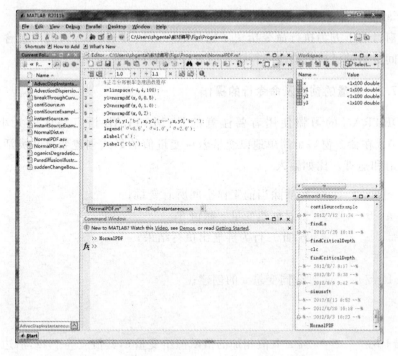

图 2-6　MATLAB 主窗口(版本及设定不同会有一些差别)

些视频教学,你也就基本上掌握了 MATLAB 了。

　　主窗口的第二行为常用工具条行,从左到右依次为打开程序编辑器(New script)、打开文件窗口(Open file)、剪切(Cut)、复制(Copy)、黏贴(Paste)、撤销(Undo)、再做(Redo)、打开 Simulink、打开 GUIDE(图形用户界面程序创建环境)、程序分析器(Profiler)及打开帮助文档窗口(Help)。我们常要用到的是第一个(New script)和倒数第三个(GUIDE)。

　　工具条行的右边为当前工作文件夹全路径窗口。一般启动 MATLAB 后可通过点击其后的带三个小点的找寻文件夹工具(Browse for Folder)快速到达存有程序的目的文件夹。

　　主窗口左边的为当前文件夹子窗口(Current folder),其上边的小窗口可以搜索指定文件夹,下面显示了当前文件夹所包含的文件。可以双击打开文件。主窗口中间上边为程序编辑器(Editor)子窗口,已打开的文件名显示在其下面的提示栏内,可点击文件名进入所希望编辑的程序或文件。主窗口中间下部为命令子窗口(Command Window),在提示符"≫"后面可逐个输入创建变量、计算及作图等执行命令,下一节将较详细地介绍此窗口及一些常用的命令。

　　主窗口右上方为工作空间子窗口(Workspace),其内含有当前执行程序所用的变量名、类型及最大、最小值等信息。可双击变量名打开类似 Excel 的变量编辑器(Variable Editor)进行检查该变量的值或改变其值等的操作。

主窗口右下方为执行命令历史子窗口(Command History),其内包含了按日期及时间分组的已执行的命令行输入的命令及程序名等。

2.7.2 变量的创建及命令行的操作

FORTRAN 的习惯使用者要注意的是,MATLAB 语言是区分大小写的。MATLAB 在命令窗口可简单地以变量名＝变量值的形式创建变量并灵活地对其进行赋值和运算。比如输入

```
>> clear          %清除当前工作空间所有变量;
>> a=5            %对创建变量 a 赋值5;
a =               % 此二行为屏显出执行结果;
    5
>> b=7            % 同变量 a 的创建;
b =
    7
>> c=a+b;         % a,b 值相加的值赋值给变量c,其值应等于12,后边的冒号
```

关掉屏显。加减乘除及次方的运算符分别为:＋,－,＊,/,^。在 MATLAB 语言中,%号后边的为注释语句,不影响程序执行。

当命令窗口内容多了时,输入"clc"即为清屏。MATLAB 的优点是对数组和矩阵等进行简单快速的操作和运算,如

```
>> clear
>> a=[1 2 3 4 5]  % 创建含 5 个数的行数组;
a =
    1    2    3    4    5
>> b= 3:7          % 另外一种在 2 数之间加冒号的方法创建数组;
b =
    3    4    5    6    7
>> c=a+b          % 相同大小的数组相加;
c =
    4    6    8    10    12
>> d=a.＊b         % 相同大小的数组对应元素相乘,若相除用"./"运算符。
d =
    3    8    15    24    35
```

　　MATLAB 还可以指定间隔或两数之间的分割点数目的方式产生数组,且大多内存函数均可对数组直接进行运算,看下例

```
>> clear
>> a=0:0.1:2        % 产生间隔为 0.1 的从 0 到 2 的数组;
a =
    Columns 1 through 7
         0    0.1000    0.2000    0.3000    0.4000    0.5000
0.6000……(下省略)
>> b=linspace(0,2,21)    % 用 21 个数均分[0, 2]区间;
b =
    Columns 1 through 7
         0    0.1000    0.2000    0.3000    0.4000    0.5000
0.6000……(下省略)
>> c=sin(pi * a);       % 求数组 pi * a 的正弦函数数组;
>> d=cos(pi * b);       % 求数组 pi * b 的余弦函数数组;
>> plot(pi * a,c)       % 以 pi * a 为横坐标,c 为纵坐标作图;
>> hold on             % 在打开的图中继续作图而不擦去原先图形;
>> plot(pi * b,d)       % 画出余弦函数图。
```

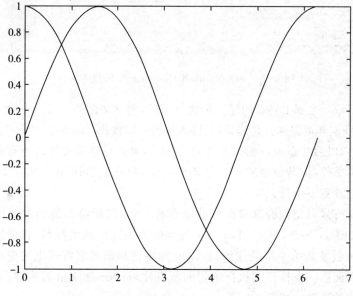

图 2-7　命令行输入产生的正、余弦函数图

　　这样一行一行输入执行命令麻烦又不容易修改，我们可以在命令历史窗口选择想一起执行的命令（点击开始行，然后按住 Shift 的同时点击结束行），右击鼠标，选择"Create Script"创建脚本文件命令，选中的命令就会自动集中到如图 2-8 所示的一打开的程序编辑器（Editor）中了。

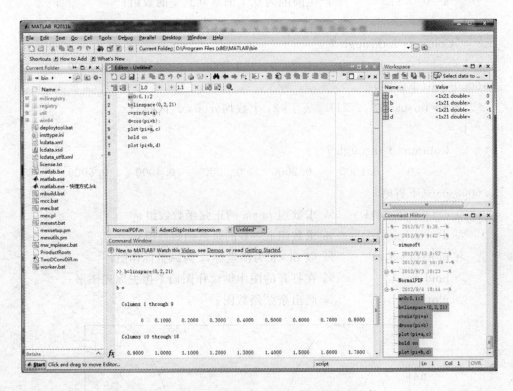

图 2-8　由 Command History 产生的脚本文件

　　点击 Editor 上部工具条的绿三角执行工具，脚本文件的所有命令就会被一同执行。当然，我们亦可以先打开编辑器，输入希望一同被执行的命令，存为"文件名.m"的脚本文件，以后在命令行输入文件名，回车即可执行脚本文件的所有命令。输入命令或脚本文件时，若命令较长一行不够的话，可在其后面加三个英文句号，表示此行命令延续到下一行。

　　在命令行常可用到的寻求帮助的命令有三个，按所给出帮助内容的由简至繁分别为：lookfor, help, doc。Lookfor 加空格加关键词或函数名，将列出所有含有关键词的函数及其第一行的注解行；help 加空格加函数名将列出对应函数从第一注解行至下面第一空格行或执行语句的所有注解；doc 加空格加关键词或函数名，将打开有关的帮助文档。

2.7.3　MATLAB 程序设计基础

MATLAB 不仅可以写脚本文件统一执行,也可像其他高级语言一样创建函数,方便调用时灵活对参数赋值而无需改变函数内部。MATLAB 是基于 C 语言编写的,它的程序写法和其他高级语言也大致相同,如 if 条件语句及 for 循环语句等,这儿以下面 2.8.2 小节将要用到的使用迭代法求解单变量方程的根为例来介绍 MATLAB 程序的主要特点,以达到快速入门的目的。对算法的解释请参阅 2.8.2 小节。点击工具条的首项,打开程序编辑器,进行如下程序(diedai. m)输入

```
function [root,n] = diedai(f,x0,eps)
% 使用迭代法求解函数 f 在 x0 附近的根
% root:求得的根;  n:迭代次数;
% f:需求根的以 x 为自变量的函数;x0:自变量初值;  eps:求解精度
if(nargin ==2)                % 若输入参数只有两个,在这指定求解精度。
    eps = 1. e−4;
end
res = 1;                      % 指定残差初值
root = x0;
n = 0;
while(res>eps && n<100)       % 残差大于精度及迭代次数小于 100 时继续
    n = n+1;
    x = root;
    root =eval(f) +x;
    res = abs(root−x);
end
                             % 若经 100 次迭代解不满足精度,予以说明
                               并输出残差
if(res>eps)
    fprintf('root not meets accuracy after 100 iterations,…
    res = %e',res);
end
```

其中已加入足够的解释帮助理解。要说明的是:

(1)写函数时,首先要使用关键字 function 声明;

(2)其后空格后的中括号内以逗号分隔的是输出变量名;

(3)等号右边的首先是函数的名称,存储时一般就以函数名命名后缀为".m"

的文件名,比如存储本函数的文件名就为"diedai. m";

(4)函数名后圆括号内的以逗号分隔的为输入变量名。输入变量即使在函数内部运算中改变了其值,函数运行结束后还会恢复其原来值;

(5)若希望在函数运行结束后保存运行时改变的输入变量值,就需也将它写入左边输出变量中;

(6)此函数调用了以 x 为自变量的函数 f,最简单定义 f 的方法为以单引号包含以 x 为自变量的代数表达式,如$'x^2+3*x-2'$。2.8.2 小节有其调用实例。

(7)求解复杂的问题可以用一个主函数及若干个子函数来解决,所有的子函数需和主函数在一个目录下或主函数所在目录的子目录下。

(8)若函数语句有错,编辑器垂直滑动杆的右边提示栏内会有红色的小横杠出现,将鼠标指示符置于其上,就会显示出错的行号及解释,非常利于在调试前就写出至少没有语法错误的程序,切记。

至于函数的调试,和其他的具图形用户界面的高级程序语言的大致相同,这儿就不赘述了。

2.7.4 作图基础

MATLAB 的一突出优点是其简单丰富的科学计算用的作图功能。本小节对其作一入门介绍。通过例子学习可能是最好的方法了,作图 2-1 的脚本程序(Fig2of1script. m)如下:

```
% 有机物降解曲线程序
t=linspace(0,50,100);            %用 100 个数等分[0,50]时间区间,单位 s
L0=100;                          %给定初始 BOD 值,单位 mg/L
kd=0.1;                          %反应常数值,单位 d⁻¹
L1=L0*exp(-kd*t);                %由式(2-58)计算对应 t 时刻对应 BOD 值
kd=0.8;                          %同前计算不同 kd 值下的 BOD 值
L2=L0*exp(-kd*t);
plot(t,L1,'b-',t,L2,'r- -');     %将两条曲线作在同一张图上
legend('k_d=0.1 d^{-1}','k_d=0.8 d^{-1}');   %加上图标
xlabel('t(d)');                  %x 轴标签
ylabel('L(mg/L)');               %y 轴标签
```

要说明的是,plot 命令里单引号内的内容为指定作图的线的颜色及类型,b 表示蓝色,r 表示红色,k 表示黑色等;—表示实线,— —表示虚线。其他对照图 2-1 应不难理解。若 x 轴采用对数坐标作图,打开网格线并增加一标题,可采用如下命令

semilogx(t,L1,'b−',t,L2,'r− −');
gridon
title('半对数坐标作图')

仅 y 轴采用对数坐标及双对数坐标的作图命令分别为 semilogy,loglog。可采用如下方法对坐标轴进行进一步的控制

axis([xmin xmax ymin ymax])　　　% 设定坐标范围
axis equal　　　　　　　　　　　　% 使坐标刻度增加相等
axis square　　　　　　　　　　　% 使作图坐标范围为正方形
axis normal　　　　　　　　　　　% 取消上面 2 个操作
axis off　　　　　　　　　　　　　% 关掉坐标显示
axis on　　　　　　　　　　　　　% 打开坐标显示

另外我们可以用 fplot 快速作单自变量函数在指定范围内的图,如

fplot('sin(x)/x',[−4 * pi,4 * pi])
titile('fplot example')
grid on

就会得到下图

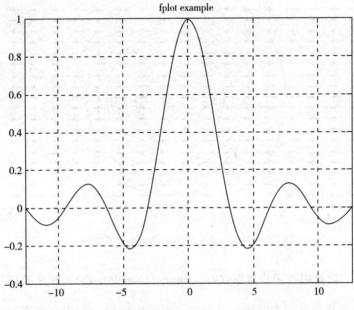

图 2 - 9　函数 $\sin(x)/x$ 图

在环境流体力学中经常需要的浓度等值线图(concentration contour plot)以及速度矢量图(velocity vector plot),如下例(Fig2_10script. m)分别可使用 contour 及 quiver 命令:

```
% contour and vector plot example
[x,y] = meshgrid(-4:0.4:4,-2:0.2:2);
%在限定的范围内分别以 0.4,0.2 的间隔产生位置坐标 x,y 的二维数组;

c=zeros(size(x));        % 定义浓度数组 c 和 x 一样大,并初始化为零;
u=c; v=c;                % 同样初始化速度矢量分量 u,v
c = exp(-0.5*(x.^2+y.^2));
                         % 假设浓度 c 由此公式算出
u = u +1;                % 假设仅有沿 x 方向的常量为 1 的速度
contour(x,y,c)           % 画出浓度 c 的等值线图
axis equal               % 使坐标轴等刻度
hold on                  % 在现有图上继续作图
quiver(x,y,u,v,0.5)      % 作速度矢量图,0.5 为缩小矢量假定值的一半。
```

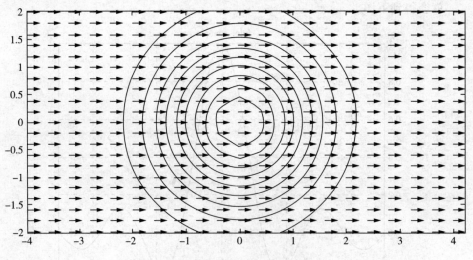

图 2 - 10 浓度云图及速度矢量作图例

2.7.5 创建图形用户界面(GUI/Graphic User Interface)程序基础

MATLAB 的另一突出优点是其可以方便地创建图形用户界面程序。我们还是通过一例子来介绍。假设我们要创建如图 2 - 11 所示的 GUI 程序,可以自由地

输入初始 BOD 值 L_0，反应速度常数 kd，以及时间 t，然后我们点击 Calculate 按钮就会自动计算并显示出 t 时刻的 BODt 值，点击 Plot 按钮就可作出如图 2-16 所示的 $0\sim t$ 时刻的 $L(t)\sim t$ 及 BOD$t\sim t$ 图。具体步骤如下：

（1）点击工具栏右上角倒数第三个的 GUIDE，在弹出的 GUIDE Quick Start 选择画面选择第一项 Blank GUI，图 2-11 的 GUI 设计画面就会打开。

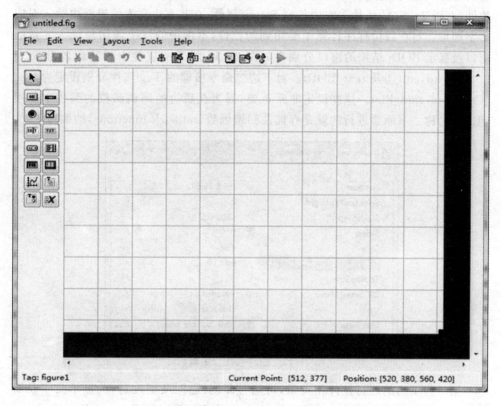

图 2-11　空白 GUI 设计模板

设计 GUI 程序经常要使用的是图中左边各种控件的工具栏，从上至下第一列分别为选择（selection）、按钮（Push button）、选择纽（Radio button）、文字输入框（Edit text）、弹出菜单（Pop-up menu）、触动纽（Toggle button）、绘图坐标轴（Axes）、组项选择（Button group），第二列分别为滑动纽（Slider）、点击选项（Check box）、静态文本（Static text）、列单选项（List box）、表格（Table）、组合控件（Panel）及 ActiveX 控件。窗口中的方格区域是创建 GUI 的区域，可拖动右下角改变其大小。选中左边的工具栏中的所需的控件拖至方格区的想放的位置即可。本程序需要的控件是文字输入框、静态文本框及按钮分别用于输入变量值，显示变量名称单位及等待行动指令。

（2）我们先创建第一行的显示初始 BOD 的静态文字框及其后面的供输入其值的文本编辑框。分别将两个控件拖至如图 2-13 所示位置，亦可拖动其边框黑点改变其大小。下面要做的重要的事就是对它们进行命名及使其在 GUI 显示需显示的文字。这是通过双击对应控件，在弹出其属性列表中，选择需改变的属性而进行设定的。比如说，对于第一个静态文字框，我们希望它显示"初始 BOD"，双击该控件，在图 2-12 的属性表左边找到 String 属性，在其右边文本编辑框内输入对应文字即可。对在后边程序计算中要用到的控件，本例中的三个需用户输入变量的窗口及显示 BODt 结果的窗口分别在如图 2-12 的 Tag 属性中对其命名为 edit_L0，edit_kd，edit_t 及 text_BODt。对下边二命令按键的 Tag 属性分别设定为 cmd_Calculate，cmd_Plot。这些设定非常重要，因为在后边的回调函数的编程中要用到这些名称。下面要进行的就是存储及回调函数（callback functions）的编写了。

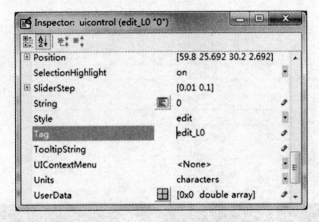

图 2-12 控件属性设定画面

第一行下边的三行控件相类似，可通过复制、黏贴及更改名称、显示文字及属性的方法更加快捷地创建。最后编辑好的 GUI 程序界面如图 2-13 所示。

（3）点击 GUI 工具条第三个的 save 键，以 BODtGUI. fig 名存下 GUI 设计画面及对控件的属性的设定，这时 MATLAB 同时会创建此 GUI 的 BODtGUI. m 文件，内含主程序及各控件的回调函数的模板并自动显示在程序编辑器中。下面我们只需对需编程的部分写好执行的命令就行了，本例只需对两个命令按钮写回调函数。

（4）如图 2-14 所示，点击文档编辑器的工具条的函数 $f(X)$ 键（在绿色三角形的执行键的左边），选择 cmd_Calculate_callback，就会自动跳至 Calculate 按钮的回调函数部分进行编程了。

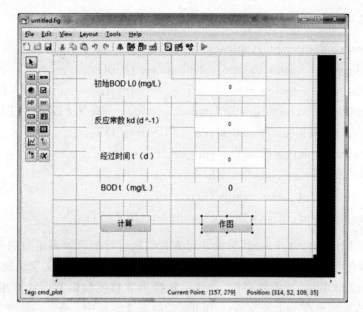

图 2-13　BODt 计算作图 GUI 程序界面

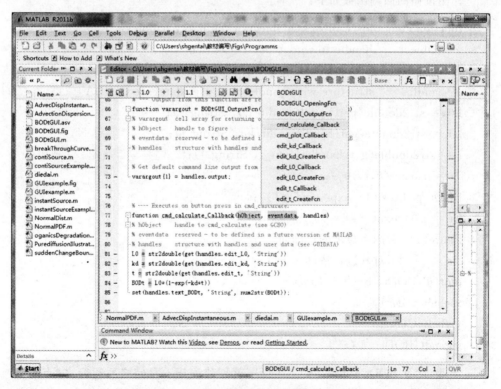

图 2-14　跳至需编写回调函数的部分

对计算按钮的回调函数如下：

```
function cmd_calculate_Callback(hObject, eventdata, handles)
% hObject      handle to cmd_calculate(see GCBO)
% eventdata   reserved —to be defined in a future version of MATLAB
% handles      structure with handles and user data(see GUIDATA)
L0 = str2double(get(handles. edit_L0,'String'));
kd = str2double(get(handles. edit_kd,'String'));
t = str2double(get(handles. edit_t,'String'));
BODt = L0 * (1 - exp(-kd * t));
set(handles. text_BODt,'String', num2str(BODt));
```

其中注释行为自动产生的，后面 5 行为我们所进行的对回调函数的编辑输入。Handles 为包含各控件的结构体，get()函数通过它取得各对应文字编辑框的输入字符，而 str2double()函数将字符(string)转换为双精度数供下面计算用；set()函数将计算结果显示在 tag 名为 text_BODt 的静态文本框中。

作图按钮的回调函数如下：

```
function cmd_plot_Callback(hObject, eventdata, handles)
% hObject      handle to cmd_plot(see GCBO)
% eventdata   reserved —to be defined in a future version of MATLAB
% handles      structure with handles and user data(see GUIDATA)
L0 = str2double(get(handles. edit_L0,'String'));
kd = str2double(get(handles. edit_kd,'String'));
t = str2double(get(handles. edit_t,'String'));
T =linspace(0,t,100);
BODt = L0 * (1-exp(-kd * T));
Lt = L0 * exp(-kd * T)
figure(1) % 产生显示图形画面
cla        % 对其进行清屏
plot(T,BODt,'b-',T,Lt,'r- -')
xlabel('t(d)')
ylabel('C(mg/L')
legend('BODt','L(t)')
```

至此，计算 $BODt$ 及作图的 GUI 程序就创建完毕。存储之后运行之(点击文本编辑器上绿色三角形的运行程序工具)，输入图 2-15 文字编辑框内对应的数值,点击计算按钮,就会得到图示的计算结果。

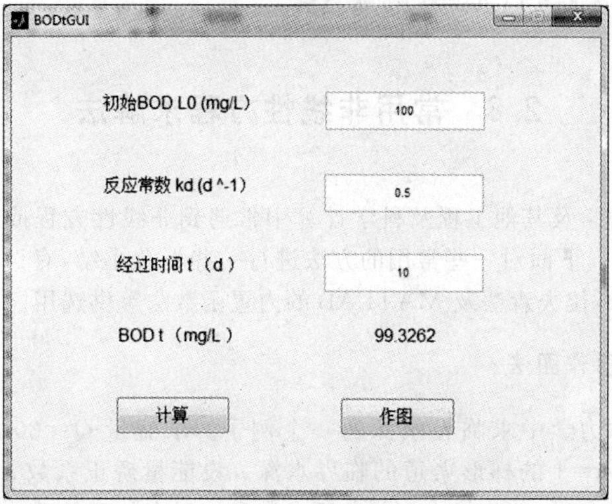

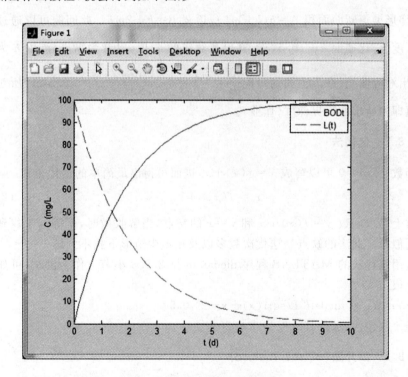

图 2 - 15　BODt 程序运行画面

点击作图按钮,就会得到如下图形

图 2 - 16　BODt 程序作图画面

其上的工具条可用来对图形进行各种编辑,选择菜单 File/Save as 可将图形存为 tiff,jpg 以及 MATLAB 的 fig 等格式。

2.8 常用非线性方程求解法

环境流体力学及其他工程及科学计算中常遇到非线性方程或高次方程 $f(x)=0$ 的求解问题。下面对一些常用的方法进行一些汇总小结,有试算作图法、迭代法、二分法、牛顿-拉夫森法及 MATLAB 的内置函数法等供选用。

2.8.1 试算作图法

我们来看水力学中求临界水深的一个例子。求流量 $Q=30\mathrm{m^3/s}$,底宽 $b=10\mathrm{m}$、边坡系数 $m=1$ 的梯形渠道的临界水深。设能量矫正系数 $\alpha=1$。我们知道对于棱柱形渠道来说,其临界水深的断面参数和流量有如下关系

$$\frac{\alpha Q^2}{g}=\frac{A^3}{B} \tag{2-90}$$

式中,梯形渠道断面面积 $A=h(b+mh)$,顶宽 $B=h+2mh$。此问题可以通过取不同的深度值,比如说 $h\in[0.5,5]$,算出其对应的 $\frac{A^3}{B}$ 值,以其为纵坐标,以 h 为横坐标,作出对应曲线,在图上找到对应 $\frac{A^3}{B}=\frac{\alpha Q^2}{g}=\frac{1\times(30\mathrm{m^3/s})^2}{9.8\mathrm{m/s^2}}=91.84\mathrm{m^5}$ 所对应的深度值即为所求的临界深度(作业)。

2.8.2 迭代法

函数 $f(x)=0$ 可以写成 $x=f(x)+x$,进而可得出最简单的迭代公式

$$x_n=f(x_{n-1})+x_{n-1} \tag{2-91}$$

它本质上是求函数 $y=f(x)+x$ 和 $y=x$ 的交点,当解收敛时,就等同于找到了方程的近似根。此法的缺点是迭代次数多以及在不少情形下找不到解。

应用迭代法的 MATLAB 程序 diedai.m 见 2.7.3 小节。作为测试,可如下调用其求根:

[root,n] = diedai('1/sqrt(x)+x-2',0.5)

经 4 次迭代,求得其一根为 0.3820。

2.8.3 二分法(Bi-sect method)

设函数 $f(x)$ 在区间 $[a,b]$ 上连续有且只用一实根 x_m,二分法的程序算法

如下：

(1)设定容许误差值 ε，比如说 0.001，取 $x_m = \dfrac{a+b}{2}$，若 $f(x_m) < \varepsilon$，x_m 即为根，求解结束；

(2)若 $f(x_m)f(a) > 0$，设 $a = x_m$，反之若 $f(x_m)f(a) < 0$，设 $b = x_m$，重复(1)步骤求解至 $f(x_m) < \varepsilon$ 结束，此时的 x_m 即为满足精度要求的根。

应用此算法的 Matlab 程序函数(bisect. m)如下：

```
function [root,n] = bisect(f,a,b,eps,maxNo)
% 使用二分法求解函数 f 在 a,b 之间的根
% 输出变量:root－求得的根；n－迭代次数
% 输入变量:
% f－ 需求根的以 x 为自变量的函数；
% [a,b]－求解区间
% eps－ 求解精度
% maxNo－ 最多迭代次数

x =a; fa = eval(f);
x =b; fb = eval(f);
x =(a+b)/2. ; fab = eval(f);
n = 0;
if abs(fa)<eps
    root = a;
return
elseif abs(fb)<eps
    root = b;
return
elseif abs(fab)<eps
    root = x ;
elseif fa * fb>0 % It is assumed only one root exist between a and b
    disp('No root found. ')
return

else % fa * fb<0
while n<=maxNo
if fa * fab>0
            a=(a+b)/2. ; fa = fab;
```

```
elseif fa * fab<0
              b=(a+b)/2. ; fb = fab;
end
       x   = (a+b)/2. ; fab = eval(f);
if abs(fab)<eps
              root = x ;
return
end
       n = n +1;
end
    root = (a+b)/2. ;
    disp('root meeting accuracy not found')
end
```

针对 2.8.1 小节求梯形渠道临界水深问题,根据式(2-90)函数 f 可定义为

$$f = \alpha Q^2 B - gA^3 \tag{2-92}$$

在命令窗口如下输入

》[root,n]=bisect('30 * 30 * (10+2 * x)-9.8 * (x * (10+x))^3',0.3,2,
0.001,30)

回车经 19 次迭代求得解临界水深为 0.94m。

也可以先写好关于临界水深的函数(hc. m)如下

```
function f = hc(b,m,Q,alfa)
% find the critical flow depth h0 of atrapezoidal channel with
% A = (b+mh)h, B= b + 2mh
% f = Q^2B — gA3, critical depth hc, f(hc)=0
% Q = flow rate, side ratio m
% b: bottom width; m: side ratio; Q: flow rate;
% alfa: energy correction factor

syms x   % symbolic variable for depth
g = 9.807;
f = alfa * Q * Q * (b+2 * m * x) — g * (x * (b+m * x))^3. ;
```

然后在命令窗口如下输入,同样求得解。

```
≫ f＝hc(10,1,30,1.)
≫ezplot(f,0.3,2.0); % plot f to check if there is one root
≫ [root,n] ＝ twopoint(f,0.3,2,0.001,30)
```

2.8.4　牛顿－拉夫森法(Newton－Raphson Method)

此法一般简称为牛顿法,其原理基于导数定义。设函数 $f(x)$ 在区间 $[a,b]$ 上连续有一阶导数且只有一实根,那么

$$\frac{\mathrm{d}f(x)}{\mathrm{d}x}\bigg|_{x=x_i}=f'(x_i)=\frac{f(x_{i+1})-f(x_i)}{x_{i+1}-x_i}\stackrel{\text{设}x_{i+1}\text{为根}}{=\!=\!=\!=\!=}\frac{0-f(x_i)}{x_{i+1}-x_i}\Rightarrow x_{i+1}=x_i-\frac{f(x_i)}{f'(x_i)}$$

$$(2-92)$$

上式有着非常明确的物理意义,即是以过 x_i 点的 $f(x)$ 的切线方程的根来逼近 $f(x)$ 的根。牛顿法的程序算法如下:

(1)设定容许误差值 ε,并选一初始 x_i,由上式求线性逼近解 x_{i+1};

(2)若 $f(x_{i+1})<\varepsilon$,x_{i+1} 即为根,求解结束;反之则以 x_{i+1} 为新的 x_i 重复(1)步骤至 $f(x_{i+1})<\varepsilon$ 为止。

应用此算法的 MATIAB 程序函数(newton.m)如下:

```
function [root,n] ＝ newton(f,x0,eps,maxNo)
% 使用牛顿法求解函数 f 在 x0 附近的根
% 输出变量:root－求得的根;n－迭代次数
% 输入变量:
% f－ 需求根的以 x 为自变量的函数;
% x0 －初始值
% eps－ 求解精度
% maxNo－ 最多迭代次数

x ＝ x0;
f1 ＝ eval(f);
f2 ＝ diff(f,'x'); %   difference of f
n ＝ 0;
while (abs(f1)＞eps) && (n＜maxNo)
      D ＝ －f1/eval(f2);
      x ＝ x ＋ D;
      f1 ＝ eval(f);
```

```
        n = n +1;
   end
   root  = x;
   if abs(f1>eps)
       disp('root not found');
   end
```

将前一小节的最后的求解程序的倒数第二行程序改为[h02,k2] = newton (2,f, 0.001,30),仅迭代 6 次,就求得同样的临界水深 0.94m。这反映了牛顿法比二分法收敛快的一般特性。

2.8.5 调用 Matlab 内置函数 fzero 法

Matlab 可求方程根的内置函数主要有两个 fzero 及 fsolve。内置函数 fzero 是一种结合了多种方法的求解非线性方程 $f(x)=0$ 函数,其一般调用格式为:

$$x = fzero(myfun, x_0)$$

式中,myfun 为用户定义的含唯一自变量的所要求根的方程 $f(x)$ 的函数名;x_0 为初始猜想根,可为一实数,也可为一指定实数区间$[a, b]$。还是以上述求梯形渠道的临界水深为例,在命令窗口输入

≫hc = fzero('30 * 30 * (10+2 * x)−9.8 * (x * (10+x))^3', 2.)
即可求得临界水深。

Matlab 还另有一功能更加强大的可解非线性方程组的内置函数 fsolve,其调用格式如下

$$x = fsolve(fname, x_0, options)$$

式中 fname 为用户定义的所要求根的非线性方程或方程组的函数或函数文件名,x_0 为初始猜想根,options 可省略,亦可进行一些常用的设定如下:

options(1)=1,显示中间运算步骤,缺省值为 0,不显示;

options(2)=所求解的精度,缺省值为 1.0e−4;

options(14)=最大迭代次数,缺省值为 500。读者可在命令窗口输入 doc fsolve 来查看有关此函数应用的更多的说明。下面看其二应用例。

解简单非线性方程,可如同函数 fzero 一样地使用,如解 2.8.2 节的方程,在命令窗口输入输入

≫ fsolve('1/sqrt(x)+x−2',0.5)

同样可得解 0.3820。也可以项定义好需求解的函数 f 如下,存好

```
function f = myfun(x)
f = 1/sqrt(x)+x−2;
```

然后在命令窗口输入

≫ fsolve('myfun',0.5)

亦同样可求得解。这种先定义函数的方法更适用于解非线性方程组。设要求如下方程组的解

$$\begin{cases} \sin^2 x + y^3 + e^z = 7 \\ 5x^2 + 3^y - z^3 = -3 \\ x - 5y + 4z = 5 \end{cases} \tag{2-94}$$

先建立方程组的函数文件 fxyz. m 如下存好

```
function f = fxyz(p)
x = p(1);y=p(2);z=p(3);
f = zeros(3,1);
f(1) = sin(x)^2 + y^3 + exp(z)−7;
f(2) = 5*x*x +3^y −z^3 +3;
f(3) = x − 5*y +4*z −5;
```

在命令窗口输入

≫ xyz=fsolve('fxyz',[1,1,1])

即求得解为 x,y,z 分别为 0.5636,0.6088,1.8701。

复习思考题

2.1　写出应变率张量及旋转率张量在笛卡尔直角坐标系中的表达式。

2.2　试比较速度矢量的旋度的张量表达法和行列式表达式的一致性。

2.3　写出对标量浓度 c 的拉普拉斯符作用张量表示式的在直角坐标中的一般展开式。

2.4　已知一维浓度的分布为 $c(x,t) = \dfrac{m}{2\sqrt{\pi Dt}}\mathrm{e}^{\frac{x^2}{4Dt}}$，试求其在 x 方向单位长度的变化率及对时间的变化率。

2.5　试由泰勒级数的定义式(2-12)推导出式(2-13) ～ (2-16)。

2.6　由关于标量的高斯定理推出常量的关于封闭曲面的面积分为零。

2.7　试推出二阶对称张量和反对称张量的双点乘等于零。

2.8　试通过列举可能的情形证明 $\varepsilon_{kij}\varepsilon_{klm} = \delta_{il}\delta_{jm} - \delta_{im}\delta_{jl}$。

2.9　利用上题的关系证明 $(\nabla \times \vec{u}) \times \vec{u} = \vec{u} \cdot \nabla\vec{u} - \dfrac{1}{2}\nabla(\vec{u} \cdot \vec{u})$。

2.10　由应变率张量的双点积推出黏性耗散项。

2.11　证明傅立叶变换的线性性质。

2.12　证明函数二阶微分的傅立叶变换性质。

2.13　根据定义推导出污染物瞬间投入的初始条件(式 2-82b)傅立叶变换(式 2-83b)。

2.14　试根据积分公式(2-85)推出 $\mathrm{erf}(\infty)=1$。

2.15　试根据积分公式(2-85)推出正态分布的 $\mathrm{CDFF}(\infty)=1$。

2.16　试证明标准正态分布的 $\mathrm{CDFF}(a)=\dfrac{1}{2}\left[1+\mathrm{erf}(\dfrac{a}{\sqrt{2}})\right]$。

2.17　创建一类似于 2.7.5 小节的 GUI 程序,计算不同参数下一维稳定无源无随流有界扩散解(2-64)并作图。

2.18　应用 2.8 小节介绍的作图法求所给定流量的梯形渠道的临界深度。

2.19　如上题棱柱型梯形渠道的粗糙率 $n=0.025$,底坡坡度 $i=0.001$,应用明渠均匀流流量公式 $Q=AV=A\dfrac{1}{n}R^{2/3}i^{1/2}$,式中 R 为水力半径,等于断面面积除以湿周。试分别应用二分法、牛顿法及调用 $f$zero 函数法求其正常水深。

2.20　参考光盘中 Fig2_1script. m 程序,写出图 2-2 ~ 图 2-4 的 Matlab 程序。

参 考 文 献

龚纯,王正林. MATLAB 语言常用算法程序集(第二版). 北京:电子工业出版社,2011.

梁昆淼. 数学物理方法(第三版). 北京:高等教育出版社,2001.

柯葵,朱立明,李嵘. 水力学. 上海:同济大学出版社,2000.

彭泽洲,杨天行,梁秀娟. 水环境数学模型及其应用. 北京:化学工业出版社,2007.

齐清兰. 水力学. 北京:中国铁道出版社,2008.

吴望一. 流体力学. 北京:北京大学出版社,1982.

姚端正,梁家保. 数学物理方法(第三版). 北京:科学出版社,2010.

王树禾,毛瑞庭. 简明高等数学(第二版). 合肥:中国科学技术大学出版社,2002.

张鸣远,景思睿,李国君. 高等工程流体力学. 西安:西安交通大学出版社,2006.

Chapman S J. MATLAB programming for engineers. BROOKS/COLE,2002.

Mays L W. Water Resources Engineering. John Wiley & Sons, Inc,2001.

第3章　相似原理和量纲分析

之所以在回顾了相关高等数学之后谈相似原理及量纲分析是由其在实际应用中的重要性决定的。能够用数学分析的方法完全解决的环境流体力学问题只限于几何形状及边界条件都非常简单的一些，大部分的实际问题是由实验及发挥着越来越重要作用的数值模拟来解决的。而后两者由于场地、经济、时间或技术等条件的限制，一般需将尺度较大的原型（prototype）按一定比例缩小成模型（model）来研究。如何由比例较小的模型测得或计算得到浓度、速度等量推出原型的对应量的值就需要相似原理及量纲分析的知识。量纲分析的作用还远不止这些，它还可以帮助我们在规划实验时减少需考虑的变量，以更简洁经济的形式报告实验结果，为我们节约宝贵的时间和金钱，并且帮助我们更深刻地洞见物理现象的本质及求解一些难解的偏微分方程。事实上，量纲分析已成为科学研究的一种主流，不仅为流体力学广泛应用，也被应用于生物学、医学及社会科学等领域（White，2003）。夸张一点地说，要有新的发现或推进现有的研究，很多情形下就需应用量纲分析的方法。希望在理解这章内容重要性后，能牢固掌握这部分知识。这章内容没有什么数学上的难度，主要是观念的更新。

3.1　量纲及量纲和谐原理

量纲（dimension）表示的是同类物理量的符号。如我们通常用 L 表示长度量纲，T 表示时间量纲，M 表示质量量纲，θ 表示温度量纲；这些不能用其他量纲的组合来表示的量纲我们称之为**基本量纲**（primary dimension），反之则为**导出量纲**（derived dimension）。导出量纲一般用基本量纲的组合来表示，如单位为 g/m^3 的浓度 C 的量纲为 $[ML^{-3}]$。一些常用物理量的量纲见表 3-1。

表 3 - 1　环境流体力学中常用物理量的量纲

物理量	常用表示符号	量纲
长度	L	L
面积	A	L²
体积	V	L³
速度	U	LT⁻¹
浓度	C	ML⁻³
力	F	MLT⁻²
压强、应力	P, τ	ML⁻¹T⁻²
运动黏度	υ	L²T⁻¹

量纲和谐原理（principle of dimensional homogeneity）是指一个能正确反映物理过程的方程的各项的量纲一定是相同的。它简单而十分有用。我们来检查下流体力学中著名的表示不可压缩流体能量守恒的贝努利方程的各项量纲

$$z + \frac{p}{\rho g} + \frac{v^2}{2g} = 常量 \tag{3-1}$$

其各项物理意义分别为以水头高度表示的单位重量液体的位置势能、压力势能及动能，量纲分别为长度 $[L]$，$[ML^{-1}T^{-2}/(ML^{-3}LT^{-2})] = [L]$，$[L^2T^{-2}/(LT^{-2})] = [L]$。可见其符合量纲和谐原理，各项的量纲均为长度，包括右边的常量的量纲。知道了量纲和谐原理不仅可以帮助我们判断推导出的公式、方程正确与否，也可帮助我们记忆公式。比如说你不确定贝努利方程的压力项的分母有没有 g，查一下它的量纲就行了。要记住的是，对一物理量进行无量纲数的乘除及微分、积分等运算均不改变其量纲。

3.2　相似原理、相似准则及模型试验

本章开头已谈到仅用数学分析方法能解决的环境流体问题仅占总体的一小部分，且已被前人研究得差不多了。要解决实际应用中的边界及初始条件复杂的问题，我们需将尺度较大的原型按一定比例缩小成模型，为了保证能由比例较小的模型获得的浓度、速度等量推出原型对应量的值就需要使模型和原型相似（similarity）。进行模型试验时，由于条件限制，我们不可能使模型和原型之间所有的无量纲数相等，所以第一步就要考虑选择恰当的相似准则。

3.2.1　相似原理(Similitude)

相似原理就是要保证模型和原型的流动相似。为此模型和原型之间需保持几何相似、运动相似及动力相似。

几何相似(geometric similarity)是指模型和原型的所有对应线段的长度比例相同及所有对应角的角度相同。几何相似是其他任何相似的基础。

运动相似(kinematic similarity)是指模型和原型各对应点的运动方向相同,大小比例也相同。几何相似基础上的运动相似实际上保证了模型和原型之间的时间也是相似的,即时间比尺(time scale)也是相同的。设原型和模型长度比尺(length scale ratio)为 l_r,速度比尺为 u_r,那么时间比尺为

$$t_r = \frac{t_p}{t_m} = \frac{l_p/u_p}{l_m/u_m} = \frac{l_p/l_m}{u_p/u_m} = \frac{l_r}{u_r} \qquad (3-2)$$

式中,下标 r,p,m 分别表示比尺、原型及模型,来自对应英文的头字母。由上式时间比尺的推导过程可看出,求一个量的比尺时,可将对应所需量的比尺看作有量纲的量进行运算,来求得其比尺。比如说,若原型和模型的长度及时间比尺定下了的话,那么加速度比尺也就确定了,为

$$a_r = \frac{l_r}{t_r^2} \qquad (3-3)$$

推导过程就当作业。

动力相似(dynamic similarity)是指模型和原型间对应点所受的作用力种类及方向相同,各对应力大小比例相同。根据牛顿运动定理,有了几何相似及动力相似就可保证运动相似。

3.2.2　相似准则(Similarity criteria)

相似准则由一系列重要无量纲数,如雷诺数、弗雷德数、理查德森数等构成,使实验符合某个相似准则,即为保持原型和模型之间的某个无量纲数相等,也就是维持了模型和原型之间的某一对力的比例相同。由于自然条件的限制,要保持模型和原型之间所有的力都成比例,达到完全的动力相似,几乎是不可能的。比如说,在地球上做实验,模型较原型缩小到 1% 的话,重力很难缩小到 1%;我们用水做实验,黏性系数缩小到 1% 的液体也几乎找不到。所以我们必须只能选择一些对我们所要研究的特定问题来说是重要的力,保持它们之间的比一定,也会得到符合一定精度要求的结果。一般一对力的比构成一个相似准则,对应一个有特定名称的无量纲数。在计算这些无量纲数时,我们用有代表性的特征速度 u、长度 L 及密度 ρ、运动黏度 v、重力加速度 g 等的组合来表示各种力。环境流体力学中重要的无量

纲数有如下一些。

(1) **雷诺数**（Reynolds number/Re）：为惯性力和黏性力之比

$$Re = \frac{惯性力}{黏性力} = \frac{ma}{L^2 \varpi \frac{u}{L}} = \frac{\rho L^3 L/t^2}{\varpi u L} = \frac{\rho L^2 u^2}{\varpi u L} = \frac{uL}{\nu} \qquad (3-4)$$

由流体力学知识我们知道它是反应层流、湍流流态的一个重要指标。

(2) **弗雷德数**（Froude number/Fr）：为惯性力和重力之比

$$Fr = \frac{惯性力}{重力} = \frac{\rho L^2 u^2}{mg} = \frac{\rho L^2 u^2}{\rho L^3 g} = \frac{u^2}{gL} \qquad (3-5)$$

它是反映明渠流缓流、急流的一个重要指标。也有将上式的平方根定义为弗雷德数的。

(3) **宏观理查德森数**（bulk Richardson number/Ri）：为重力流或异重流在浮力作用下减小的重力（$g' = \dfrac{\rho_c - \rho}{\rho} g$，式中 ρ_c 为重力流的密度，ρ 为环境流体的密度）和惯性力的比，可看作前面定义的弗雷德数的倒数

$$Ri = \frac{减小的重力}{惯性力} = \frac{mg'}{\rho L^2 u^2} = \frac{\rho L^3 g'}{\rho L^2 u^2} = \frac{g' L}{u^2} \qquad (3-6)$$

宏观理查德森数过去也被认为同明渠流的弗雷德数一样，是判断重力流流态的重要指标。但最新的研究表明，由于重力流和环境流体界面处的剪切湍流所引起的水夹带（ambient water entrainment）效应及和底床物质的相互交换等，它似乎不能简单地同明渠流的弗雷德数进行类比（Huang, et al. , 2009）。

3.2.3 模型试验

进行模型实验时，一般先要根据场地、经费等条件先确定长度比尺。前面已谈到为保持模型和原型相似，还需使它们之间满足一定的相似准则。满足所有的准则是不可能的，这就必须有所取舍，选择对所研究的特定问题来说重要的相似准则，也即保持模型和原型间对应相似准则的无量纲数相等。

环境流体力学中常遇到的有污染的流体部分的密度会和周边流体（ambient fluid）有些不同，这种情形下的流动属于水下重力流，驱动重力流流动的力为因浮力减小的重力，做模型试验时应使模型和原型的宏观理查德森数一致，这样就保证了模型和原型的减小的重力对惯性力的比一致。而一般水力学的有关明渠流的实验只需使模型和原型的弗雷德数一致就行了。在模拟有压管道内水的流动时，黏性起着重要的作用，这时就需要使模型和原型之间的雷诺数一致。

3.3　量纲分析

3.1 节我们已经谈了量纲及量纲和谐原理,知道环境流体力学中的物理量一般由 4 个我们分别以 L,T,M 及 θ 来表示的基本量纲,即长度、时间、质量及温度的组合来表达。有些量本身就是无量纲量,如角度、体积比浓度、壁面相对粗糙度及坡度等。量纲分析是我们在研究复杂自然现象时普遍采用的一种被实践证明为十分行之有效的方法,可以说已经涉及自然科学和社会科学的各方面。量纲分析法最初由白金汉(Buckingham,1914)较完整地表述出来,又称为 Pi 定理(Pi theorem),具体由确定和所研究问题相关的变量、选择比尺变量(scaling variables)、确定和问题相关的无量纲数及最终找出无量纲数之间的函数关系等步骤构成,下面以求有压管道流的水头损失的达西-威斯巴赫公式(Darcy-Weisbach formula)为例分述之。

3.3.1　找出和研究问题相关的物理量

这可能是量纲分析中最难的一步了,因为它存在不确定性,需要具备一定的理论及实践知识的储备,才能做好。特别是在研究一全新的问题时,需要的可能不仅是知识,还要有敏锐的直觉 —— 即在众多纷繁复杂的因素中找出主要因素的能力。这可能就是为什么美国畅销教材《流体力学》作者 White(2003)称之既需要坚实的物理及数学基础,又要有艺术微妙的技巧,只有通过时间、练习以及成熟才能使你真正掌握它。

我们来看有压管流水头损失公式的推导。根据实践经验或文献资料,我们知道压强水头损失 dp 应与流体密度 ρ、流体运动黏度 v、管道长度 L、管道直径 D、管道壁面粗糙度 e 及流速 u 等相关。所以和此物理过程相关的变量数 $n=7$,它们之间应存在函数关系,即

$$f(dp,\rho,v,L,D,e,u)=0 \qquad (3-7)$$

3.3.2　选择比尺变量

确定了所有相关变量后,第二步就是要从其中选出 m 个(一般为 $2\sim3$ 个)**比尺变量**(scaling variables)又称**重复变量**(repeating variables),因为它们将被反复使用,去和剩下的变量构成 $n\sim m$ 个无量纲数。**选择比尺变量的原则**是:它们之间不能构成无量纲数,而剩下的变量都可和它们的全部或部分(包括一个)的乘积构成无量纲数。每一个无量纲数我们称之为 Pi 数,分别用希腊字母 Π_1、Π_2 等来表

示。这里也存在一定的不确定性,选取不同的比尺变量就会得到不同的无量纲数。除了满足上边的两点原则外,一般的经验是:不要选你需要找出其函数关系的变量。比如说,我们希望研究 dp 和黏度的关系,那么我们就不选它们作为比尺变量。如果它们出现在各个无量纲数中,就不好研究它们之间的关系了。据此,对于水头损失问题,我们选速度 u、管径 D 及水的密度 ρ 为比尺变量。

3.3.3 找出相关无量纲数

一旦确定好研究问题的相关变量及比尺变量,找出相关的无量纲数就变得非常容易了,无非就是一些初中的代数运算而已。根据上述分析,我们的问题应包括 4 个无量纲数,分别为

$$\Pi_1 = \frac{dp}{u^{a_1} D^{b_1} \rho^{c_1}}$$

$$\Pi_2 = \frac{\upsilon}{u^{a_2} D^{b_2} \rho^{c_2}}$$

$$\Pi_3 = \frac{L}{u^{a_3} D^{b_3} \rho^{c_3}}$$

$$\Pi_4 = \frac{e}{u^{a_4} D^{b_4} \rho^{c_4}}$$

要使所有的 Π 数成为无量纲数,即让它们的分子分母的量纲相同,也即确定好各个比尺变量的指数就可以了。Π_1 分子的量纲即为压强的量纲,为 $ML^{-1}T^{-2}$(表 2-1),其分母的量纲为

$$L^{a_1} T^{-a_1} L^{b_1} M^{c_1} L^{-3c_1} = M^{c_1} L^{a_1+b_1-3c_1} T^{-a_1}$$

对照分子分母的量纲,应有

$$\begin{cases} c_1 = 1 \\ a_1 + b_1 - 3c_1 = -1 \\ a_1 = 2 \end{cases} \xrightarrow{\text{解得}} \begin{cases} a_1 = 2 \\ b_1 = 0 \\ c_1 = 1 \end{cases}$$

从而我们得到第一个无量纲数

$$\Pi_1 = \frac{dp}{\rho u^2} \tag{3-8}$$

这实际上也是一个重要的无量纲数,表示压力和惯性力的比,我们称之为**欧拉数**(Euler number)。按同样的方法可求出其他三个无量纲数,但如果我们有了一定的

经验,对常用的重要的无量纲数熟悉的话,连解代数方程都是可以省略的。我们看 Π_2,其分子为运动黏度,分母有速度及长度变量,那么就可以想到它实际上表示的为黏性力和惯性力的比,应是雷诺数的倒数,那么我们立即可写出

$$\Pi_2 = \frac{\upsilon}{uD}$$

再检查一下量纲,分子分母是一致的,均为 $L^2 T^{-1}$。Π_3、Π_4 就更简单了,它们的分子量纲均为长度,那么它们分母的量纲也必然为长度,所以 b_3、b_4 必须等于 1,且其他指数均等于 0。所以 Π_3 为简单的管长对管径长度比 $\Pi_3 = \dfrac{L}{D}$,$\Pi_4 = \dfrac{e}{D}$ 为管道的相对粗糙度。

3.3.4　确定无量纲数之间函数关系

所有的无量纲数求好后,式(3-7)的函数就可写成 $\Pi_1 = f(\Pi_2, \Pi_3, \Pi_4)$,即

$$\frac{\mathrm{d}p}{\rho u^2} = f\left(\frac{\upsilon}{uD}, \frac{L}{D}, \frac{e}{D}\right)$$

下面我们就需要实验或理论知识来进一步明确函数关系。实验告诉我们,压强水头的损失是和管道长度的一次方成正比的,所以可以将 Π_3 移至函数符号外部来,另外,函数符号内的 Π_2 为雷诺数的倒数,我们将它倒过来,写成熟知的雷诺数也是没有问题的,两边再乘以速度的平方,除以重力加速度 g,就得到

$$\frac{\mathrm{d}p}{\rho g} = \frac{Lu^2}{gD} f\left(Re, \frac{e}{D}\right) = f'\left(Re, \frac{e}{D}\right) \frac{L}{D} \frac{u^2}{2g} = \lambda \frac{L}{D} \frac{u^2}{2g} \tag{3-9}$$

至此,推出了以水头高度表示的有压管流的压强损失的达西公式。式中 $f' = 2f$,之所以这么做,是为了以单位重量流体的速度水头 $\dfrac{u^2}{2g}$ 来表示压力水头的损失。式中 $\lambda = f'\left(Re, \dfrac{e}{D}\right)$ 为水头损失系数。上面的量纲分析明确告诉我们,它一定是雷诺数及相对粗糙度的函数。至于其具体函数关系如何,还需要通过实验或理论分析来确定。尼古拉兹(Nikuradse)实验和莫迪图(Moody chart)正是为我们确定了这种关系。

由上述量纲分析可见,它不仅可以帮助我们减少分析复杂问题时所需考虑的变量数(由 7 个减少到 4 个),还可以帮助我们发现所考虑的物理过程中重要的无量纲数(如雷诺数、欧拉数等),从而帮助我们规划目的明确的实验(如尼古拉兹实验)来解决理论分析及单凭量纲分析还不能解决的问题,如沿程阻力系数 λ 的取值等。

3.4　基本方程的无量纲化

由前面的分析可见,我们可以通过考虑不同性质的力之间的比以及量纲分析等来发现重要的无量纲数。这节我们将看到,通过随流输运体力学基本方程的无量纲化,也可以发现重要的无量纲数,并且可以进一步地洞见物理方程的本质,帮助我们更好地进行实验设计、理论分析及数值模拟等。

我们来看流体力学中的动量方程

$$\rho \frac{\mathrm{d}\vec{u}}{\mathrm{d}t} = \rho\vec{g} - \nabla p + \rho\nu \nabla^2 \vec{u} \tag{3-10}$$

其物理意义是非常简单的,实际上就是牛顿第二定律,流体的加速度是在重力、压力及黏性力的合外力的作用下形成的。此方程可进一步地简化,假设

$$p' = p + \rho g z \tag{3-11}$$

并对式(3-10)两边同除以密度 ρ,则动量方程可写成

$$\frac{\mathrm{d}\vec{u}}{\mathrm{d}t} = -\frac{\nabla p'}{\rho} + \nu \nabla^2 \vec{u} \tag{3-12}$$

选取流动的特征速度 U 及长度 L 对上式的各项无量纲化得

$$\frac{U}{L/U} \frac{\mathrm{d}\vec{u}^*}{\mathrm{d}t^*} = -\frac{\rho U^2}{L} \frac{\nabla p'^*}{\rho} + \nu \frac{U}{L^2} \nabla^2 \vec{u}^*$$

上式中上标的星号表示对应变量的无量纲量。我们知道,微分运算符及积分运算符和量纲无关,汉密尔顿算符 ∇ 的分母为对距离变量的微分(式2-8),对其无量纲化,就需在分母乘、除以特征长度,所以上式右边第一项分母多出一个 L;拉普拉斯算符 ∇^2 的分母为对距离变量的二阶微分(式2-48),量纲为两个长度相乘,所以对其无量纲化之后,分母就留有长度的平方。由欧拉数(式3-8)知,要使压强无量纲化,就需对其分别乘、除以 ρU^2,所以右边第一项的压强 p' 无量纲化之后分子就留有 ρU^2。其他各项的无量纲化的方法类同。进一步地对上式两边同乘以 $\frac{L}{U^2}$ 得

$$\frac{\mathrm{d}\vec{u}^*}{\mathrm{d}t^*} = -\nabla p'^* + \frac{1}{UL/\nu} \nabla^2 \vec{u}^*$$

等号右边第二项的分母恰好是雷诺数,则流体运动动量方程无量纲化之后为

$$\frac{\mathrm{d}\vec{u}^*}{\mathrm{d}t^*} = -\nabla p'^* + \frac{1}{Re}\nabla^2\vec{u}^* \qquad (3-13)$$

我们通过对基本方程的无量纲化又一次地发现了雷诺数 Re，前面的惯性力对黏性力的比及对水头损失的量纲分析均也都导向了雷诺数，是不是条条大路通罗马。无量纲化后的动量方程(3-13)不仅减少了需考虑的变量数(无需考虑密度 ρ 和黏度 v)，并且使我们能够看出，当雷诺数 Re 非常大时，我们可能可以忽略黏性力，这正是我们在研究有关流体高速运动时在边界层之外忽略黏性力的理论依据。

3.5　应用量纲分析法解偏微分方程

由第 2 章我们看到解变量不能分离的有关浓度扩散的偏微分方程时，需使用复杂的傅氏变换或拉普拉斯变换。这节我们将看到通过量纲分析减少需考虑的变量数的同时，可将数学模型中的某些复杂偏微分方程转化为相对简单的一般微分方程，从而求出其解。我们看下面一维瞬时面源无随流扩散模型

$$\begin{cases} \dfrac{\partial c(x,t)}{\partial t} = D\dfrac{\partial^2 c(x,t)}{\partial x^2} & x \in [-\infty,\infty], t < 0 \\[2mm] c(x,0) = m\delta(x) \\[2mm] c(-\infty,t) = c(\infty,t) = 0 \end{cases} \qquad (3-14)$$

其中，浓度 c 是距离 x 及时间 t 的函数，量纲为 $[\mathrm{ML^{-3}}]$；D 为扩散系数，量纲同运动黏度，为 $[\mathrm{L^2T^{-1}}]$；m 为瞬时在垂直于 x 轴的面上的单位面积上的污染物质量，称作瞬时面源强度，量纲为 $[\mathrm{ML^{-2}}]$；δ 函数定义请参阅第 2 章 2.5.1 小节。下面我们看量纲分析能帮助我们做什么。由模型方程我们知 $c = f(m,D,x,t)$，共有 5 个变量需考虑，按量纲分析法，主要是分析浓度 c 如何随距离 x 的变化规律，因此我们选取 m,D,t 为比尺变量，得两个无量纲量分别为 $\dfrac{c}{m/\sqrt{Dt}}$，$\dfrac{x}{\sqrt{Dt}}$，所以可以将浓度的函数

关系写为 $\dfrac{c}{m/\sqrt{Dt}} = f\left(\dfrac{x}{\sqrt{Dt}}\right)$，为了书写的方便，我们令 $\eta = \dfrac{x}{\sqrt{Dt}}$ 表示无量纲化的距离并移项得

$$c(x,t) = \frac{m}{\sqrt{Dt}}f(\eta) \qquad (3-15)$$

将上式带入式(3-14)得

$$\frac{m}{\sqrt{D}}\left[-\frac{1}{2}ft^{-3/2}+t^{-1/2}\left(\frac{-x}{2\sqrt{D}}t^{-3/2}\right)\frac{\mathrm{d}f}{\mathrm{d}\eta}\right]=D\frac{m}{\sqrt{Dt}}\frac{\mathrm{d}}{\mathrm{d}x}\left(\frac{\mathrm{d}f}{\mathrm{d}\eta}\frac{\partial\eta}{\partial x}\right)$$

$$-\frac{1}{2}ft^{-1}+\left(\frac{-x}{2\sqrt{D}}t^{-3/2}\right)\frac{\mathrm{d}f}{\mathrm{d}\eta}=D\frac{\mathrm{d}}{\mathrm{d}x}\left(f'\frac{1}{\sqrt{Dt}}\right)=\frac{1}{t}\frac{\mathrm{d}^2f}{\mathrm{d}\eta^2}$$

$$2\frac{\mathrm{d}^2f}{\mathrm{d}\eta^2}+\eta\frac{\mathrm{d}f}{\mathrm{d}\eta}+f=0\Rightarrow\frac{\mathrm{d}}{\mathrm{d}\eta}\left(2\frac{\mathrm{d}f}{\mathrm{d}\eta}+\eta f\right)=0$$

也就推出

$$2\frac{\mathrm{d}f}{\mathrm{d}\eta}+\eta f=a$$

这儿 a 表示任一常数,这样初始的偏微分方程就变成了上式的一般微分方程。求其齐次方程的解

$$\frac{\mathrm{d}f}{f}=-\frac{1}{2}\eta\mathrm{d}\eta$$

$$\ln f=-\frac{\eta^2}{4}+C$$

式中 C 为常数,所以函数 f 一般解的形式为

$$f(\eta)=Ae^{-\frac{\eta^2}{4}}$$

其中 $A=e^C$ 为一常数,带入式(3-15)得

$$c(x,t)=\frac{mA}{\sqrt{Dt}}e^{-\frac{\eta^2}{4}} \tag{3-16}$$

对其应用初始及边界条件,由质量守恒知

$$m=\int_{-\infty}^{\infty}c(x,t)\mathrm{d}x=\int_{-\infty}^{\infty}\frac{mA}{\sqrt{Dt}}e^{-\frac{\eta^2}{4}}\mathrm{d}x=2mA\int_{-\infty}^{\infty}e^{-\left(\frac{\eta}{2}\right)^2}\mathrm{d}\frac{\eta}{2}=2mA\sqrt{\pi}\Rightarrow A=\frac{1}{2\sqrt{\pi}}$$

带入式(3-16),求得最终解为

$$c(x,t)=\frac{m}{2\sqrt{\pi Dt}}e^{\frac{x^2}{4Dt}}=\frac{m}{\sigma\sqrt{2\pi}}e^{-\frac{x^2}{2\sigma^2}} \tag{3-17}$$

这和我们第 2 章采用傅立叶变换法求得的解是一样的。瞬时源的一维扩散符合方差 $\sigma^2=2Dt$ 的正态分布,其方差与扩散系数及时间的一次方成正比。

复习思考题

3.1 什么是基本量纲及导出量纲?

3.2 何谓量纲和谐原理?

3.3 模型和原型的流动相似包含哪三方面内容?

3.4 何谓几何相似、运动相似及动力相似?

3.5 已知原型和模型的长度及时间比尺,试求对应的加速度比尺。

3.6 雷诺数、弗雷德数及宏观理查德森数的物理意义是什么?

3.7 若某有关明渠流的实验采用弗雷德准则,原型和模型的长度比尺为 r,那么模型的速度及流量分别为原型的多少?

3.8 简述量纲分析的一般步骤。

3.9 有哪些可以找出重要的无量纲数方法?

3.10 已知河流的横向弥散系数 D_T 为水流的密度 ρ、动力黏度 μ、平均流速 U、摩阻速度 u^*、深度 H、河宽 W 及河道弯曲度 S_n 的函数,即 $D_T = f(\rho, \mu, U, u^*, H, W, S_n)$,试以 μ、u^* 及 H 为比尺变量,将 D_T 表述成无量纲的函数形式。

3.11 取特征速度 U 及特征长度 L 为比尺变量,试对一维深度平均的动量方程 $\dfrac{\partial(hU_x)}{\partial t} + \dfrac{\partial(hU_x^2)}{\partial x} + g\dfrac{\partial}{\partial x}(h^2) = gh(S_0 - S_f)$ 无量纲化,并分析获得的无量纲数(式中各变量意义请参见第 8 章 8.5.4 小节)。

3.12 试对 8.5.4 小节的重力流的一维深度平均三方程模型的动量方程无量纲化,看能否得到宏观理查德森数。

参 考 文 献

张维佳. 水力学. 北京:中国建筑工业出版社,2008.

Huang H, Imran J, Pirmez C, et al. The critical densimetric Froude number of subaqueous gravity currents can be non-unity or non-existent. Journal of Sedimentary Research,2009,79. 479 - 485.

White F M. Fluid Mechanics(5th Edition). McGraw - Hill Co. , Inc. ,2003.

第4章 环境流体力学基本方程

尽管流体力学中,我们学习了由微元体推导的流体运动方程的微分形式。在这一章,我们将首先推导出雷诺运输方程,然后根据其导出环境流体力学中建模需用到的以积分形式表示的质量、动量、能量方程及标量(如浓度)的传质方程。通过应用第 2 章学习的高斯定理,积分形式的各方程可方便地转化为我们熟悉的微分形式。之所以学习守恒方程的积分表达式,是因为在理解表达同样物理过程的数学方式的多样性的同时,也能很好地复习流体力学的相关知识,更重要的是在后面学习用有限体积法数值模拟污染物的传输时,要用到积分形式的方程。

4.1　物质导数/随体导数

考虑时空场中环境流体的某个量,比如说浓度 $c(x_1, x_2, x_3, t)$ 对时间的变化率。因流体的流动,设经 $\mathrm{d}t$ 时间质点在各坐标方向移动距离分别为 $\mathrm{d}x_1, \mathrm{d}x_2, \mathrm{d}x_3$,则

$$\frac{\mathrm{d}c(x_1, x_2, x_3, t)}{\mathrm{d}t} = \frac{\mathrm{d}c}{\mathrm{d}t} = \frac{\partial c}{\partial t} + \frac{\partial c}{\partial x_1}\frac{\mathrm{d}x_1}{\mathrm{d}t} + \frac{\partial c}{\partial x_2}\frac{\mathrm{d}x_2}{\mathrm{d}t} + \frac{\partial c}{\partial x_3}\frac{\mathrm{d}x_3}{\mathrm{d}t}$$

$$= \frac{\partial c}{\partial t} + \frac{\partial c}{\partial x_1}u_1 + \frac{\partial c}{\partial x_2}u_2 + \frac{\partial c}{\partial x_3}u_3 \qquad (4-1)$$

$$= \frac{\partial c}{\partial t} + \vec{u} \cdot \nabla c = \frac{\partial c}{\partial t} + u_i \frac{\partial c}{\partial x_i}$$

我们将上式定义为浓度的**物质导数**或**随体导数**(Substantial/Material derivative)。等号间的各种表示法都是等效的。其中 $\dfrac{\mathrm{d}c}{\mathrm{d}t}$ 可看作浓度对时间的全微分除以 $\mathrm{d}t$,$\dfrac{\partial c}{\partial t}$ 为位置不变时浓度的单位时间内的变化量,称为时变项;$\vec{u} \cdot \nabla c$ 为因为流体流动所带来的浓度的单位时间的变化率,称为位变项或随流输运项。

4.2　雷诺运输方程

设 $A(\vec{x},t)=A(x_1,x_2,x_3,t)$ 为时空场内任一连续可微函数,它可以是标量的浓度或密度,也可以为矢量的速度等。一般情况下,它在空间的分布是不均匀的,我们设其在 t 时刻以封闭表面 S 所包围的系统空间 V_{CM} 的体积分为

$$I(t)=\int_{V_{\text{CM}}}A(\vec{x},t)\,\mathrm{d}V=\int_{V_{\text{CM}}}A(\vec{x},t)\,\mathrm{d}x_1\mathrm{d}x_2\mathrm{d}x_3 \qquad (4-2)$$

这儿下标 CM 表示**控制质量**(control mass)。如图 4-1 所示,设在时刻 $t(\mathrm{d}t=0)$,固定的欧拉场的**控制体积**(control volume) V_{CV} 和控制质量 V_{CM} 重合(图中实线所示部分);$\vec{n}$ 为体积 V 的表面 S 的外法线方向的单位矢量。现在要求 $I(t)$ 对时间的物质导数,设经微小时间 $\mathrm{d}t$ 后,原来在系统 V_{CM} 内的空间质点因流体的流动移动到了空间 V'_{CM}(图中虚线所包围部分),根据导数定义

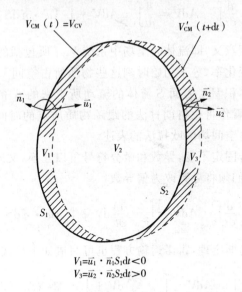

$$V_1=\vec{u}_1 \cdot \vec{n}_1S_1\mathrm{d}t<0$$
$$V_3=\vec{u}_2 \cdot \vec{n}_2S_2\mathrm{d}t>0$$

图 4-1　雷诺运输方程推导示意图

$$\frac{\mathrm{d}I(t)}{\mathrm{d}t}=\lim_{\mathrm{d}t\to0}\frac{1}{\mathrm{d}t}\left[\int_{V'_{\text{CM}}}A(\vec{x},t+\mathrm{d}t)\,\mathrm{d}V-\int_{V_{\text{CV}}}A(\vec{x},t)\,\mathrm{d}V\right]$$

$$=\lim_{\mathrm{d}t\to0}\frac{1}{\mathrm{d}t}\left[\int_{V_{\text{CV}+\Delta V}}A(\vec{x},t+\mathrm{d}t)\,\mathrm{d}V-\int_{V_{\text{CV}}}A(\vec{x},t)\,\mathrm{d}V\right]$$

$$= \lim_{dt \to 0} \frac{1}{dt} \left[\iint_{V_{CV}} A(\vec{x}, t+dt) - A(\vec{x}, t) dV + \int_{\Delta V} A(\vec{x}, t+dt) dV \right]$$

$$= \lim_{dt \to 0} \left[\frac{1}{dt} \int_{V_{CV}} A(\vec{x}, t+dt) - A(\vec{x}, t) dV \right] + \lim_{dt \to 0} \frac{1}{dt} \int_{\Delta V} A(\vec{x}, t+dt) dV$$

$$\overset{\text{导数定义(2-5)}}{=} \frac{d}{dt} \int_{V_{CV}} A(\vec{x}, t) dV + \frac{1}{dt} \int_S A(\vec{x}, t) \vec{u} \, dS dt$$

$$\overset{\substack{\Delta V = \vec{u} \cdot \vec{n} dS \\ (\text{参见} 2.2.1 \text{节})}}{=} \frac{d}{dt} \int_{V_{CV}} A(\vec{x}, t) dV + \int_S A(\vec{x}, t) \vec{u} \cdot \vec{n} dS \qquad (4-3)$$

上面式中 $\Delta V = V'_{CM} - V_{CM} = (V_2 + V_3) - (V_1 + V_2) = V_3 - V_1 = \Delta V = \vec{u} \cdot \vec{n} dS$,推导中应用了第 2 章的数学知识,请复习并参阅等号上面标注的相关章节。

为了简明,我们将上述雷诺运输方程(Reynolds transport theorem)的推导结果小结如下:

$$\frac{d}{dt} \int_{V_{CM}} A dV = \frac{d}{dt} \int_{V_{CV}} A dV + \int_S A \vec{u} \cdot \vec{n} dS \qquad (4-4a)$$

关键是要理解其物理意义,即流体时空场中系统 V_{CM} 所包括的流体物质 A 量的物质导数或对时间的变化率,等于初始时刻这些物质所占空间 V_{CV} 内的 A 量对时间的变化率加上通过体积 V_{CV} 表面 S 流体的流动所带来的 A 的变化率之和。实质上,雷诺运输方程可看作将拉格朗日法的跟踪物质质点的时间导数转换成了这些质点在初始时刻所占空间场的欧拉法的表述。

控制体积 V_{CV} 若固定不变,导数和微分符号可以互换,又因 A 在体积分前亦为空间的函数,所以我们须将导数改为偏导数

$$\frac{d}{dt} \int_{V_{CM}} A dV = \int_{V_{CV}} \frac{\partial A}{\partial t} dV + \int_S A \vec{u} \cdot \vec{n} dS \qquad (4-4b)$$

应用 2.2.2 小节的高斯定理,雷诺运输方程也可写成如下形式

$$\frac{d}{dt} \int_{V_{CM}} A dV = \int_{V_{CV}} \frac{\partial A}{\partial t} dV + \int_{V_{CV}} \nabla \cdot (A\vec{u}) \, dV$$

$$\qquad (4-4c)$$

$$= \int_{V_{CV}} \left(\frac{\partial A}{\partial t} + \frac{\partial}{\partial x_i} (A u_i) \right) dV$$

上式中给出了用哈密顿算符及张量表示的两种写法,都是文献中常见的,希望能熟练掌握。关于雷诺运输方程的推导,也可参阅有关流体力学的书籍(White, 2003; Bird et al., 1962)加深理解。除了这儿使用的推导方法外,还有通过坐标系转换

的推导方法(张鸣远等,2006)。下面我们根据雷诺运输方程推导出环境流体的质量、动量、能量方程及标量传质方程。

4.3　连续方程 / 质量守恒方程

取雷诺运输方程(4-4b) 中的 $A(\vec{x},t) = A(x_1,x_2,x_3,t)$ 为密度 $\rho(\vec{x},t) = \rho(x_1,x_2,x_3,t)$,即得

$$\frac{d}{dt}\int_{V_{CM}}\rho dV = \frac{dm}{dt} \overset{\text{质量守恒}}{=\!=\!=} 0 = \int_V \frac{\partial\rho}{\partial t}dV + \int_S \rho\vec{u}\cdot\vec{n}dS \qquad (4-5a)$$

$$\int_V\left[\frac{\partial\rho}{\partial t} + \nabla\cdot(\rho\vec{u})\right]dV = 0 \xrightarrow{V\neq 0} \frac{\partial\rho}{\partial t} + \nabla\cdot(\rho\vec{u}) = 0 \qquad (4-5b)$$

由式(2-51) 得

$$\frac{\partial\rho}{\partial t} + u\cdot\nabla\rho + \rho\nabla\cdot\vec{u} = 0$$

$$\frac{d\rho}{dt} + \rho\nabla\cdot\vec{u} = 0 \qquad\qquad (4-5c)$$

式(4-5a) ～ 式(4-5c) 为质量守恒方程(mass conservation equation)或连续性方程(continuity equation) 的积分及微分形式的不同写法。若为不可压缩流体,密度为常量,质量守恒方程即为速度的散度为零。

$$\nabla\cdot\vec{u} = 0 \qquad\qquad (4-5d)$$

由积分形式的连续性方程(4-5a) 可方便地推出流体力学或水力学管道中不可压缩流体的连续性方程 $A_1 u_1 = A_2 u_2$,其中 A 为联通管道中下标表示处的过流断面面积,u 为对应下标处的断面平均流速(习题)。

4.4　动量方程

取雷诺运输方程(4-4b) 中的 $A(\vec{x},t) = A(x_1,x_2,x_3,t) = \rho\vec{u}$,即密度乘以速度,为下面讨论方便,我们将式(4-4b) 等号两边对调得

$$\int_V \frac{\partial(\rho\vec{u})}{\partial t}dV + \int_S \rho\vec{u}\vec{u}\cdot\vec{n}dS = \frac{d}{dt}\int_{V_{CM}}\rho\vec{u}dV = \frac{d(m\vec{u})}{dt} \overset{\text{动量定理}}{=\!=\!=} \sum_i \vec{F}_i \qquad (4-6)$$

根据动量定理,上式右边为作用在控制体积 V 上的合外力。一般作用在地球表面的环境流体上的力主要有重力($\vec{F}_1$)、压力($\vec{F}_2$)及黏性力($\vec{F}_3$)。下面我们分别考虑这些力作用于控制体积 V 的积分表达式。

4.4.1 重力

重力(gravity)为质量力,在地球表面作用于物体上,等于质量乘以表示单位质量力的重力加速度 $\vec{g}$,对于(4-6)中的控制体积,我们有

$$\vec{F}_1 = \int_V \rho \vec{g}\, dV \qquad (4-7)$$

4.4.2 压力

压力(pressure)是面力,流体的压力又总是垂直于作用面并指向其内部,我们沿着包围所考虑控制体积 V 的表面 S 积分即可求出其合力为

$$\vec{F}_2 = \int_S \vec{p} \cdot \vec{n}\, dS = -\int_S p\vec{n}\, dS \qquad (4-8)$$

式中,$\vec{n}$ 为体积 V 的表面 S 的外法线方向的单位矢量,引入负号实际上是应用了我们已知的流体力学的压力的作用方向总是与外法线方向相反的知识,从而可将 p 当作标量处理(White,2003)。由关于标量的高斯定理(2-2b)知,常量的关于封闭曲面的面积分为零。若压力为一不依赖与定义表面坐标的常量,如大气压,那么此压力总的作用为零。所以在考虑动量方程时,压力的绝对值不重要,我们只需考虑相对压强或表压强(gauge pressure)就可以了。

4.4.3 黏性力

环境流体的水及空气都是牛顿流体,我们知道牛顿流体内部的单位面积上的黏性(viscous force)切应力(shear stress)τ_{ij} 与应变率 s_{ij} 成正比,其比例系数为动力黏性系数 μ(kg/m/s)的 2 倍,即

$$\tau_{ij} = 2\mu s_{ij} = \mu\left(\frac{\partial u_i}{\partial x_j} + \frac{\partial u_j}{\partial x_x}\right) \qquad (4-9)$$

由上式知道,$\tau_{ij} = \tau_{ji}$,它是一个二阶对称张量,共有 6 个独立分量。因为是力,所以是有方向的。其第一个下标 i 表示力的作用面的法线方向,第二个下标 j 表示力的作用方向。黏性切应力为作用在单位面积上的面力,量纲和压力一样,求其作用在包围式(4-6)所考虑控制体积 V 的表面 S 上的合力也同上述压力的类似,需如下积分

$$\vec{F}_3 = \int_S \tau_{ij} \cdot \vec{n} \, \mathrm{d}S \qquad (4-10)$$

这儿的点积实际上保证了在面 S 上各点同方向的力相加，在直角坐标系中即将各方向的力分解为三个互相垂直的力分别进行求和运算。

4.4.4　积分形式的动量方程

至此我们可写出积分形式的动量方程（momentum equatiou），综合式（4-6）～式（4-10）得

$$\int_V \frac{\partial(\rho\vec{u})}{\partial t} \mathrm{d}V + \int_S \rho\vec{u}\vec{u} \cdot \vec{n} \, \mathrm{d}S = \sum_i \vec{F}_i = \vec{F}_1 + \vec{F}_2 + \vec{F}_3$$

$$(4-11)$$

$$= \int_V \rho\vec{g} \, \mathrm{d}V - \int_S p\vec{n} \, \mathrm{d}S + \int_S \tau_{ij} \cdot \vec{n} \, \mathrm{d}S$$

对所有的面积分项应用高斯定理

$$\int_V \frac{\partial(\rho\vec{u})}{\partial t} \mathrm{d}V + \int_V \nabla \cdot (\rho\vec{u}\vec{u}) \, \mathrm{d}V = \int_V \rho\vec{g} \, \mathrm{d}V - \int_V \nabla p \, \mathrm{d}V + \int_V \nabla \cdot \tau_{ij} \, \mathrm{d}V \quad (4-12)$$

式（4-11）和式（4-12）都可以说是以积分方程形式的动量方程。下面我们由其推出微分形式的动量方程。

4.4.5　微分形式的动量方程

由式（4-12），因体积 $V \neq 0$，所以我们有

$$\frac{\partial(\rho\vec{u})}{\partial t} + \nabla \cdot (\rho\vec{u}\vec{u}) = \rho\vec{g} - \nabla p + \nabla \cdot \tau_{ij} \qquad (4-13)$$

上式为强守恒型的动量方程，展开左边并利用质量方程可将其化为如下非守恒型（作业）

$$\rho\left[\frac{\partial\vec{u}}{\partial t} + \vec{u} \cdot \nabla\vec{u}\right] = \rho\vec{g} - \nabla p + \nabla \cdot \tau_{ij} \qquad (4-14)$$

$$\rho\frac{\mathrm{d}\vec{u}}{\mathrm{d}t} = \rho\vec{g} - \nabla p + \nabla \cdot \tau_{ij} \qquad (4-15)$$

进一步地，若为牛顿流体，且黏性系数为常数（参见式 2-52）

$$\rho\frac{\mathrm{d}\vec{u}}{\mathrm{d}t} = \rho\vec{g} - \nabla p + \mu\left(\frac{\partial^2 u_j}{\partial x_i \partial x_i} + \frac{\partial}{\partial x_j}\left(\frac{\partial u_i}{\partial x_i}\right)\right)e_j$$

设为不可压缩流体,速度的散度$\nabla \cdot \vec{u} = \dfrac{\partial u_i}{\partial x_i} = 0$,所以

$$\rho \frac{\mathrm{d}\vec{u}}{\mathrm{d}t} = \rho \vec{g} - \nabla p + \mu \frac{\partial^2 u_j}{\partial x_i \partial x_i} e_j \xrightarrow{\text{2.3.6小节矢量的拉普拉斯算符运算}}$$

$$(4-16)$$

$$\rho \frac{\mathrm{d}\vec{u}}{\mathrm{d}t} = \rho \vec{g} - \nabla p + \mu \nabla^2 \vec{u}$$

我们这就推出了流体力学当中大家熟知的,不可压缩牛顿流体且黏性系数为常量的动量方程的微分方程表达式,也就是流体力学经常提到的纳维尔-斯托克斯方程(NS/Navier-Stokes equation)。它是一个矢量方程,实际上就是牛顿第二定理,即流体的加速度是由作用在其上的重力、压力及黏性力等合外力所引起的。

4.5　能量方程

我们定义流体中单位质量的能量$e[\mathrm{L}^2\mathrm{T}^{-2}]$为单位质量内能$\varepsilon[\mathrm{L}^2\mathrm{T}^{-2}]$和单位质量动能及势能之和,即

$$e = \varepsilon + \frac{u^2}{2} + gz \qquad\qquad (4-17)$$

取雷诺运输方程(4-4b) 中的$A(\vec{x},t) = A(x_1,x_2,x_3,t) = \rho e$得能量方程(Energy equation)

$$\int_V \frac{\partial (\rho e)}{\partial t} \mathrm{d}V + \int_S \rho e \vec{u} \cdot \vec{n} \mathrm{d}S = \frac{\mathrm{d}}{\mathrm{d}t} \int_V \rho e \mathrm{d}V = \frac{\mathrm{d}E}{\mathrm{d}t} \overset{\text{热力学第一定理}}{=} \frac{\mathrm{d}Q}{\mathrm{d}t} + \frac{\mathrm{d}W}{\mathrm{d}t} \quad (4-18)$$

式中,$E[\mathrm{ML}^2\mathrm{T}^{-2}]$为系统包括内能、动能及势能在内的总能量;$Q[\mathrm{ML}^2\mathrm{T}^{-2}]$为向系统传递的热量;$W[\mathrm{ML}^2\mathrm{T}^{-2}]$为力对系统所做的功。上述三量的常用单位为牛顿米(N·m)即焦耳(J)。因重力已包含在内能中考虑了,理论上上式最后一项的功率部分应包含压力、黏性力及外部机械力的功率等,环境流体中一般我们仅考虑前两项就可以了,即

$$\frac{\mathrm{d}W}{\mathrm{d}t} = \frac{\mathrm{d}W_p}{\mathrm{d}t} + \frac{\mathrm{d}W_v}{\mathrm{d}t} \qquad\qquad (4-19)$$

下标p及v分别表示压力及黏性力。下面我们分别考虑热传递率、压力功率及黏性力功率各项。

4.5.1　热量传递率

式(4-18) 最后的等号右边第一项理论上应包含热传导、热辐射等。在这我们

假设仅有遵循傅立叶传导律的热传导,即

$$\frac{\mathrm{d}Q}{\mathrm{d}t} = \int_V \nabla \cdot (K \nabla T) \, \mathrm{d}V \tag{4-20}$$

式中,$K(\mathrm{J/m/^\circ\!C})$ 为热传导系数。

4.5.2　压力功率

单位时间内压力所做的功可表示为

$$\frac{\mathrm{d}W_p}{\mathrm{d}t} = -\int_S p\vec{u} \cdot \vec{n} \, \mathrm{d}S \tag{4-21}$$

因为压力总是垂直指向 S 的内法线方向,所以只有垂直于面 S 的速度分量对压力的功有贡献,所以需要速度和面法线矢量的点积。又压力是作用于单位面积的力,所以需要面积分。

4.5.3　黏性力功率

单位时间内黏性力的功可表示为

$$\frac{\mathrm{d}W_v}{\mathrm{d}t} = \int_S \vec{\tau}_n \cdot \vec{u} \, \mathrm{d}S \tag{4-22}$$

式中,$\vec{\tau}_n$ 为在单位外法线为 $\vec{n}$ 的面 S 上的应力矢量。下面的微分形式的能量方程中还将对之进行进一步的讨论。同压力类似,只有和速度方向相同的切应力才做功,所以我们需要它和速度的点积求得其功率;又黏性力和压力一样都是作用于单位面积的力,所以需要面积分。

4.5.4　积分形式的能量方程及贝努利方程

将式(4-20)～ 式(4-22)带入式(4-18)即得到积分形式的能量方程

$$\int_V \frac{\partial(\rho e)}{\partial t} \mathrm{d}V + \int_S \rho e\vec{u} \cdot \vec{n} \, \mathrm{d}S = \int_V \nabla \cdot (K \nabla T) \, \mathrm{d}V - \int_S p\vec{u} \cdot \vec{n} \, \mathrm{d}S + \int_S \vec{\tau}_n \cdot \vec{u} \, \mathrm{d}S$$
$$\tag{4-23}$$

将等号左右两边的第二项的面积分合并得

$$\int_V \frac{\partial(\rho e)}{\partial t} \mathrm{d}V + \int_S \rho \left(\varepsilon + \frac{u^2}{2} + gz + \frac{p}{\rho} \right) \vec{u} \cdot \vec{n} \, \mathrm{d}S$$
$$= \int_V \nabla \cdot (K \nabla T) \, \mathrm{d}V + \int_S \vec{\tau}_n \cdot \vec{u} \, \mathrm{d}S \tag{4-24}$$

实际上我们已接近推出流体力学中能量守恒的贝努利方程了,并可根据上式明确其成立的条件。设考察一流管中的控制断面 1,2 间的流体,假设为恒定流(上式第一项为零)且没有热传导也没有重力和压力以外的力做功(等式右边为零),第二项的面积分因沿流管壁的积分为零(速度平行管壁面),即可写为

$$\left(\epsilon_2 + \frac{u_2{}^2}{2} + gz_2 + \frac{p_2}{\rho}\right)m_2 - \left(\epsilon_1 + \frac{u_1{}^2}{2} + gz_1 + \frac{p_1}{\rho}\right)m_1 = 0$$

式中,m 为密度乘以速度点乘以外法线方向为正方向的截面的面积所得的单位时间的质量流量,下标 1,2 分别表示入口、出口断面,若流量和内能均不变的话,我们即得到贝努利方程

$$\frac{u_2{}^2}{2} + gz_2 + \frac{p_2}{\rho} = \frac{u_1{}^2}{2} + gz_1 + \frac{p_1}{\rho} \tag{4-25}$$

4.5.5 微分形式的能量方程

流体微元上某点的切应力不仅是该点空间坐标和时间的函数,也是通过该点截面方向的函数,即

$$\vec{\tau}_n = \vec{\tau}_n(\vec{n}, \vec{x}, t) \tag{4-26}$$

式中,$\vec{n}$ 为该截面的单位外法线方向矢量。可以证明,过一点任意一个平面上的应力矢量都可以用过该点 3 个互相垂直面上应力张量来表示为(张鸣远等,2006)

$$\vec{\tau}_n = (\tau_{nx}, \tau_{ny}, \tau_{nz}) = \vec{n} \cdot \tau_{ij} = (n_x, n_y, n_z) \cdot \begin{bmatrix} \tau_{xx} & \tau_{xy} & \tau_{xz} \\ \tau_{yx} & \tau_{yy} & \tau_{yz} \\ \tau_{zx} & \tau_{zy} & \tau_{zz} \end{bmatrix} \tag{4-27}$$

将上述应力矢量的关系带入积分形式的微分方程(4-23)得

$$\int_V \frac{\partial(\rho e)}{\partial t} dV + \int_S \rho e\vec{u} \cdot \vec{n} dS = \int_V \nabla \cdot (K\nabla T) dV - \int_S p\vec{u} \cdot \vec{n} dS + \int_S \vec{n} \cdot \tau_{ij} \cdot \vec{u} dS$$

$$\tag{4-28}$$

应用高斯定理

$$\int_V \frac{\partial(\rho e)}{\partial t} dV + \int_V \nabla \cdot (\rho e\vec{u}) dV$$

$$= \int_V \nabla \cdot (K\nabla T) dV - \int_V \nabla \cdot (p\vec{u}) dV + \int_V \nabla \cdot (\tau_{ij} \cdot \vec{u}) dV$$

$$\int_V \left[\frac{\partial(\rho e)}{\partial t} + \nabla \cdot (\rho e \vec{u}) \right] \mathrm{d}V$$

$$= \int_V \left[\nabla \cdot (K \nabla T) - \nabla \cdot (p\vec{u}) + \nabla \cdot (\tau_{ij} \cdot \vec{u}) \right] \mathrm{d}V$$

因体积 $V \neq 0$，所以我们可得到如下形式的微分形式的能量方程

$$\frac{\partial(\rho e)}{\partial t} + \nabla \cdot (\rho e \vec{u}) = \nabla \cdot (K \nabla T) - \nabla \cdot (p\vec{u}) + \nabla \cdot (\tau_{ij} \cdot \vec{u}) \quad (4-29a)$$

进一步展开

$$\frac{\partial(\rho e)}{\partial t} + \vec{u} \cdot \nabla(\rho e) + \rho e \nabla \cdot \vec{u} = \nabla \cdot (K \nabla T) - \vec{u} \cdot \nabla p - p \nabla \cdot \vec{u} + \nabla \cdot (\tau_{ij} \cdot \vec{u})$$

上式前两项可写成密度乘以单位质量能量的物质导数，设环境流体为不可压缩流体，速度的散度为零，上式可写为

$$\frac{\mathrm{d}(\rho e)}{\mathrm{d}t} = \nabla \cdot (K \nabla T) - \vec{u} \cdot \nabla p + \nabla \cdot (\tau_{ij} \cdot \vec{u}) \quad (4-29b)$$

利用第 2 章式(2-53) 进一步简化最右边的黏性力功率项

$$\frac{\mathrm{d}(\rho e)}{\mathrm{d}t} = \nabla \cdot (K \nabla T) - \vec{u} \cdot \nabla p + \vec{u} \cdot (\nabla \cdot \tau_{ij}) + \Phi \quad (4-29c)$$

其中，Φ 为如式(2-54) 所示的黏性力耗散项。

对上式还可利用动量方程作进一步简化，设密度为常量，用速度点乘微分形式的动量方程(4-15) 并移项得

$$\vec{u} \cdot (\nabla \cdot \tau_{ij}) = \frac{\mathrm{d}(\rho u^2)}{2\mathrm{d}t} - \rho \vec{g} \cdot \vec{u} + \vec{u} \cdot \nabla p$$

上式右边第二项相当于重力所做的功率，带入式(4-29c) 消去能量项 e 中的动能及重力项，同时压力做功项也消去了，我们得如下更为熟悉的能量方程

$$\rho \frac{\mathrm{d}\varepsilon}{\mathrm{d}t} = \nabla \cdot (K \nabla T) + \Phi \quad (4-29d)$$

其中，ε 为单位质量内能。

对于密度及定容比热 c_v 为常量的流体，$\mathrm{d}\varepsilon \approx c_v \mathrm{d}T$ 上式可进一步表示成

$$\rho c_v \frac{\mathrm{d}T}{\mathrm{d}t} = \nabla \cdot (K \nabla T) + \Phi \quad (4-29e)$$

4.6 标量传质方程

经过推导积分及微分形式的连续性方程、动量及能量方程的长途跋涉,我们已接近这一章的终点 —— 相对来说较为简单的标量的传质方程(scalar transport equation)。我们取雷诺传输方程(4-4b)中的 A 为某污染物的浓度 c,作为一般标量的代表得

$$\int_v \frac{\partial c}{\partial t} dV + \int_s c\vec{u} \cdot \vec{n} dS = \frac{d}{dt} \int_{V_{CM}} c dV = \int_s -\vec{F}_c \cdot \vec{n} dS + \int_V q dV \qquad (4-30)$$

上式最右边等号后的两项出于物理意义的考虑,并非纯数学的推导,正如动量方程及能量方程的推导要分别用到牛顿第二定理及热力学第一方程一样。一般标量的传输除了第一个等号左边第二项所表示的随流输运机制外,还有最后等号右边第一项所表示的扩散机制,式中 $\vec{F}_c [ML^{-2}S^{-1}]$ 为单位时间通过单位面积的扩散质的通量(flux)及右边第二项所代表的可能的化学反应、生物或生化反应等所带来的 c 的改变,其中 $q[ML^{-3}S^{-1}]$ 为源强,表示单位时间、单位体积内所考虑标量除随流输运及扩散原因外所引起的标量的改变量。

4.6.1 费克定理(Fick's law)

自然界许多分布不均匀的现象,如温度、浓度等都存在着由其值高的地方向低的地方的扩散,以趋于最终的均匀一致。这些扩散都服从相同的规律,即扩散质的面通量 $\vec{F}$ 和扩散质梯度成正比。应用于温度,即为传热学中的傅立叶定理;而应用到浓度时,即为如下的费克定理(Fick's law)

$$\vec{F}_c = -D\nabla c \qquad (4-31a)$$

因为扩散质通量矢量 $\vec{F}_c$ 的流动方向总是和浓度梯度的方向相反,浓度梯度指向浓度增高的方向,而通量矢量指向浓度降低的方向,所以上式中加了负号。式中,$D[L^2S^{-1}]$ 为分子扩散系数(molecular diffusion coefficient),在不同的流体中对不同的扩散质其值是不同的,需通过实验来确定。一般物质在气体中的扩散系数比在水中要大。表4-1中给出了一些常见物质在水中20℃时的扩散系数值。可见一般物质的分子扩散系数都是非常小的,在 10^{-9} 次方数量级左右。

表 4-1 一些常见物质在 20℃ 水中的分子扩散系数值

溶质	$D(10^{-9}\,\mathrm{m^2\,s^{-1}})$	溶质	$D(10^{-9}\,\mathrm{m^2\,s^{-1}})$
O_2	1.8	食盐	1.35
CO_2	1.5	蔗糖	0.45
N_2	1.64	甲醇	1.28
NH_3	1.76	乙醇	1.0
N_2O	1.51	醋酸	0.88
Cl_2	1.22	甘油	0.72
H_2	5.13	葡萄糖	0.6

式(4-31a)中 D 为标量时实际上假设介质是均匀的,若不均匀,存在各向异性的话,如考虑湍流的或污染物在地下水中的弥散时,D 可为一张量,费克定理可写成如下的张量表达式.

$$F_i = -D_{ij}\frac{\partial c}{\partial x_j} \qquad (4-31b)$$

4.6.2 积分形式的标量传质方程

将式(4-31a)带入式(4-30)得

$$\int_V \frac{\partial c}{\partial t}\mathrm{d}V + \int_S c\vec{u}\cdot\vec{n}\,\mathrm{d}S = \int_S D\,\nabla c\cdot\vec{n}\,\mathrm{d}S + \int_V q\,\mathrm{d}V \qquad (4-32)$$

可以应用高斯定理将上式进一步化简,设控制体积不变

$$\int_V \frac{\partial c}{\partial t}\mathrm{d}V + \int_V \nabla\cdot(c\vec{u})\,\mathrm{d}V = \int_V \nabla\cdot(D\,\nabla c)\,\mathrm{d}V + \int_V q\,\mathrm{d}V \qquad (4-33)$$

上式一般称为保守形式的传质方程。

4.6.3 微分形式的标量传质方程

由积分形式的标量传质方程,可直接推得

$$\frac{\partial c}{\partial t} + \nabla\cdot(c\vec{u}) = \nabla\cdot(D\,\nabla c) + q$$

$$\frac{\partial c}{\partial t} + \vec{u}\cdot\nabla c + c\,\nabla\cdot\vec{u} = \nabla\cdot(D\,\nabla c) + q$$

$$(4-34)$$

设为不可压缩流体且扩散系数为常数,得

$$\frac{\partial c}{\partial t} + \vec{u} \cdot \nabla c = D \nabla^2 c + q \tag{4-35}$$

或利用式(4-1)进一步简写成

$$\frac{\mathrm{d}c}{\mathrm{d}t} = D \nabla^2 c + q \tag{4-36}$$

4.7　饱和及非饱和区地下水的运动、质量守恒及传质方程

地下水是在地下土壤或岩石空隙中的水体。地球上地下水的含量比地表河流及湖泊中所含淡水的总量还要高出许多倍。研究地下水及其中污染物的运移及扩散时一般依然可将地下水视为连续介质,但在考虑地下水的运动及污染物的传质方程时一般使用定义为流量除以过流断面面积的平均流速的**渗流速度**(Darcy's velocity) u ,而非地下水在空隙中的实际运行的线性速度(linear velocity) v 。若土壤的有效孔隙度(effective porosity) 为 n ,它们之间的关系为

$$u = nv \tag{4-37}$$

地下水的运动方程即是反应渗流速度和驱动力如总势能水头的关系的方程,质量守恒方程和一般流体的类似,不过要考虑地下水在地下高压的作用下因压力的改变而改变体积的压缩特性。地下水的传质方程在考虑了不规则的线性流速的混合弥散效应后和一般流体的传质方程几乎是一样的。

4.7.1　地下水流运动方程 - 达西定理

定义地下水的**总势能水头**(total potential energy head) 如下

$$\varphi = z + \frac{p}{\rho g} \tag{4-38}$$

式中,等号右边第一项为单位重量地下水的**位置水头** (elevation head),是测压管的底部高度;右边第二项为单位重量地下水的**压力水头** (pressure head),是测压管水柱上升的高度。Henry Darcy(1856) 通过实验发现渗流速度和总势能水头的梯度有如下线性比例关系,也即我们常说的达西公式 (Darcy's law)

$$u_i = -K \nabla \varphi = -K \frac{\partial \varphi}{\partial x_i} = -K \partial \left(z + \frac{p}{\rho g} \right) / \partial x_i \tag{4-39}$$

式中,负号表示渗流流动方向和势能梯度方向相反, $K[LT^{-1}]$ 为**渗透系数**

（hydraulic conductivity），它是地下水储水层的性质、流体性质及含水量等的函数。一些沉积物及岩石的典型渗透系数值见表 4-2 所列。

表 4-2　一些沉积物及岩石渗透系数的典型取值区间（Domenico & Schwartz, 1998）

	K(m/s)		K(m/s)
砾石	$3 \times 10^{-4} \sim 3 \times 10^{-2}$	石灰岩	$1 \times 10^{-6} \sim 2 \times 10^{-2}$
粗砂	$9 \times 10^{-7} \sim 6 \times 10^{-3}$	砂岩	$3 \times 10^{-10} \sim 6 \times 10^{-6}$
细沙	$2 \times 10^{-7} \sim 2 \times 10^{-4}$	泥岩	$1 \times 10^{-11} \sim 1.4 \times 10^{-8}$
淤泥,黄土	$1 \times 10^{-9} \sim 2 \times 10^{-5}$	页岩	$1 \times 10^{-13} \sim 2 \times 10^{-9}$
黏土	$1 \times 10^{-11} \sim 4.7 \times 10^{-9}$	无破裂火山岩及变质岩	$3 \times 10^{-14} \sim 2 \times 10^{-10}$

达西公式不仅适用于承压水也适用于饱和及非饱和的潜水层。

对于非饱和的地下水,渗透系数为如图 4-2 所示的储水层中空隙中含水的含水比例,即**饱和度**(S)的函数,饱和度越低,渗透系数越小。图中纵轴为相对渗透系数,即相对于饱和度为 100% 时的渗透系数(K_{sat})的比值,S_R 为渗透系数为零时的饱和度。以潜水面为界,其上气压一般为大气压,取相对压强为零;其下压强大于零,其上非饱和区压强小于零。

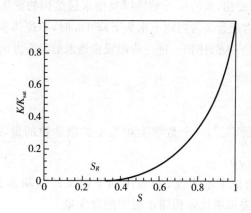

图 4-2　储水层渗透系数和空隙含水饱和度的关系

4.7.2　地下水流质量守恒方程

饱和区和非饱和区的地下水的质量方程略有不同,下分述之。对于饱和区域地下水流的连续体,我们可以借用一般环境流体的积分形式的连续方程(4-5b),考虑到密度表示的是孔隙度为 n 的储水层控制体 V 中的水的密度,地下水的连续方程为

$$\int_V \left[\frac{\partial(n\rho)}{\partial t} + \nabla \cdot (\rho \vec{u}) \right] dV = 0 \Rightarrow \frac{\partial(n\rho)}{\partial t} + \nabla \cdot (\rho \vec{u}) = 0 \Rightarrow$$

$$-\left[\frac{\partial(\rho u_1)}{\partial x_1} + \frac{\partial(\rho u_2)}{\partial x_2} + \frac{\partial(\rho u_3)}{\partial x_3} \right] = \frac{\partial(n\rho)}{\partial t} = n\frac{\partial \rho}{\partial t} + \rho \frac{\partial n}{\partial t} \tag{4-40}$$

设密度没有方向性,且应用达西公式得

$$\left[\frac{\partial}{\partial x_1}\left(K_1 \frac{\partial \varphi}{\partial x_1} \right) + \frac{\partial}{\partial x_2}\left(K_2 \frac{\partial \varphi}{\partial x_2} \right) + \frac{\partial}{\partial x_3}\left(K_3 \frac{\partial \varphi}{\partial x_3} \right) \right]$$

$$= \frac{1}{\rho}\left(n\frac{\partial \rho}{\partial t} + \rho \frac{\partial n}{\partial t} \right) = \rho g (n\beta_w + \beta_p) \frac{\partial \varphi}{\partial t} = S_s \frac{\partial \varphi}{\partial t} \tag{4-41}$$

上式第二行最左边括号内第一项反应的是地下水密度对时间的变化率,第二项为储水层介质空隙度对时间的变化率。这两者都是压力的函数,因而可转化为第二行中间所示的势能对时间的变化率,式中 $\beta_w(\text{m}^2/\text{N})$ 为水的压缩系数,$\beta_p(\text{m}^2/\text{N})$ 为储水层的垂直压缩性,$S_s[\text{L}^{-1}]$ 为比储量(specific storage),

$$S_s = \rho g (n\beta_w + \beta_p) \tag{4-42}$$

它反映了随着压力的变化,水的可压缩性以及储水层结构的变化所带来的水量的变化。更明确地说,其物理意义为当地下水头下降 1m 时,单位体积(1m^3)的储水层内因上述两原因所增加的水的体积。进一步假设渗透系数没有方向性,上式可化简为

$$\frac{K}{S_s} \nabla^2 \varphi = \frac{\partial \varphi}{\partial t} \tag{4-43}$$

式中,$\dfrac{K}{S_s}$ 的量纲为 $[\text{L}^2 \text{T}^{-1}]$,一个数学上相当于扩散系数的量,被称为**水力扩散性**(hydraulic diffusivity)。

对于非饱和区的地下水水流,一般用如下定义的**体积水分含量**(volumetric water content)θ 来表示单位体积储水层中的含水量

$$\theta = Sn \tag{4-44}$$

式中,S 为饱和度;n 为有效孔隙度。

那么质量方程为

$$\int_V \left[\frac{\partial(\theta\rho)}{\partial t} + \nabla \cdot (\rho \vec{u}) \right] dV = 0 \Rightarrow \frac{\partial(\theta\rho)}{\partial t} + \nabla \cdot (\rho \vec{u}) = 0 \tag{4-45}$$

在一般非饱和区流体的密度变化不大的情形下,可进一步化简为

$$\frac{\partial \theta}{\partial t} = \frac{\partial \theta}{\partial \varphi} \frac{\partial \varphi}{\partial t} = C_w \frac{\partial \varphi}{\partial t} = -\nabla \cdot \vec{u}$$

$$= \frac{\partial}{\partial x_1} \left(K_1(\varphi) \frac{\partial \varphi}{\partial x_1} \right) + \frac{\partial}{\partial x_2} \left(K_2(\varphi) \frac{\partial \varphi}{\partial x_2} \right) + \frac{\partial}{\partial x_3} \left(K_3(\varphi) \frac{\partial \varphi}{\partial x_3} \right) \tag{4-46}$$

式中水的容量函数 C_w 为对应单位水头改变量的体积水分含量的变化,由上小节的讨论知渗透系数为饱和度的函数,而饱和度又是压力水头的函数。

4.7.3　地下水流传质方程

借用 4.6.2 小节的积分形式的一般环境流体式传质方程(4 - 33),可直接推得控制体积为 V 的饱和储水层中的污染物的传质方程应为

$$\int_V \frac{\partial (nc)}{\partial t} \mathrm{d}V + \int_V \nabla \cdot (c\vec{u}) \, \mathrm{d}V = \int_V \nabla \cdot (nD \, \nabla c) \, \mathrm{d}V + \int_V q \, \mathrm{d}V \tag{4-47}$$

对上述方程有如下几点需要注意:

(1)等号左边第一项的时变项中浓度为储水层中空隙中的水中的污染物的浓度,而非对整个储水层的体积来定义的,所以浓度之前要乘以孔隙度 n 来反映这一点。

(2)同理等号右边第一项的扩散通量前也需乘以孔隙度 n。

(3)等号左边第二项的随流输运项的速度为渗透速度或达西速度,其散度乘以储水层体积 V 准确地反映了通过控制体积的纯流出量,所以无需乘以孔隙度 n。若方程中使用的为地下水的线性速度 v,那么对其也得乘以孔隙度 n 方可应用于上方程。

(4)式中的扩散系数 D 不仅包括分子扩散,更主要是源于流体的线性流速在储水层不规则的空隙中运动所带来的机械弥散(mechanic dispersion)。

(5)式中的源项 q 表示单位体积的储水层在单位时间内所释放(q 为正时)或吸收的污染物浓度。

(6)对于非饱和储水层中的污染物,将式中孔隙度 n 改为前一小节定义的含水量 θ,公式依然有效。这里的传质方程也可以同样变换后适用于描述非饱和储水层中的污染物迁移。

(7)此模型中尚未考虑因可能的孔隙介质的吸附延迟效应,有此方面需要的读者请参阅相关书籍(如 Zheng & Bennett,2002)。

对应的地下水污染物的微分形式的传质方程为

$$\frac{\partial (nc)}{\partial t} + \nabla \cdot (c\vec{u}) = \nabla \cdot (nD \, \nabla c) + q \tag{4-48}$$

若设储水层孔隙度 n 不随时间、空间变化,那么对传导项使用线性速度 v,并设 $Q = q/n$,就可得到和一般环境流体中一样形式的污染物的传质方程

$$\frac{\partial c}{\partial t} + \vec{v} \cdot \nabla c = D \nabla^2 c + Q \tag{4-49}$$

所以在第 6 章讨论的一些污染物传输模型的理论解时,不仅适用于地表流体中的污染物,也适用于满足上述条件的地下水中的污染物传输分析。

复习思考题

4.1 由一般微分形式的连续性方程(4-5b)分别写出恒定场及不可压缩流体(密度为常量)的质量守恒方程。

4.2 由积分形式的连续性方程(4-5a)推出流体力学或水力学管道中不可压缩流体的连续性方程 $A_1 u_1 = A_2 u_2$,其中 A 为联通管道中下标示处的过流断面面积,u 为对应下标处的断面流速。

4.3 展开强守恒型的动量方程左边,并利用质量方程可将其化为非守恒型的质量方程。

4.4 我们可以将压力看做一种正应力,从而将黏性力定义为 $\tau_{ij} = -p\delta_{ij} + 2\mu s_{ij}$,写出这种定义下的动量方程。

4.5 为什么标量传质方程(4-30)等号右边第一项的扩散通量前要加负号?

4.6 写出三维直角坐标系中的质量、动量及能量守恒的微分方程。

4.7 写出三维直角坐标系中的标量传质方程。

4.8 写出弥散系数 D 为二阶张量的具有各向异性的储水层中污染物传质方程(4-48)的张量表达式及其在三维直角坐标系中的表达式。

参 考 文 献

冯元桢. 连续介质力学导论. 北京:科学出版社,1984.

彭泽洲,杨天行,梁秀娟,等. 水环境数学模型及其应用. 北京:化学工业出版社,2006.

吴望一. 流体力学. 北京:北京大学出版社,1982.

张鸣远,景思睿,李国君. 高等工程流体力学. 西安:西安交通大学出版社,2006.

Bird R B, Stewart W E, Lightfoot E N. Transport phenomena. Wiley,New York,1962.

Domenico P A,Schwartz F W. Physical and Chemical Hydrogeology,2nd Ed. John Wiley & Sons,Inc.,1998.

White F M. Fluid Mechanics (5th Edition). McGraw-Hill Co.,Inc.,2003.

Zheng C,Bennett G. Applied contaminant transport modeling. John Wiley & Sons,Inc.,2002.

第5章 湍流基础

在物理学界有这样一则逸闻,冯卡门(von Karman)在临死前说如果见到上帝,他将问两个问题,一是为什么有相对论?二是为什么有湍流?上帝很可能会回答第一个问题,至于第二个,怕也没有答案(Heppenheimer,1991)。这形象地反映了湍流有多么复杂。我们之所以要研究湍流,是因为自然界及工程技术中我们所遇到的流体的流动在绝大多数情形下,都是湍流。湍流具有许多和缓慢流动的层流完全不同的性质,要使我们前面所学的知识能够有效地解决实际应用中的问题,就不得不研究湍流。这一章我们先概略地了解湍流的特性,两类基本湍流的发生机制及其均流和脉动变量的特性,认识对湍流进行平均及建模研究的必要性,最后重点介绍应用广泛的雷诺平均纳维尔-斯托克斯方程(RANS)及湍流 $k-\varepsilon$ 模型。

5.1 湍流基本特征

由流体力学我们知道管道流在雷诺数超过一临界值后,流动就由规则层流转变为不规则的湍流。总结近一个世纪对湍流研究的结果,包括显而易见的和不那么显而易见的,湍流大致有如下一些基本特征(Tennekes & Lumley,1972;Versteeg & Malalasekera,2007)。

(1)随机不规则性(random irregularity)

正如雷诺实验中所观察到的一样,湍流的流体质点呈无规则的随机运动。不仅速度,其他相关量,如压力及其搬运物的浓度等都呈现出在一定范围内随机波动的性质。随着流动的雷诺数增大,波动的频率也不断增高,使得我们跟踪质点的瞬间速度或浓度等物理量非常困难。在多数情形下,我们更关心流动的物理量的平均值,如平均速度、平均浓度等,这就有必要引入统计的研究方法。

(2)高扩散性(high diffusivity)

由于湍流的高频随机运动特征,使得流体的动量、浓度及热量等的扩散速率比分子扩散快得多。随着雷诺数的增大,湍流的这种扩散性也随之增强。在水处理中需要快速混合时,就要利用湍流的此特性。高雷诺数下的分子扩散系数往往可以忽略,因为高雷诺数湍流所带来的扩散效应要比分子扩散大几个数量级。

(3)三维涡动(three-dimensional vorticity)

湍流中存在大量的漩涡,这些涡的旋度也随着速度的高频波动而波动。平面涡的运动必然会促进其垂向的混合及运动,所以湍流从本质上来说是三维立体的运动。

(4)能量的级联传递(energy cascade)

研究表明,湍流由一系列大小不同的涡所构成,一特定湍流的含能大涡的速度和长度尺度与流体的平均流速及所处几何体的尺度相当,大涡的能量向比其稍小的涡传递,稍小的涡又将能量向更小的涡传递,直至涡小到其特征速度和特征长度的乘积近似等于流体的运动黏度——即最小涡的雷诺数近似为1,此时源于大涡的湍流动能最终由小涡转变为热能。雷诺数越大,这种小涡越多,耗散掉的湍流动能也就越多。

(5)大跨度的长度尺度比(wide range of length scales)

和能量的级联传递密切相关的是:湍流结构中包含了从和流动所处的几何体尺度相当的含能大涡到雷诺数近似为1耗能小涡的所有尺度的涡。雷诺数越大,最大和最小涡的长度比也越大,后面将给出此比值和宏观雷诺数的3/4次方成正比。直接数值计算模拟时,若希望能准确预测湍流的流动,在理论上须考虑所有长度尺度的涡的运动及相互作用才有可能。

(6)大跨度的时间尺度比(wide range of time scales)

和大长度尺度比类似,这也和能量的级联传递密切相关。湍流结构中含能大涡和耗能小涡的时间尺度比也是随着雷诺数的增大而增大,后面将给出此比值和宏观雷诺数的1/2次方成正比。若要准确预测不稳定的湍流的流动,理论上也必须考虑所有时间尺度的运动方可。

(7)相干结构(coherent structures)

质点随机运动的湍流内部含有一些肯定会重复出现的可促进快速混合的相干结构,尽管每次出现的时间间隔、大小及强度不同。

(8)连续体(continuum)

湍流的耗能小涡尽管非常小,也比物质分子大许多数量级,我们可将湍流流体视为没有间隙的连续体,应用数学分析的方法来研究湍流。这样,前章推导的流体的运动方程依然适用于湍流。

5.2　层流向湍流的转变

层流向湍流的转变对于我们认识湍流的特性和本质有诸多启示。尽管有不同的湍流产生机制——惯性力起主导作用的自由剪切机制及黏性力起主导作用的壁面边界层机制等，但它们存在着一定的共性。这里我们先看一下湍流产生的共同特征，然后再分述不同机制的特点。

5.2.1　层流向湍流转变的共同特征

流体由初始静止或小雷诺数的层流向湍流的转变始于高雷诺数下的不稳定性，不同湍流发生机制的共同特征有：

(1)湍流脉动速度能量源于均流内部速度的不一致所产生的剪切；

(2)剪切所带来的初期微小扰动的放大；

(3)三维旋转涡结构的产生及发展；

(4)不规则随机的强烈小尺度运动的形成；

(5)小尺度运动的发展及合并形成完全的湍流。

5.2.2　非黏性不稳定机制

这种机制产生湍流的流动有如图 5-1 所示的射流、混合层流、尾流及重力流的上半部等。若存在逆向压力梯度，边界层的分离所产生的湍流也属于这种机制。此类湍流的剖面均速分布特征为存在如图 5-1 所示的拐点，该处有强烈的剪切作用，此种机制在较低的雷诺数($Re>10$)下也可产生湍流。

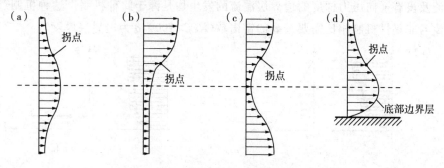

图 5-1　非黏性机制湍流流动的均速剖面图

(a)射流；(b)混合层；(c)尾流；(d)重力流

根据如图 5-2 所示的对射流实验观察,这种机制产生湍流的过程大致如下:

(1)速度拐点处强烈的剪切产生旋转涡;

(2)旋转涡被沿流向方向延展(vortex stretching);

(3)初期扰动通过涡配对(vortex paring)放大形成更大强度的涡;

(4)三维扰动使大涡延展、变形、不清晰而分解成一系列小尺度的耗能小涡;

(5)随着由含能大涡到耗能小涡完整的能量级联传递的形成,流动形成完全的湍流。

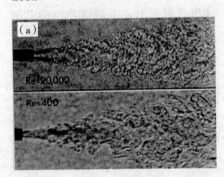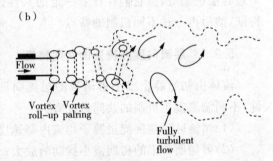

图 5-2 可见高雷诺数下的更加微小的涡结构的
射流实验照片(a)及其示意图(b)

5.2.3 黏性非稳定机制

壁面边界层由层流发展成湍流属于这种机制。这种流动的层流及湍流典型的沿流向剖面均速及切应力分布如图 5-3 所示,与自由剪切湍流不同的是没有均速拐点。近似非黏性理论(approximate inviscid theory)预测这种流动是无条件稳定的,所以黏性一定在这种流动发展成不稳定的湍流中起着重要的作用。管道流、明渠流及没有逆向压力梯度的边界层湍流的发生均是源于此种机制。这种机制产生湍流与非黏性机制相比需要较高的雷诺数($Re_\delta > 1000$,δ 为边界层厚度)。

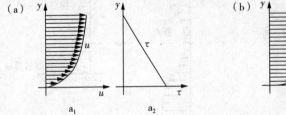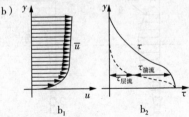

图 5-3 壁面边界层的典型均速及切应力剖面图
(a)层流;(b)湍流

　　根据图 5-4 所示的实验观察及一些直接数值模拟结果分析,这种机制产生湍流的过程大致如下:

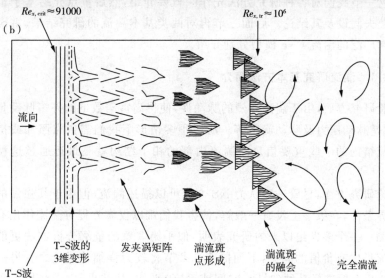

图 5-4　壁面边界层湍流发生发展实验照片(a)及其示意图(b)

　　(1)在$Re_x \approx 91000$(x 为距入流距离)时有初期的线性不稳定性,产生二维不稳定的 T-S 扰动波(Tollmien-Schlichting waves);

　　(2)初期扰动沿流向被放大;

　　(3)非线性不稳定机制使 T-S 波发展成三维扰动进而形成发夹形 Λ 波

(hairpin Λ wave),典型情形下 Λ 波成矩阵式排列；

(4)在 Λ 波上部形成强剪切区、强化并产生滚动；

(5)在接近壁面区随机地产生近似三角形的湍流点(triangular turbulent spot);

(6)三角形湍流点在被带向下游的同时侧向发展联合,最终在$Re_x \approx 10^6$ 时形成完全的湍流。

5.3 湍流研究的一些基本方法、假设及结论

湍流研究作为流体力学的一个重要组成部分,研究方法当然包括实验探索、理论研究及数值模拟这三部分,各种研究方法都有其优点及局限性。我们可能会同意 Tennekes & Lumley(1972)的意见:在湍流研究中,方程不能解决所有的问题,研究者得愿意并会用基于实验的物理概念来搭建连接方程和实际湍流的桥梁。事实上,湍流问题的解决往往依赖于基于实验的具有创造性的关键假设,如科尔莫夫假设。这一节我们对各种研究方法先作一概要介绍,然后重点介绍基于量纲分析的科尔莫夫假设及其结论。后面三节再对两类基本湍流的研究结果、雷诺平均及应用非常广泛的湍流 k-ε 模型分别介绍。

5.3.1 湍流研究基本方法简介

实验研究方面,由于湍流强烈的脉动性,使得高雷诺数下的许多脉动量难以测量,特别是脉动压力及脉动旋度等。所以很多情形下我们需依靠照片或摄像获得关于湍流结构的一些重要信息。湍流内部的相干结构就是最近通过这种方法发现的。

理论研究方面,尽管一般认为 NS 方程可以描述湍流,但由于其强烈的依赖初始及边界条件,在数学上没有一般解,使得我们难以仅靠方程对湍流作出有应用价值的预测。一个多世纪以来的研究表明,似乎第 3 章的量纲分析方法更能为我们认识湍流提供有价值的洞见,下面的 5.3.2 节将较为详细地讨论之。另一种方法就是对 NS 方程进行某种(时间、空间或系宗)平均,其结果是:一些原方程含有的信息在平均的过程中丢失了,产生了比方程数更多的未知量,这样我们就需要根据实验等来获得一些关于湍流的恰当的假设、参数等来使方程闭合,这就是湍流研究中所谓的闭合问题(closure problems)。

数值模拟方面,如果将空间和时间坐标划分得足够细,使其能够解析湍流内部所有空间及时间尺度的涡的运动,理论上直接数值模拟(DNS/Direct Numerical

Simulation)应能够预测湍流。但对雷诺数大的环境流体中的湍流进行 DNS 将远远超过现在的计算机的能力,所以 DNS 目前还处在研究简单的低雷诺数的均匀湍流阶段。大涡模拟(LES/Large Eddy Simulation)对湍流中的含能大涡直接计算,而对不能解析模拟的小涡采用模型近似模拟,其基本思想是通过精确求解某个尺度以上所有湍流尺度的运动,从而能够捕捉到一些非稳态、非平衡过程中出现的大尺度效应和拟序结构,同时克服直接数值模拟由于需要求解所有湍流尺度而带来的巨量计算开销的问题。其问题是小涡模拟的准确性及如何将模拟的小涡和计算的大涡衔接好。建立在对 NS 方程进行雷诺平均的雷诺应力模型(RSM/Reynolds Stress Model)能够解析脉动的雷诺应力在不同方向上的差异性,应是一比较理想的模型,但也存在计算量较大及模拟结果不够理想的缺点。建立在雷诺平均的纳维尔-斯托克斯方程(RANS)及涡黏度假设基础上 $k-\varepsilon$ 模型由于较好地模拟了湍流动能的产生及其耗散的两个重要方面,计算量和上述模型相比也不大,在工程技术应用领域取得了很大的成功。最近我们的研究也表明,$k-\varepsilon$ 模型也能很好地模拟环境流体受到污染时形成的重力流。$k-\varepsilon$ 模型由于在描述平均流动的方程之外又引入了 2 个偏微分方程,所以又称为 2 方程模型。2 方程模型中除了 $k-\varepsilon$ 模型外,还有 $k-\omega$ 模型、M-Y 模型等,理论上都应性能相似。单方程模型及零方程模型是更为简单的湍流模型。单方程模型一般要在解湍流的某一变量的偏微分方程的同时,采用一依赖于流动的关于长度尺度的经验公式,这种模型存在着缺乏一般性的问题;零方程模型中最为著名的应是混合长度模型(mixing length model),这种模型最为简单,依赖于基于壁面距离定义的混合长度的经验公式,所以有和上述单方程模型一样的缺点。

5.3.2　科尔莫夫假设(Kolmogorov hypotheses)

科尔莫夫假设和我们对湍流的能量的级联传递的理解是密切相连的。我们可以看出无需多少高深数学的量纲分析在湍流研究中所发挥的巨大作用。俄罗斯的物理学家科尔莫夫早在 1941 年提出了如下关于湍流在足够大高雷诺数下的三个假设:

(1)小尺度湍流在统计上是各向均匀的;

(2)各向均匀的小尺度运动的各统计量仅和流体的运动黏度 $v[L^2T^{-1}]$ 及湍流动能耗散率 $\varepsilon[L^2T^{-3}]$ 相关;

(3)在一足够大于上述均匀的小尺度运动及又足够小于非均匀的大涡的惯性亚区(inertia subrange)内,运动的统计量和 v 无关,而仅由 ε 决定。

一般湍流大涡是各向异性不均匀的,但随着级联传递的涡越来越小,各向异性渐渐减弱,小尺度的随机运动使得耗能小涡越来越趋于各向均匀,这正是科尔莫夫第一假设所反映的内容。耗能小涡将来自于大涡的湍流动能通过流体的黏性摩擦耗散掉,那么其特性必然与流体黏性系数 υ 有关;同时,湍流动能不能被无限地放大,在平衡状态下,小涡的湍流动能耗散率 ε 应等于大涡的湍流动能传递率,这实际上是科尔莫夫第二假设所反映的内容。第三假设所反映的内容是:在湍流动能由含能大涡向耗能小涡的传递过程中,是由非黏性机制所发挥作用的,平衡状态下各种中等尺度的涡的湍流动能传递率都等于耗能小涡的动能耗散率。可以说这三个假设都是有关湍流的基本实验事实的概括。

5.3.3 基于科尔莫夫假设的量纲分析的基本结论

既然知道了湍流动能的级联传递末端的小涡在耗能方面起着重要的作用,那么我们必然要关心其长度、速度、时间的尺度及其雷诺数的大小,科尔莫夫第二假设和量纲分析法可使我们方便地做到这点。我们用 η, u_η, t_η 分别表示耗能小涡的典型长度、速度、时间,根据科尔莫夫第二假设和量纲分析法(参阅第 3 章),选取 υ, ε 为比尺变量,应有

$$\Pi = \frac{\eta}{\upsilon^a \varepsilon^b} = \frac{[L]}{[L^2 T^{-1}]^a [L^2 T^{-3}]^b} = \frac{[L]}{[L^{2a+2b} T^{-a-3b}]} \tag{5-1}$$

$$\Rightarrow a = \frac{3}{4}, b = -\frac{1}{4} \Rightarrow \eta \propto \left(\frac{\upsilon^3}{\varepsilon}\right)^{\frac{1}{4}}$$

依据同样的方法(当作习题),可推出

$$u_\eta \propto (\upsilon\varepsilon)^{\frac{1}{4}} \tag{5-2}$$

$$t_\eta \propto \left(\frac{\upsilon}{\varepsilon}\right)^{\frac{1}{2}} \tag{5-3}$$

那么耗能小涡的雷诺数

$$Re_\eta = \frac{u_\eta \eta}{\upsilon} = \frac{(\upsilon\varepsilon)^{\frac{1}{4}} \left(\frac{\upsilon^3}{\varepsilon}\right)^{\frac{1}{4}}}{\upsilon} = \frac{\upsilon^{\frac{1}{4}+\frac{3}{4}} \varepsilon^{\frac{1}{4}-\frac{1}{4}}}{\upsilon} = \frac{\upsilon}{\upsilon} = 1 \tag{5-4}$$

耗能小涡的雷诺数为单位 1,即耗能小涡的惯性力和黏性力已经相当了。下一步我们要问:宏观含能大涡的长度 (l)、速度 (u_l)、时间 (t_l) 和耗能小涡的比是多少呢?能不能用含能大涡的雷诺数 Re_l 表示出这个比的大小呢?由科尔莫夫第三假设我们可方便地找到答案。根据科尔莫夫第三假设,大涡的动能耗散率 ε_l 应等于耗能小涡的湍流动能耗散率 ε,即

$$\varepsilon_l = \frac{u_l^2}{t_l} = \frac{u_l^4}{u_l^2 t_l} = \varepsilon \stackrel{(5-2)}{=} \frac{u_\eta^4}{\upsilon} \Rightarrow \frac{u_l^4}{u_\eta^4} = \frac{u_l^2 t_l}{\upsilon} = \frac{u_l(u_l t_l)}{\upsilon} = \frac{u_l l_l}{\upsilon} = Re_l \Rightarrow \frac{u_l}{u_\eta} = Re_l^{1/4} \tag{5-5}$$

由上式可看出大涡和小涡的速度尺度比与宏观大涡运动雷诺数的 1/4 次方成正比。类似地可推出大涡和小涡的长度及时间比如下(作业):

$$\frac{l}{\eta} = Re_l^{3/4} \tag{5-6}$$

$$\frac{t_l}{t_\eta} = Re_l^{1/2} \tag{5-7}$$

由式(5-5)~式(5-7)可见,含能大涡和耗能小涡的长度比、时间比和速度比都是随着宏观雷诺数的增长而快速增长的,长度比随雷诺数的增长的速率最快,时间比次之,速度比在这三者之中相对最慢。这种高雷诺数下含能大涡和耗能小涡的长度及时间尺度的巨大差异也是为什么直接数值模拟时必须将空间网格及时间间隔划分得足够细的原因,这样才能准确地模拟所有尺度的涡在全部时间尺度内的运动。这对计算机的计算速度及储存能力都要求极高,远远超过现有计算机的能力(Pope,2002)。所以在实际工程应用中,我们需要进行一些简化。在讨论湍流的简化模型之前,我们先看看自由湍流及壁面湍流两类基本湍流的性质,因为从对基本湍流的观察里,我们可能获得有关湍流建模的重要启示。

5.4　两类基本湍流的均流及脉动速度特性

5.2 节总结了自由湍流及壁面湍流两类基本湍流由层流向湍流转变的基本特征,这一节我们将对这两类基本湍流形成后的均流在稳定状态下的一些基本特征及脉动速度的特征进行分析。这对于我们今后研究湍流模型及较为复杂的湍流,比如说同时含有这两种机制的水下重力流或异重流时,会有诸多启示。

5.4.1　自由剪切湍流

自然环境流体中常见的射流、混合流及尾流等所产生的湍流均属于自由湍流。它们的共同特征是经一短距离的过渡区域即发展成为完全的湍流。在中心湍流区的大涡尺度和垂直于流向的湍流区域宽度相当。在湍流和环境流体接触区域,大量间歇性(intermittent)涡动会将静止或层流部分的周边流体夹带(ambient fluid entrainment)至湍流区域,其结果为湍流区域沿下游方向渐渐扩大。更有趣的是,在这些自由湍流区域,其均速结构仅由区域环境决定。更具体地说,如图 5-5 所示,我们以 x 轴表示沿流向方向,y 轴表示垂直于流向的方向,对各横断面,如果我们将距流动中心线距离 y 以当地湍流宽度或半宽度 b 为特征长度无量纲化,及对流向流速以某特征速度无量纲化后,各不同横断面均服从相同的分布规律,用数学式

表示出来,对射流有

$$\frac{U(x,y)}{U_{\max}(x)} = f\left(\frac{y}{b}\right) \qquad (5-8)$$

式中,$U_{\max}(x)$ 为射流中心线处平均流速,它仅为距入流距离 x 的函数,且随 x 的增大而减小。如图 5-5 所示在射流下游的 5 个剖面的速度剖面的速度分布尽管不同 (图 5-5a),但在各剖面速度以其中心线处的最大速度无量纲化,距离以剖面上最大速度一半处的距离 $b = y_{1/2}$ 无量纲化后,所有 5 个剖面的速度分布均近于重合了 (图 5-5b),此即射流的自相似性。

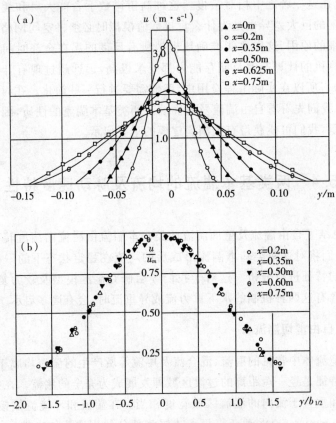

图 5-5 射流在不同位置的速度剖面及
其无量纲化后的自相似(董志勇,2006)

对混合层流有

$$\frac{U(x,y) - U_{\min}}{U_{\max} - U_{\min}} = g\left(\frac{y}{b}\right) \qquad (5-9)$$

式中，$U_{\max}$，$U_{\min}$ 为混合前快慢流层的流速。

对尾流为

$$\frac{U_{\max}-U(x,y)}{U_{\max}-U_{\min}(x)}=h\left(\frac{y}{b}\right) \tag{5-10}$$

式中，$U_{\max}$ 为外流层的流速；$U_{\min}(x)$ 为射流中心线处平均流速，它仅为距入流距离 x 的函数，且随 x 的增大而增大。

上述三个函数在湍流区域均不依赖于距入流距离 x，我们将自由剪切湍流的这种性质称之为**自相似**(self-similarity)或**自保存**(self-preserving)。不仅沿流向的平均流速具有自相似的特征，湍流结构也有自相似的性质，即

$$\frac{\overline{u'^2}(x,y)}{U_{ref}^2(x)}=f_1\left(\frac{y}{b}\right), \qquad \frac{\overline{v'^2}(x,y)}{U_{ref}^2(x)}=f_2\left(\frac{y}{b}\right),$$

$$\frac{\overline{w'^2}(x,y)}{U_{ref}^2(x)}=f_3\left(\frac{y}{b}\right), \qquad \frac{\overline{u'v'}(x,y)}{U_{ref}^2(x)}=f_4\left(\frac{y}{b}\right) \tag{5-11}$$

式中，U_{ref} 为速度尺度，对射流，其即为中心处流速，对混合层流及尾流，其分别为式(5-9)和式(5-10)左边的分母；$\overline{u'^2}$，$\overline{v'^2}$，$\overline{w'^2}$ 为沿坐标轴方向的湍流脉动速度的自相关；$\overline{u'v'}$ 为脉动速度的混合相关。

由图 5-6 所示的实验数据知自由剪切湍流的均流及脉动速度有如下一些特性：

(1) 各脉动速度的自相关及混合相关均在断面均速的梯度最大处达到最大值。这显示湍流的产生和均流应变率的密切相关性。

(2) 湍流是各向非均匀的，一般有 $\overline{u'^2} > \overline{w'^2} > \overline{v'^2} > |\overline{u'v'}|$。垂向的脉动速度 $\overline{v'^2}$ 由于受到其方向上的速度梯度的抑制而小于没有速度梯度方向的脉动速度 $\overline{w'^2}$。

(3) 对射流和尾流来说，中心线处的速度梯度为零，$\overline{u'^2}$ 在此处仅见略有减小，$\overline{v'^2}$ 或 $\overline{w'^2}$ 几乎看不出减小，反映了中心线处剧烈的涡动混合作用将周边的湍流动能传到了中心线处。

(4) 由于射流及尾流的对称性，$-\overline{u'v'}$ 在中心线处必须改变正负号，所以它在中心线处的值为零。

5.4.2　壁面边界层湍流

黏性不稳定机制的研究告诉我们壁面流在 $Re_x \approx 10^6$(x 为距入流距离)处形成完全的湍流。而如果我们定义以距壁面距离 y 为特征长度的雷诺数

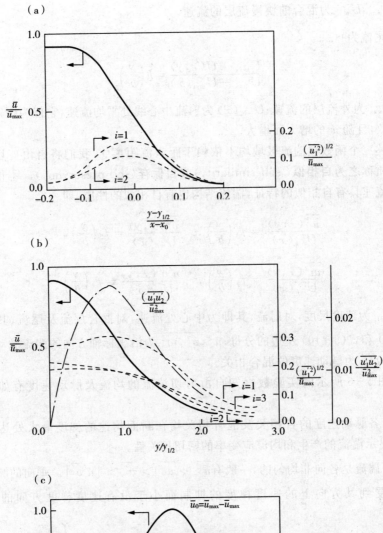

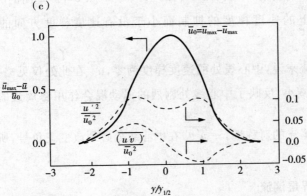

图 5-6 实测自由剪切湍流

混合层流(a)、射流(b)、尾流(c)的均速(实线)及脉动速度值(虚线)

$$Re_y = \frac{Uy}{\upsilon} \tag{5-12}$$

可知在离壁面很近处，Re_y 会很小，因而黏性力不可忽视。流速 U 可认为是 y、流体密度 ρ、运动黏度 υ 及壁面切应力 τ_w 的函数，即

$$U = f(y, \rho, \upsilon, \tau_w)$$

流体力学中定义剪切速度（shear velocity）或摩擦速度（friction velocity）为

$$u_\tau = \sqrt{\frac{\tau_w}{\rho}} \tag{5-13}$$

根据量纲分析，以剪切速度和动力黏度为比尺变量，则存在如下两个互为函数关系的无量纲数

$$\frac{U(y)}{u_\tau} = f\left(\frac{yu_\tau}{\upsilon}\right) \tag{5-14a}$$

传统习惯上以 $u^+ = \dfrac{U(y)}{u_\tau}$，$y^+ = \dfrac{yu_\tau}{\upsilon}$ 表示分别以剪切速度为特征速度和以 $\dfrac{\upsilon}{u_\tau}$ 为特征长度无量纲化后的速度及壁面距离，那么式（5-14a）即可简单地表示为

$$u^+ = f(y^+) \tag{5-14b}$$

量纲分析告诉我们它们存在函数关系，具体的函数关系还需通过实验来确定。如图 5-7 所示的牛顿流体壁面湍流速度大量的实验结果显示：

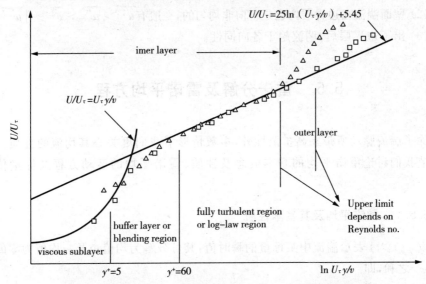

图 5-7　实验获得的无量纲速度对以对数为坐标的无量纲距离图

(1) 在 $y^+ < 5$ 靠近壁面的薄层内,黏性力处于主导地位,流动为层流,满足牛顿内摩擦定理,即

$$u^+ = y^+ \qquad\qquad (5-15a)$$

这一薄层我们称之为黏性内层(viscous sublayer)。

(2) 在 $30 < y^+ < 500$ 的范围内,黏性力和惯性力相当,u^+ 和 y^+ 的对数呈线性关系,即

$$u^+ = \frac{1}{\kappa}\ln(y^+) + B \qquad\qquad (5-15b)$$

实验测得 $\kappa \approx 0.41, B \approx 5.5$。这层一般被称为对数率层(log-law layer)。

式(5-15a)和式(5-15b)一般被称为湍流的**壁面律**(wall law)。目前数值模拟采用的湍流模型一般为高雷诺数下的模型,不可以模拟壁面低雷诺数的流动,须采用修正的低雷诺数模型且同时需解析度足够密的网格,或者依赖于由实验得出的上述壁面率,所以有人将壁面流称作湍流模型的阿基里斯脚踝(Patel,1996)。

图 5-8 所示壁面湍流的均速及各坐标方向的脉动速度的自相关及联合相关有如下特征:

(1) 在靠近壁面的速度梯度较大的边界层内,各湍流脉动值均较大,且随着离壁面距离的增大,速度梯度的减小,各湍流脉动值也渐渐减小,和自由湍流一样反映了湍流脉动值和应变率之间的密切关系。

(2) 壁面湍流在边界层内也是各向非均匀的,一般有 $\overline{u'^2} > \overline{w'^2} > \overline{v'^2} > |\overline{u'v'}|$。

(3) 出了边界层后,湍流趋于各向同性。

5.5 雷诺分解及雷诺平均方程

除了湍流脉动所带来高扩散性外,多数情形下我们更关心其均流的性质。在这一节我们讨论雷诺平均的基本概念及性质、雷诺平均的运动方程及标量传质方程。

5.5.1 雷诺平均及其基本性质

以 $\varphi(x_i, t)$ 表示湍流中某标量的瞬时值,其可分解为均值 Φ 及一均值为零的脉动值 φ' 之和,即

$$\varphi = \Phi + \varphi' \qquad\qquad (5-16)$$

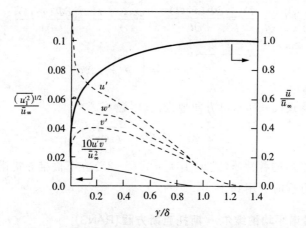

图 5-8　壁面边界层湍流均速(实线) 及各坐标方向
的脉动速度的自相关及联合相关(虚线)

对于恒定流, 雷诺平均可理解为**时间平均**(time average), 即

$$\Phi(x_i) = \frac{1}{\Delta t} \int_0^{\Delta t} \varphi(x_i, t) \, \mathrm{d}t \qquad (5-17\mathrm{a})$$

式中, 时间间隔 Δt 应大于湍流中大涡的时间尺度。对于各向均匀湍流, 雷诺平均
也可理解成**空间平均**(space average), 即

$$\Phi(t) = \frac{1}{\Delta V} \int_0^{\Delta V} \varphi(x_i, t) \, \mathrm{d}V \qquad (5-17\mathrm{b})$$

式中, 积分空间 ΔV 应至少大于湍流中大涡的空间大小。

可以证明对于恒定的各向均匀湍流, 上述两种平均是等效的(张兆顺等,
2005)。而对于非稳定的不均匀湍流, 雷诺平均则应为适用性更广的**系宗平均**
(ensemble average), 即

$$\Phi(x_i, t) = \lim_{N \to \infty} \frac{1}{N} \varphi_n(x_i, t) \qquad (5-17\mathrm{c})$$

式中, N 为在所有可控制变量一致的条件下所进行实验的总次数; $\varphi_n(n = 1 \sim N)$
为对应第 n 次实验所获得的实验值(Ferziger & Peric, 1999)。

若我们以变量名上边加一横线表示雷诺平均, 根据定义, 应有

$$\overline{\varphi} = \Phi, \quad \overline{\varphi'} = 0, \quad \overline{\Phi} = \Phi, \quad \overline{\varphi_1 + \varphi_2} = \Phi_1 + \Phi_2, \quad \overline{\varphi_1' \Phi_2} = 0 \qquad (5-18)$$

式中, 下标 1,2 表示不同的湍流瞬时变量。环境流体力学中所考虑的变量一般均
为空间和时间的连续函数, 微分和给定空间的积分运算可以互换, 根据定义我们亦
可得到

$$\frac{\overline{\partial\varphi(x_i,t)}}{\partial t}=\frac{\partial\varPhi(x_i,t)}{\partial t}, \quad \frac{\overline{\partial\varphi(x_i,t)}}{\partial x_i}=\frac{\partial\varPhi(x_i,t)}{\partial x_i} \tag{5-19}$$

$$\overline{\int_V\varphi(x_i,t)\,\mathrm{d}V}=\int_V\varPhi(x_i,t)\,\mathrm{d}V \tag{5-20}$$

同样根据定义及式(5-18),可方便地推出(习题)

$$\overline{\varphi_1\varphi_2}=\varPhi_1\varPhi_2-\overline{\varphi_1'\varphi_2'} \tag{5-21}$$

上述雷诺平均的各性质(式5-18)~式(5-21)在下面推导雷诺平均的运动方程及标量传质方程时会用到。

5.5.2 雷诺平均纳维尔-斯托克斯方程(RANS)

环境流体一般为不可压缩牛顿流体,密度近似于常量,设密度和流体的黏度均为常量,同时重力加速度在一不大的区域也可以当作常量,没有脉动,而对各速度分量及压力作如下雷诺分解

$$u_i=U_i+u_i',\, p=P+p' \tag{5-22}$$

带入质量守恒方程(4-6b)应用上述雷诺平均的各性质(式5-18,式5-19),以直角坐标系中的张量表示

$$\frac{\partial U_i}{\partial x_i}=0 \tag{5-23}$$

将此方程带入原质量守恒方程得

$$\frac{\partial u_i'}{\partial x_i}=0 \tag{5-24}$$

可见对于不可压缩流体来说,均速及脉动速度均满足速度的散度为零的条件。而对动量方程(4-13),应用上述雷诺平均的各性质(式5-18,式5-19,式5-21)得

$$\frac{\partial(\rho U_i)}{\partial t}+\frac{\partial}{\partial x_j}(\rho U_iU_j+\rho\overline{u_i'u_j'})=\rho g_i-\frac{\partial P}{\partial x_i}+\mu\frac{\partial^2 U_i}{\partial x_j\partial x_j} \tag{5-25}$$

和雷诺平均前的动量方程几乎一致,仅在等号左边随流输运项里多了个 $\dfrac{\partial(\rho\overline{u_i'u_j'})}{\partial x_j}$ 项,其物理意义为 j 方向的脉动流速所引起的 i 方向的单位体积流体脉动动量的变化量。而对式中的 $\rho\overline{u_i'u_j'}$ 可认为是脉动动量通量。一般式(5-25)被称为雷诺平均纳维尔-斯托克斯方程(RANS/Reynolds-averaged Navier-Stokes equation)。

5.5.3　雷诺平均标量传质方程

进一步地对标量浓度 c 进行雷诺分解 $c = C + c'$ 带入标量传质方程 (4-34)，设扩散系数 D 和源强 q 均没有湍流脉动，得

$$\frac{\partial C}{\partial t} + \frac{\partial}{\partial x_j}(U_j C + \overline{u_j' c'}) = \frac{\partial}{\partial x_j}\left(D\frac{\partial C}{\partial x_j}\right) + q \qquad (5-26)$$

这就是雷诺平均的标量传质方程。式中 $\overline{u_j' c'}$ 为 j 方向的脉动流速所引起的脉动浓度通量。

5.5.4　雷诺应力 (Reynolds stresses)

将雷诺平均动量方程 (5-25) 等号左边脉动动量项移到等号右边，和黏性力作用项合并，我们可发现脉动动量通量 $\rho \overline{u_i' u_j'}$ 的另一层物理意义

$$\frac{\partial(\rho U_i)}{\partial t} + \frac{\partial}{\partial x_j}(\rho U_i U_j) = \rho g_i - \frac{\partial P}{\partial x_i} + \frac{\partial}{\partial x_j}\left(\mu\frac{\partial U_i}{\partial x_j} - \rho\overline{u_i' u_j'}\right) \qquad (5-27)$$

其量纲和牛顿黏性应力的量纲是一致的，所以一般将脉动动量通量张量定义为雷诺应力如下

$$\tau_{ij}' = -\rho\begin{bmatrix} \overline{u_1'^2} & \overline{u_1' u_2'} & \overline{u_1' u_3'} \\ \overline{u_2' u_1'} & \overline{u_2'^2} & \overline{u_2' u_3'} \\ \overline{u_3' u_1'} & \overline{u_3' u_2'} & \overline{u_3'^2} \end{bmatrix} \qquad (5-28)$$

根据雷诺平均的定义，τ_{ij}' 也应和流体内部黏性力一样为对称的二阶张量。

5.5.5　涡黏度及涡扩散系数 (Eddy viscosity/Eddy diffusivity)

由于计算雷诺应力 $-\rho\overline{u_i' u_j'}$ 的困难性，尽管可以推导出关于雷诺应力的方程，但在此过程中又产生了更多的未知量，这就是湍流理论研究的**闭合性问题**（closure problem），也是湍流研究的难点所在。更明确地说，在湍流研究中，至今为止，理论还不能解决所有的问题，我们还得依据实验的结果对方程作一些简化的处理。最常见可能也是最简单的方法是根据 5.4 节对自由剪切湍流和壁面湍流的观察，湍流的脉动强度总是和均流的速度变化率成正比，因此我们假设雷诺应力也如牛顿应力一样和均流的应变率成正比，实测的湍流区域的雷诺应力比牛顿应力大得多，所以引入比流体的运动黏度 υ 大得多的涡黏度 $\upsilon_t [L^2 T^{-1}]$ 来反映雷诺应力和均流应变率之间的关系。综上所述，即假设

$$\tau'_{ij} = -\rho\, \overline{u'_i u'_j} = \rho v_t \Big(\frac{\partial U_i}{\partial x_j} + \frac{\partial U_j}{\partial x_i} \Big) - \frac{2}{3}\rho k \delta_{ij} \qquad (5-29)$$

式中湍流动能 $k[\mathrm{L^2 T^{-2}}]$ 的定义为

$$k = \frac{1}{2}(\overline{{u'_1}^2} + \overline{{u'_2}^2} + \overline{{u'_3}^2}) \qquad (5-30)$$

式(5-29)中增加的 $-\dfrac{2}{3}\rho k \delta_{ij}$ 项是为了保证 τ'_{ii} 张量对角线求和与其定义式(5-28)
的一致(习题5.10)。与流体的运动黏度不同,涡黏度反映的是湍流流动特性,即使
对同一流体,对不同的流动甚至同一流动的不同地方,不同时间都会有不同的值。
下面5.6节所述的许多湍流模型的关键就在于如何构筑依赖于流场的涡黏度
v_t 值。

与上述雷诺平均动量方程对脉动动量项的处理相类似,我们将雷诺平均标量
传质方程(5-25)左边传导项中的(式5-26)等号左边传导项中的脉动浓度通量的
散度移到等号右边和分子扩散项合并得

$$\frac{\partial C}{\partial t} + \frac{\partial}{\partial x_j}(U_j C) = \frac{\partial}{\partial x_j}\Big(D\frac{\partial C}{\partial x_j} - \overline{u'_j c'} \Big) + q \qquad (5-31)$$

和雷诺应力相类似,直接求脉动浓度通量相当困难。根据实验观察的结果,湍流脉
动浓度通量实际上起了增加分子扩散系数的作用,所以类似于涡黏度概念的引入,
我们引入涡扩散系数 $D_t[\mathrm{L^2 T^{-1}}]$,并假设脉动浓度通量也和平均浓度的梯度成正
比,其比例系数即为涡扩散系数,即

$$-\overline{u'_j c'} = D_t \frac{\partial C}{\partial x_j} \qquad (5-32)$$

那么雷诺平均标量传质方程就可写成

$$\frac{\partial C}{\partial t} + \frac{\partial}{\partial x_j}(U_j C) = \frac{\partial}{\partial x_j}\Big((D + D_t)\frac{\partial C}{\partial x_j} \Big) + q \qquad (5-33)$$

对于一般雷诺数足够大的湍流,$D_t \gg D$,可以忽略分子扩散系数,雷诺平均标量传
质方程就变成在形式上与一般表示瞬时变量的传质方程(4-34)一样了。不同之
处在于将分子扩散系数换成了涡扩散系数,为

$$\frac{\partial C}{\partial t} + \frac{\partial}{\partial x_j}(U_j C) = \frac{\partial}{\partial x_j}\Big(D_t \frac{\partial C}{\partial x_j} \Big) + q \qquad (5-34)$$

由于湍流传递标量和动量的类似性,涡扩散系数和涡黏度总是成正比的,一般在涡
黏度确定后,通过一实验校正的比例系数 —— **施密特数** Sc(Schmidt number),或

若标量为温度,此比例系数被称为**普朗特数** Pt(Prandtl number)来确定浓度的涡扩散系数,即

$$D_t = \frac{v_t}{Sc}$$

(5 – 35)

实验表明,施密特数或普朗特数的值在 1 附近。我们将在下一节讨论涡黏度的确定方法。

5.6　基于雷诺平均方程的湍流模型概要

在 5.3.1 节我们知道,对湍流可以基于 NS 方程进行直接数值模拟(DNS)或大涡模拟(LES),但都存在计算量大的问题。这一节我们介绍一些基于雷诺平均方程的涡黏度假设的湍流模型及雷诺应力的湍流模型,特别是在环境及其他工程领域得到广泛验证和应用的湍流 k-ε 模型。根据模型在 RANS 之外构筑的偏微分传输方程的数目,我们将这些湍流模型分为零方程模型、单方程模型、2 方程模型及 7 方程模型等。

5.6.1　零方程模型(Zero-equation model)

零方程模型最为典型的是德国物理学家普朗特所提出的混合长度模型(mixing length model)。一般流体力学教材对其都有详尽的介绍,这儿不再赘述。要点是其引入了涡黏度的概念,且假设涡黏度等于混合长度的平方乘以速度梯度。其优点是对机制单一的湍流应用简单方便;缺点是缺乏一般性,对不同的流动,如自由剪切流及壁面流等,需引入通过实验确定的不同混合长度。

5.6.2　单方程模型(One-equation model)

单方程模型有 k-l 模型、Spalart-Allmaras 模型等。在 k-l 模型中引入了湍流动能 k 的传输方程(参见 5.7.2 节)及以依据壁面距离定义的湍流长度尺度 l 来计算涡黏度如下(Blackadar,1962;Khan & Imran,2008)

$$v_t = 0.55 l\sqrt{k}$$

(5 – 36)

和零方程模型相比,k-l 模型应具有更广的适用性。根据我们对重力流的实验数据的对比研究,发现根据壁面距离定义的湍流长度尺度很难适用于重力流界面处的自由湍流,会引起该处的过度的虚假扩散(Wang et al.,2013)。这种特征应也存在于其他湍流单方程模型。Spalart-Allmaras 模型直接引入关于涡黏度的传输方

程及一关于长度尺度的代数方程,它对有逆向梯度边界层的流动的模拟较好,在空气动力学方面有着一定的应用,但对几何形状复杂、难以确定长度尺度及有着急变的流动,其适用性还是有问题的。

5.6.3 双方程模型(Two-equation model)

由于双方程湍流模型对确定涡黏度所需要的两个重要的物理量均进行基于运动方程推导出的微分传输方程进行模拟,计算量也适中,效果相对较好,在工程技术领域中得到广泛的应用。双方程湍流模型中得到最为广泛应用和验证的是 k-ε 模型(k 为湍流动能,ε 为湍流动能耗散率),也是本书后面数值模拟所采用的模型,我们将在下一节对其专门做较为详细地讨论。其他两个较为有影响的湍流二方程模型是 k-ω 模型及 Mellor-Yamada 模型(Mellor & Yamada, 1988)。k-ω 模型(Wilcox, 1993)中的 $\omega = \dfrac{k}{\varepsilon}$ 为湍流频率。尽管理论上所有的双方程模型在模拟效果上应差不多,但在自由表面边界条件下对 ω 必须设定一不为零的微小值,这往往影响模拟的结果(Mentor, 1992)。Mellor-Yamada 模型提出了关于 $2k$ 及 $2kl$ 的微分方程,$2k$ 和 k-ε 模型的 k 方程几乎一样,但在 $2kl$ 的方程的耗散项中引入了基于墙面距离定义的长度尺度,这导致它在模拟非墙面自由湍流区域时,有着和单方程 k-l 模型一样的缺陷(Wang et al., 2013)。

5.6.4 雷诺应力 7 方程模型(Reynolds stress seven-equation model)

雷诺应力 7 方程模型中导入了有关 6 个雷诺应力独立分量及湍流动能耗散率的传输方程。理论上该方程可以更好地模拟湍流的各向异性,但由于计算量大,在引入雷诺应力方程的过程中同时也导入新的需要实验确定的未知变量,还未得到广泛的应用及验证,对于一般的有回流的流动,模拟效果不一定比 k-ε 模型好(张帅帅, 2011)。另外还有一种此模型的简化版——代数应力模型 ASM(Algebraic stress model),它通过一些简化的假设,比如忽略雷诺应力方程中的传导及扩散项或与湍流动能的传导及扩散项之和成比例等,将原来有雷诺应力的偏微分方程转化为代数方程求解,其缺点是应用时需严格限制在其假设条件成立的流动范围内。

5.7 湍流标准 k-ε 模型

所谓湍流 kε 模型,就是建立关于湍流动能 k 及其耗率 ε 传输的偏微分方程,在求解雷诺平均的纳维尔-斯托克斯方程的同时,通过解 k 及 ε 方程进而求得涡粘度的模型。本节我们首先推导均流的平均动能 K 的方程,然后给出关于湍流动能 k 及其耗散率 ε 传输的偏微分方程。通过比较平均动能方程和湍流动能方程,我们可看出正是均流中消失的部分均流动能转换成了湍流动能。之所以称之为湍流标准 k-ε 模型,是因为后来还有在此基础上改进的再正交化组(Renormalization group)k-ε 模型等(Yakhot et al.,1992)。

5.7.1　平均动能 K 方程

设为不可压缩流体,流体的密度及黏性系数均为常量,将雷诺平均动量方程(5 - 25)重力项和压力项合并(式 3 - 11),以 P' 表示之,然后用均速 U_i 乘之得

$$U_i\frac{\partial(\rho U_i)}{\partial t} + U_i\frac{\partial}{\partial x_j}(\rho U_i U_j) = -U_i\frac{\partial P'}{\partial x_i} + U_i\frac{\partial}{\partial x_j}\left(\mu\frac{\partial U_i}{\partial x_j} - \rho\overline{u_i' u_j'}\right)$$

$$\frac{\partial\left(\frac{U_i^2}{2}\right)}{\partial t} + U_j\frac{\partial}{\partial x_j}\left(\frac{U_i^2}{2}\right) = -U_j\frac{\partial P'}{\rho\partial x_j} +$$

$$\frac{\partial}{\partial x_j}\left(\upsilon U_i\frac{\partial U_i}{\partial x_j} - U_i\overline{u_i' u_j'}\right) - \left(\upsilon\frac{\partial U_i}{\partial x_j} - \overline{u_i' u_j'}\right)\frac{\partial U_i}{\partial x_j}$$

式中 $\upsilon = \dfrac{u}{\rho}$ 为运动黏度,以 $K = \dfrac{1}{2}U_i U_i = \dfrac{1}{2}(U_1^2 + U_2^2 + U_3^2)$ 表示湍流均流动能得

$$\frac{\partial K}{\partial t} + \frac{\partial(U_j K)}{\partial x_j} = \frac{\partial}{\partial x_j}\left(-\frac{U_j P'}{\rho} - U_i\overline{u_i' u_j'} + \upsilon\frac{\partial K}{\partial x_j}\right) - \upsilon\frac{\partial U_i}{\partial x_j}\frac{\partial U_i}{\partial x_j} + \overline{u_i' u_j'}\frac{\partial U_i}{\partial x_j}$$

$$(5 - 37)$$

5.7.2　湍流动能 k 方程

牛顿流体瞬时量的动量方程(4 - 16)写成均量加脉动量的形式如下

$$\frac{\partial(\rho(U_i + u_i'))}{\partial t} + \frac{\partial}{\partial x_j}(\rho(U_i + u_i')(U_j + u_j'))$$

$$= \rho g_i - \frac{\partial(P + p')}{\partial x_i} + \frac{\partial}{\partial x_j}\left(\mu\frac{\partial(U_i + u_i')}{\partial x_j}\right)$$

上式减去雷诺平均动量方程(5 - 27)得如下关于脉动速度的方程(设密度及黏性系数均为常数)

$$\frac{\partial(\rho u_i')}{\partial t} + \frac{\partial}{\partial x_j}(\rho(U_i u_j' + U_j u_i' + u_i' u_j')) = -\frac{\partial p'}{\partial x_i} + \frac{\partial}{\partial x_j}\left(\mu \frac{\partial u_i'}{\partial x_j} + \rho \overline{u_i' u_j'}\right)$$

$$\frac{\partial u_i'}{\partial t} + \frac{\partial}{\partial x_j}(U_i u_j' + U_j u_i' + u_i' u_j') = -\frac{\partial p'}{\rho \partial x_i} + \nu \frac{\partial^2 u_i'}{\partial x_j \partial x_j} + \frac{\partial(\overline{u_i' u_j'})}{\partial x_j}$$

对上式乘以瞬时速度 u_i'

$$u_i' \frac{\partial u_i'}{\partial t} + u_i' \frac{\partial}{\partial x_j}(U_i u_j' + U_j u_i' + u_i' u_j') = -u_i' \frac{\partial p'}{\partial x_i} + u_i' \frac{\partial}{\partial x_j}\left(\mu \frac{\partial u_i'}{\partial x_j} + \rho \overline{u_i' u_j'}\right)$$

$$\frac{\partial\left(\frac{u_i'^2}{2}\right)}{\partial t} + \frac{\partial}{\partial x_j}\left(U_j \frac{u_i'^2}{2}\right) + u_i' u_j' \frac{\partial U_i}{\partial x_j} + \frac{\partial\left(u_j' \frac{u_i'^2}{2}\right)}{\partial x_j} =$$

$$-\frac{\partial(p' u_i')}{\rho \partial x_i} + \nu \frac{\partial}{\partial x_j}\left(u_i' \frac{\partial u_i'}{\partial x_j} + u_i' \overline{u_i' u_j'}\right) - \left(\nu \frac{\partial u_i'}{\partial x_j} + \overline{u_i' u_j'}\right)\frac{\partial u_i'}{\partial x_j}$$

其中用到了均速及脉动速度的散度为零(式 5 - 23 ～ 式 5 - 24),对上式取雷诺平均得

$$\frac{\partial k}{\partial t} + \frac{\partial}{\partial x_j}(U_j k) + \overline{u_i' u_j'} \frac{\partial U_i}{\partial x_j} + \frac{\partial(\overline{u_j' k})}{\partial x_j}$$

$$= -\frac{\partial(\overline{p' u_i'})}{\rho \partial x_i} + \nu \frac{\partial^2 k}{\partial x_j \partial x_j} + \frac{\partial}{\partial x_j}(\overline{u_i' \overline{u_i' u_j'}}) - \nu \overline{\frac{\partial u_i'}{\partial x_j} \frac{\partial u_i'}{\partial x_j}} - \overline{\frac{\partial u_i'}{\partial x_j} \overline{u_i' u_j'}}$$

上式等号右边第一项张量下标为哑指标,可换为 j 而值不改变(参见 2.3.1 节);右边倒数第一及第三项为均值为零的脉动量和一均值的乘积的均量,依据雷诺平均性质 5.5.1 节里的式(5-18),其结果为零,最后我们得到如下湍流动能的传输方程

$$\frac{\partial k}{\partial t} + \frac{\partial}{\partial x_j}(U_j k) = \frac{\partial}{\partial x_j}\left(-\frac{\overline{p' u_j'}}{\rho} - \overline{u_j' k} + \nu \frac{\partial k}{\partial x_j}\right) - \nu \overline{\frac{\partial u_i'}{\partial x_j} \frac{\partial u_i'}{\partial x_j}} - \overline{u_i' u_j'} \frac{\partial U_i}{\partial x_j} \quad (5-38)$$

关键是要理解其物理意义,等号左边两项为湍流动能的物质微分,第一项为其时变率,第二项为位变率,即因流动传输所带来的变化;等号右边括号内的三项分别为脉动压力、脉动速度及分子扩散所引起的湍流动能在内部的重新分配,等号右边倒数第二项反映了湍流的耗能小涡对湍流动能的消耗率,我们定义其为湍流动能耗散率 ε,即

$$\varepsilon = \nu \overline{\frac{\partial u_i'}{\partial x_j} \frac{\partial u_i'}{\partial x_j}} \quad (5-39)$$

其总是为正值,反映了耗能小涡总是将湍流动能由黏性摩擦转换为热能;等号右边最后一项所代表的是均流的速度梯度和雷诺应力的相互作用而产生的湍流动能

率。注意观察这一项与均流动能方程(5-37)的最后一项完全相同,但符号恰好相反,反映了均流的大涡失去的动能恰等于耗能小涡所获得的湍流动能。实际上这也反映了前述湍流性质中的级联传递效应。湍流动能方程(5-38)的推导也反映出湍流模型的一个突出的问题,即在推导出新方程的过程中总是出现更多的新变量,如式(5-38)等号右边第一项括弧内的前两项,需对它们做简化处理。湍流 k-ε 模型中,一般将等号右边括号内三个扩散项合并成一项,其总的扩散系数以涡黏度除以一需实验校正的无量纲数 σ_k 来表示,并将式(5-29)雷诺应力表达式带入式(5-38)得

$$\frac{\partial k}{\partial t} + \frac{\partial}{\partial x_j}(U_j k) = \frac{\partial}{\partial x_j}\left(\frac{v_t}{\sigma_k}\frac{\partial k}{\partial x_j}\right) + v_t\left(\frac{\partial U_i}{\partial x_j} + \frac{\partial U_j}{\partial x_i}\right)\frac{\partial U_i}{\partial x_j} - \varepsilon \qquad (5-40)$$

上式各项的物理意义分别为时变率、随流输运项、湍流扩散项、湍流动能的源项(常以 P 表示)及其耗散率。下面讨论有关湍流动能耗散率 ε 的方程。

5.7.3　湍流动能耗散率 ε 方程

尽管可以经过复杂的推导并通过一系列简化假设得到 k-ε 模型中湍流动能耗散率 ε 的方程,但最简单并可直觉地理解其物理意义的方法是将湍流动能耗散率 ε 看作一被传输的标量,那么其时变项、位变项的形式和 k 方程的一样,且我们假设其扩散项、源项及耗散项都和 k 方程对应项成比例,这样即可得其方程如下

$$\frac{\partial \varepsilon}{\partial t} + \frac{\partial}{\partial x_j}(U_j \varepsilon) = \frac{\partial}{\partial x_j}\left(\frac{v_t}{\sigma_\varepsilon}\frac{\partial \varepsilon}{\partial x_j}\right) + c_{1\varepsilon}\frac{\varepsilon}{k}v_t\left(\frac{\partial U_i}{\partial x_j} + \frac{\partial U_j}{\partial x_i}\right)\frac{\partial U_i}{\partial x_j} - c_{2\varepsilon}\frac{\varepsilon^2}{k} \qquad (5-41)$$

最后两项是由量纲分析对 k 方程的对应项除以 k 并乘以 ε 得到的,这样它们和前面各项的量纲都一致了。式(5-40)和式(5-41)即为湍流标准 k-ε 模型的方程。我们还需通过实验确定 σ_k,σ_ε,$c_{\varepsilon 1}$,$c_{\varepsilon 2}$ 这些比例系数。

5.7.4　涡黏度的确定

一旦由模型方程(5-40,5-41)解出流场中的湍流动能 k 及其耗散率 ε,流场中的涡黏度可由下式求出

$$v_t = c_\mu \frac{k^2}{\varepsilon} \qquad (5-42)$$

式中,c_μ 为需实验确定的参数。

5.7.5 k-ε 模型常数的确定

上述湍流 k-ε 模型共有 $c_\mu, \sigma_k, \sigma_\varepsilon, c_{1\varepsilon}, c_{2\varepsilon}$ 等 5 个参数，一般通过可控制简单湍流的测量来确定它们的值，其基本思想是：满足一般湍流的这些参数的值，也应能模拟简单的湍流。现简述如下：

(1)c_μ 的确定

考虑恒定的平面剪切流，只存在沿 x 方向速度 U_1 及 x_2 方向梯度，在湍流处于平衡时，湍流动能方程的源项（式 5-38 最后一项）$P \approx \varepsilon$，由 k 模型模型方程 (5-40)得

$$v_t \left(\frac{\partial U_1}{\partial x_2} \right)^2 = \varepsilon$$

对上式两边同乘以涡黏度（式 5-42）得

$$\left(v_t \frac{\partial U_1}{\partial x_2} \right)^2 = c_\mu k^2$$

由（式 5-29）雷诺应力表达式，将上式左边表示为脉动速度的相关表达式得

$$c_\mu = \left(\frac{\overline{u_1' u_2'}}{k} \right)^2 \tag{5-43}$$

实测的 $P \approx \varepsilon$ 的区域中上式右边括弧内的值约为 0.3，进而推出 $c_\mu \approx 0.3^2 = 0.09$。

(2)σ_k 的确定

考虑均流速度为零的网格振动湍流，其传输项及 P 均为零，实验确定及最终多数采用的 σ_k 值为单位 1。

(3)$c_{2\varepsilon}$ 的确定

对于均匀湍流来说，各方向之间没有相关性，同时分子扩散也可忽略，所以简化前方程中的扩散项均为零。式(5-40)和式(5-41)k, ε 方程可分别简化为

$$U_1 \frac{\partial k}{\partial x_1} = -\varepsilon \tag{5-44}$$

$$U_1 \frac{\partial \varepsilon}{\partial x_1} = -c_{2\varepsilon} \frac{\varepsilon^2}{k} \tag{5-45}$$

根据使 U_1 为常量，$U_2 = 0$，$U_3 = 0$ 的通过网格的恒定均匀流实验，表明 k 随网格下距离 x_1 成指数函数下降，即

$$k = A x_1^n \tag{5-46}$$

上式带入式(5-44)得 $\varepsilon = -U_1 A n x_1^{n-1}$ 带入式(5-45)

$$-U_1{}^2 An(n-1)x_1{}^{n-2} = -c_{2\varepsilon}\frac{U_1{}^2 A^2 n^2 x_1{}^{2n-2}}{A x_1{}^n} = -c_{2\varepsilon}U_1{}^2 An^2 x_1{}^{n-2}$$

$$(5-47)$$

$$c_{2\varepsilon} = \frac{n-1}{n}$$

由实验测得的 $n = -1.08$，带入得 $c_{2\varepsilon} = 1.92$（Chen & Jaw,1997）。

(4)$c_{1\varepsilon}$ 的确定

考虑网格下流的均匀剪切流,简化湍流方程得

$$\varepsilon = -\overline{u_1' u_2'}\frac{\partial U}{\partial x_2}$$

$$(5-48)$$

$$-c_{1\varepsilon}\frac{\varepsilon}{k}\overline{u_1' u_2'}\frac{\partial U}{\partial x_2} - c_{2\varepsilon}\frac{\varepsilon^2}{k} \approx 0$$

$$(5-49)$$

进而推出

$$c_{1\varepsilon} \approx c_{2\varepsilon}$$

$$(5-50)$$

这可认为是数量级的近似,根据更精确的估算结果:$c_{1\varepsilon} = 1.45$（Chen & Jaw,1997）。

5.7.6 对湍流标准 k-ε 模型的一般评价

湍流标准 k-ε 模型是迄今在综合考虑模拟的精确度及计算量方面性能最佳的模型,在计算模拟时,确定好恰当的网格后,只需指定一些简单的初始条件及边界条件,即可运行。一般的流体力学的商业软件,如 FLUENT、STAR-CFD 等,均将 k-ε 模型作为主要的湍流模型,在环境流体力学、水力学及许多科学及工程应用方面取得了广泛的应用和验证。但一般也公认,湍流标准 k-ε 模型在模拟如带有弯曲的边界层、旋转等带有额外较大的应变的流动及如非圆管内带有强烈各向异性的雷诺正应力的流动时不够理想。

复习思考题

5.1 简述湍流的基本特征。

5.2 有哪两种湍流产生机制,试述各自的特点。

5.3 什么是湍流动能的级联传递? 简述科尔莫夫关于湍流的三个基本假设。

5.4 试由量纲分析推导出耗能小涡的速度及时间尺度的表达式(5-2,5-3)。

5.5 试由科尔莫夫第三假设推出含能大涡和耗能小涡的长度及时间比(5-6,5-7)。

5.6 试根据牛顿内摩擦定理推出黏性内层的墙面率式(5-15a)。

5.7 试推出雷诺平均性质(式 5-21)。

5.8 由质量守恒方程(4-6b)及动量方程(4-13)推导出雷诺平均纳维尔-斯托克斯方程

$(5-23,5-24)$。

    5.9 由标量传输方程$(4-34)$推导出雷诺平均标量传输方程$(5-26)$。

    5.10 证明式$(5-28)$和式$(5-29)$雷诺应力对角线求和的一致性。

    5.11 根据你的理解,试述湍流动能方程$(5-40)$式各项的物理意义。

参 考 文 献

董志勇. 环境水力学. 北京:科学出版社,2006.

冯元桢. 连续介质力学导论. 北京:科学出版社,1984.

吴望一. 流体力学. 北京:北京大学出版社,1982.

张鸣远,景思睿,李国君. 高等工程流体力学. 西安:西安交通大学出版社,2006.

张帅帅. 计算流体动力学及其应用. 上海:华中科技大学出版社,2011.

张兆顺,崔桂香,许春晓. 湍流理论和模拟. 北京:清华大学出版社,2005.

Bird R B, Stewart W E, Lightfoot E N. Transport phenomena. Wiley, New York,1962.

Chen C J, Jaw S Y. Fundamentals of turbulence modeling. Taylor & Francis, 1998.

Heppenheimer T A. Some tractable mathematics for some untractable physics. MOSAIC, 1991, 22(1):28-39.

Ferziger J H, Peric M. Computational methods for fluid dynamics (2nd Edition). Springer, 1999.

Wang C, Huang H, Zhou Y, et, al. Comparison of three turbulence models used in Modeling of underflows with a new experimental data set. J. Anhui Univ. Tech. , 2013.

Kolmogorove A N. The local structure of turbulence in incompressible viscous fluid for vey large Reynolds numbers. Dokl. Akad. Nauk SSSR, 1941, 30:299-303 (in Russian).

Mellor G L, Yamada T. Development of a turbulence closure model for geophysical fluid problems. Rev. Geophys. Space Physics, 1982, 20:851-875.

Mentor F R. Performance of popular turbulence models for attached and separated adverse pressure gradient flow, AIAA J. , 1992, 30:2066-2072.

Pope S B. Turbulent Flows. Cambridge, 2000.

Tennekes H, Lumley J L. A first course in turbulence. The MIT press,1972.

Versteeg H K, Malalasekera W. An introduction to computational fluid dynamics (2nd Edition). Pearson Education Limited, 2007.

White F M. Fluid Mechanics (5th Edition). McGraw-Hill Co. , 2003.

Wilcox D C. Turbulence Modelling for CFD. DCW Industries Inc. , Canada, CA,1993.

Wilcox D C. Simulating transition with a two-equation turbulence model, AIAA J. , 1994, 32:247-255.

Yakhot V, Orszag S A, Thangam S, et al. Development of turbulence models for shear flows by a double expansion technique. Physics Fluids A, 1992, 4(7):1510-1520.

第 6 章　具解析解的污染物迁移模型

学习了环境流体的基本运动方程及湍流基础后，这一章我们将学习传统环境流体力学或环境水力学的一项重要内容，即一些简化的具有解析解的污染物迁移模型。内容主要有连续恒定入流及突然释放型污染物扩散模型及其在有反射边界时的解，一维河流水质的 Streeter-Phelps 模型、二维河流的污染物中心释放及岸边释放模型等。之所以放在学习湍流之后讨论这些，是因为实际应用中这些模型中的扩散系数大都为湍流的涡扩散系数或这一章将要介绍的因某个维度平均所产生的弥散系数。这类模型中一般都假设流场及扩散系数为已知量，而求污染物浓度在特定的初始及边界条件下在时空中的变化。

由于这一章所涉及的数学模型均基于第 4 章 4.6.3 小节中的微分形式的标量传质方程(4-35)及第 5 章 5.5.3 小节的雷诺平均的并采用涡扩散系数假设标量传质方程(5-33)，为方便讨论，将此二方程转述如下

$$\frac{\partial c}{\partial t} + \vec{u} \cdot \nabla c = D \nabla^2 c + q \tag{6-1}$$

$$\frac{\partial C}{\partial t} + \frac{\partial}{\partial x_j}(U_j C) = \frac{\partial}{\partial x_j}\left((D + D_t)\frac{\partial C}{\partial x_j}\right) + q \tag{6-2}$$

式中，$t[\mathrm{T}]$ 为时间；$q[\mathrm{ML^{-3}T^{-1}}]$ 为源项；$D, D_t[\mathrm{L^2T^{-1}}]$ 分别为分子扩散系数及涡扩散系数；$c, C[\mathrm{ML^{-3}}]$ 分别为瞬时及雷诺平均的污染物浓度；$u, U[\mathrm{LT^{-1}}]$ 分别为瞬时及雷诺平均流场流速；$x[\mathrm{L}]$ 为笛卡尔直角坐标系下的空间坐标。

6.1　污染物在环境流体中迁移的物理过程

进入环境流体中的污染物将通过随流输运、分子扩散及湍动扩散等来迁移变化，下面分述之。

6.1.1 随流输运(Advection)

处于运动状态的流体携带其所含有的污染物运动迁移的物理过程,我们称之为**随流输运**。对溶于水的污染物,随流输送假设污染物和流体以相等的速度迁移。上述微分形式的标量传质方程中的等号左边第二项所代表的正是随流输运的物理过程。对于比重不同的颗粒污染物,还需考虑污染物在重力作用下的额外的运移速度,我们将在第8章学习重力流模型的时候再详细地讨论。

6.1.2 分子扩散(Molecule diffusion)

污染物分子在环境流体中存在随机的无规则的布朗运动,和湍流的脉动类似,这看似无规则的运动中蕴含着一定的规律性,这就是第4章4.6.1小节讨论的费克定理所反映的污染物由浓度的高处向低处的扩散。扩散通量的大小和浓度的梯度及其在环境流体中的分子扩散系数成正比。分子扩散系数所反映的是环境流体本身对特定污染物分子扩散快慢的特性。实验告诉我们,一般物质在水中的分子扩散系数很小,为 $10^{-5} \sim 10^{-4} \, \text{m}^2/\text{s}$ 数量级。第4章积分形式的标量传质方程(4 - 33)及微分形式的标量传质方程(6 - 1)等号的右边的第一项所反映的正是分子扩散的物理过程。

6.1.3 湍动扩散或涡扩散(Turbulent dispersion/Eddy dispersion)

在第5章学习湍流特性时,我们了解到湍流的高频脉动具有强烈的扩散性,这是由于高雷诺数下的湍流脉动速度比分子的布朗运动要大得多。在数学上污染物的湍动扩散可以通过求解雷诺平均标量传质方程(5 - 31)中的脉动浓度通量(左边第二项括号内的第二项)来获得。由于数学上的困难性,通常引入涡扩散系数假设(式5 - 32)将其简化成与费克定理所反映的分子扩散相类似的形式(式5 - 33)。要注意涡扩散系数所反映的不是流体本身的特性,而是流动状态的特性,一般为流体流动雷诺数的函数。涡扩散系数如式(5 - 35)可通过由湍流模型确定的涡黏度来获得,由经验公式估算或根据实验数据求得。我们将在6.4节进一步讨论这个问题。对于雷诺数足够大的湍流,其湍动扩散可比分子扩散大2~3个数量级,在这种情况下,我们可以仅考虑湍动扩散,得到在形式上和含分子扩散的污染物传质方程一样的雷诺平均的污染物传质方程(5 - 34)。

$$\frac{\partial C}{\partial t} + \frac{\partial}{\partial x_j}(U_j C) = \frac{\partial}{\partial x_j}\left(D_t \frac{\partial C}{\partial x_j}\right) + q \qquad (6-3)$$

式中,$D_t[\text{L}^2\text{T}^{-1}]$ 为涡扩散系数。

这一章之后所讨论的数学模型大都是基于此方程。

6.2　剪切流的离散或弥散

剪切流的**弥散**(shear dispersion)实际上是由于三维的非均匀的随流输运及湍动扩散的综合作用在简化的二维或一维模型中的数学平均的效果的反应,不能算作一种独立的物理过程。

6.2.1　纵向离散或弥散的概念

由于流速在流向上的不同深度或不同水平位置的差异传输所带来的在平均后的沿流向维度所观察到的浓度在更广的范围内的分布即为**纵向弥散**(longitudinal dispersion)。图6-1a、图6-1c所示的对河流深度平均模型中,由于深度方向上下流速的差异导致浓度在沿流向更广的范围内的分布即为深度平均的纵向弥散效应。

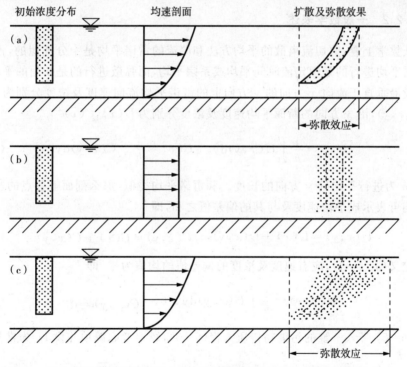

图6-1　深度平均的纵向弥散效应图解(基于 Cunge 等,1980)

(a)纯随流搬运,无扩散但深度平均的话依然有弥散效应;(b)深度方向速度恒定等值,有扩散无深度平均的弥散效应;(c)沿深度方向存在速度差,有如黑点所示的扩散区域,但有更广的深度平均的弥散区域

　　而在如图 6-2 所示的由于流速沿横向分布不均匀传输所带来的污染物在横向平均后的沿流向的纵向一维上在更广范围内的浓度分布效应为横向平均的纵向离散效应。

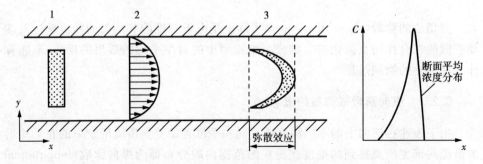

图 6-2　横向平均纵向弥散效应图解

6.2.2　一般数学表述

　　从数学上看,剪切流离散的平均方法和湍流的雷诺平均是十分类似的,不同的是雷诺平均进行的是恒定流时间平均或系宗平均,而弥散进行的是断面的平均。

　　设沿垂直于流向 x 方向的 y 方向上的雷诺平均流向速度及浓度分别为 $U(x, y)$,$C(x,y)$,沿 y 方向的断面平均速度及浓度分别为 $\overline{U}(x),\overline{C}(x)$

$$\overline{U}(x) = \frac{1}{h}\int_0^h U(x,y)\mathrm{d}y, \quad \overline{C}(x) = \frac{1}{h}\int_0^h C(x,y)\mathrm{d}y \qquad (6-4)$$

式中,h 为进行平均的 y 方向的长度。和雷诺平均类似,那么剖面上各点的速度和浓度均可表示成平均速度及与其的偏差值之和,即

$$U(x,y) = \overline{U}(x) + \widehat{U}(x,y), \quad C(x,y) = \overline{C}(x) + \widehat{C}(x,y) \qquad (6-5)$$

根据定义(式 6-4),应有速度及浓度的偏差值的均值为零,即

$$\overline{\widehat{U}}(x,y) = \frac{1}{h}\int_0^h \widehat{U}(x,y)\mathrm{d}y = 0, \quad \overline{\widehat{C}}(x,y) = 0 \qquad (6-6)$$

将式(6-5)带入一维的污染物传质方程(6-3),暂不考虑源项并设 D_t 为常量得

$$\frac{\partial(\overline{C}+\widehat{C})}{\partial t} + \frac{\partial}{\partial x}\left((\overline{U}+\widehat{U})(\overline{C}+\widehat{C})\right) = D_t \frac{\partial^2(\overline{C}+\widehat{C})}{\partial x^2}$$

$$\frac{\partial(\overline{C}+\widehat{C})}{\partial t} + \frac{\partial}{\partial x}\left(\overline{UC} + \widehat{U}\overline{C} + \overline{U}\widehat{C} + \widehat{U}\widehat{C}\right) = D_t \frac{\partial^2(\overline{C}+\widehat{C})}{\partial x^2}$$

对上式各项进行如式(6-4)的沿 y 方向的平均并应用式(6-6)得

$$\frac{\partial \overline{C}}{\partial t} + \frac{\partial}{\partial x}(\overline{UC} + \widehat{U}\widehat{C}) = D_t \frac{\partial^2 \overline{C}}{\partial x^2} \qquad (6-7)$$

上式括弧中的第二项为由于断面速度和浓度与它们的断面平均值的差所带来的浓度通量,和雷诺平均的脉动流速所引起的脉动浓度通量(式 5-31)中的 $\overline{u'_j c'}$ 十分类似。我们也可以采用类似于涡扩散系数的方法来简化之,假设此浓度通量和平均浓度的梯度成比例,即

$$\widehat{U}\widehat{C} = -D_d \frac{\partial \overline{C}}{\partial x} \qquad (6-8)$$

式中, $D_d [L^2 T^{-1}]$ 为弥散系数或离散系数。这样方程(6-7)就闭合了,可以表示成

$$\frac{\partial \overline{C}}{\partial t} + \frac{\partial}{\partial x}(\overline{UC}) = (D_t + D_d) \frac{\partial^2 \overline{C}}{\partial x^2} \qquad (6-9)$$

二维或一维模型中的数学平均的天然河流的弥散系数可比湍动扩散系数大几个数量级(彭泽州等,2006),这种情形下可以忽略分子及湍动扩散。在下面的讨论中为了书写方便,我们就不一一标出分子扩散系数、涡扩散系数或弥散系数了,而以统一的 D 来表示。不过要理解,对于静止或均匀层流的水体, D 仅代表分子扩散系数;对于没有在某一方向上有不均匀的浓度及速度进行平均的湍流, D 就代表分子扩散系数及涡扩散系数的和;对于在某一方向上有不均匀的浓度及速度进行平均的湍流, D 就代表分子扩散系数、涡扩散系数及弥散系数三者之和。

6.2.3　离散系数的确定

本小节中的多数公式推导较为繁琐,为节省篇幅,详细推导过程请参阅相关环境流水力学书籍(如杨志峰,2006;董志勇,2006)。对于简单的流动,可以从理论上推导出离散系数值,比如说圆管中的层流,其纵向离散系数为

$$D_L = \frac{r_0^2 U_m^2}{192 D} \qquad (6-10)$$

式中, $r_0 [L]$ 为圆管半径; $U_m [LT^{-1}]$ 为管中心处流速; $D [L^2 T^{-1}]$ 为分子扩散系数。而对于圆管中的湍流,其纵向离散系数及湍动扩散系数分别为

$$D_L = 10.06 r_0 u_* \qquad (6-11)$$

$$D_t = 0.05 r_0 u_* \qquad (6-12)$$

式中, $u_* [LT^{-1}]$ 为摩阻速度。

其纵向离散系数为湍动扩散系数的 200 倍以上。

对于较宽矩形直渠道中的湍流,我们可以假设其横向上速度分布均匀,只要考虑垂向上的速度平均,并作如下假设:① 忽略分子扩散;② 忽略纵向湍流涡扩散效应,因其和随流输运相比很小;③ 假定流动为恒定均匀流;④ 深度方向的速度可分解为平均值及其偏离值之和且偏离值的均值为零,即可推出泰勒关于圆管流动纵向离散和横向湍动扩散平衡的假设

$$\hat{U}\frac{\partial C}{\partial \xi}=\frac{\partial}{\partial y}\left(D_t\frac{\partial C}{\partial y}\right) \tag{6-13}$$

式中,$\xi=x-Ut$,并再做坐标变换 $\eta=\dfrac{y}{h}$,h 为水深,得

$$h^2\hat{U}\frac{\partial C}{\partial \xi}=\frac{\partial}{\partial \eta}\left(D_t\frac{\partial C}{\partial \eta}\right) \tag{6-14}$$

再对浓度按式(6-6)进行分解,并假设 ⑤ $\dfrac{\partial \overline{C}}{\partial \eta}=0$,$\dfrac{\partial \overline{C}}{\partial \xi}=$ 常数,$\dfrac{\partial \hat{C}}{\partial \xi}=0$,上式即变为

$$h^2\hat{U}\frac{\partial \overline{C}}{\partial \xi}=\frac{\partial}{\partial \eta}\left(D_t\frac{\partial \hat{C}}{\partial \eta}\right) \tag{6-15}$$

对之积分得偏离均值浓度的表达式为

$$\hat{C}=h^2\frac{\partial \overline{C}}{\partial \xi}\left[\int_0^\eta \frac{1}{D_t}\left(\int_0^\eta \hat{U}\mathrm{d}\eta\right)\mathrm{d}\eta\right] \tag{6-16}$$

再根据纵向离散通量等于纵向离散系数和平均速度梯度乘积的假设(式6-8),即得出其纵向离散系数为(Elder,1959)

$$D_L=-h^2\int_0^1\hat{U}\mathrm{d}\eta\left[\int_0^\eta \frac{1}{D_t}\left(\int_0^\eta \hat{U}\mathrm{d}\eta\right)\mathrm{d}\eta\right] \tag{6-17}$$

上式中带入湍流的垂向速度分布及湍动扩散系数的经验公式,可求得较宽矩形直渠道中的湍流的纵向离散系数及湍动扩散系数分别为

$$D_L=5.86hu_* \tag{6-18}$$

$$D_t=0.068hu_* \tag{6-19}$$

推导过程中应用了一些假设及经验公式进行简化,公式计算值和实际会有一定的误差,但作为数量级的估算是没有问题的。由此可见,对于较宽矩形直渠道中的湍流来说,纵向离散系数比湍动扩散系数要大约 2 个数量级。要注意的是,这节所讨论的离散系数或弥散系数为因为横向或垂向上流速的不均匀所带来的相应方向上的数学平均的扩散效应。

6.3　几种具解析解的一维模型

这一节我们将学习传统环境流体力学中有理论解的一些典型的一维数学模型,包括静止或流动水体中无限环境水体中瞬时点源模型、有限分布源及恒定源模型,以及边界反射的处理等。这些模型中的环境流体若流动的话,一般都假设流速恒定。若环境流体静止或为层流,则模型中的扩散系数为分子扩散系数;若环境流体的流动为湍流,则模型中的扩散系数为涡扩散系数;若存在数学上平均的弥散效应的话,则模型中的扩散系数应理解为弥散系数或它和涡扩散系数及分子扩散系数的和。

6.3.1　静止无限水体中瞬时点源的一维模型

对狭长静止流体瞬间投入的污染物,可应用此模型。第 2 章 2.5 节介绍偏微分方程时已给出了此模型的如下数学表达式,经过前面的学习,我们在此对模型方程应有更深的理解

$$
\begin{cases}
\dfrac{\partial C(x,t)}{\partial t} = D\dfrac{\partial^2 C(x,t)}{\partial x^2} & x \in [-\infty,\infty], t > 0 \quad \text{(a)} \\[2mm]
C(x,0) = m\delta(x) & \text{(b)} \\[2mm]
C(-\infty,t) = C(\infty,t) = 0 & \text{(c)}
\end{cases}
\qquad (6-20)
$$

式中,$C[\mathrm{ML^{-3}}]$ 为污染物浓度;$D[\mathrm{L^2 T^{-1}}]$ 为扩散系数;$m[\mathrm{ML^{-2}}]$ 为污染物投入瞬时在垂直于 x 轴的面上的单位面积上的污染物质量,称作瞬时面源强;δ 函数反映了污染物在 $x=0$ 点投入的性质(请参阅 2.6.1 节)。

模型方程(a)源自于标量传质方程(6-1)取流速及源项为零在一维直角坐标下的表达式;(b)为初始条件,反映了污染物在 $t=0$ 瞬间在 $x=0$ 点注入的特性;(c)为边界条件,说明在无穷远处,浓度总是为零。对上述含偏微分方程的模型,可应用量纲分析法(参见 3.5 节)或傅立叶变换法(参见 2.5 节)将其简化为一般微分方程求得其解为

$$
C(x,t) = \frac{m}{2\sqrt{\pi D t}}\,\mathrm{e}^{-\frac{x^2}{4Dt}}
\qquad (6-21)
$$

瞬时源的一维扩散符合均值为零、标准差为 $\sqrt{2Dt}$ 的标准正态分布。设 $D=0.124\mathrm{m^2/s(NaCl)}$,$m=1\mathrm{kg/m^2}$,$t=5\mathrm{s},10\mathrm{s},20\mathrm{s}$ 时的浓度分布如图 6-3 所示。

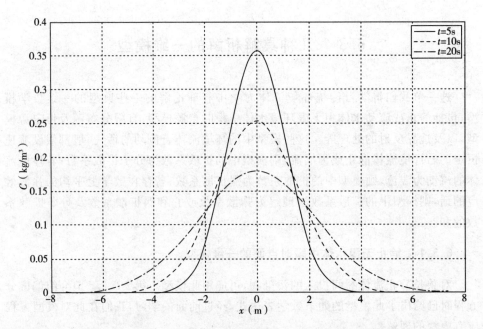

图 6-3 食盐在一维静止水体中瞬间投入后 3 时间段的浓度分布

可见瞬间投入后由于扩散,随着时间的增加,浓度的峰值不断降低而影响范围逐渐增大的过程。顺便说一下,若瞬时点源不在原点,而在 $x=\xi$ 处,那么我们作坐标变换 $x'=x-\xi$,对 x' 坐标来说,解的形式和式(6-5)一样,换回到 x 坐标,得到这种情形下的解为

$$C(x,t) = \frac{m}{2\sqrt{\pi Dt}} e^{-\frac{(x-\xi)^2}{4Dt}} \tag{6-22}$$

6.3.2 恒定流速无限水体中瞬时点源的一维模型

此类模型除了在 x 方向上有恒定流速 $U(\text{m/s})$ 之外,其他各方面都和 6.3.1 小节的模型是相同的,其数学表述如下:

$$\begin{cases} \dfrac{\partial C(x,t)}{\partial t} + U\dfrac{\partial C}{\partial x} = D\dfrac{\partial^2 C}{\partial x^2} & x \in [-\infty,\infty], t>0 \quad (a) \\[2mm] C(x,0) = m\delta(x) & (b) \\[2mm] C(-\infty,t) = C(\infty,t) = 0 & (c) \end{cases} \tag{6-23}$$

我们可以根据方程的物理意义和前一小节模型的解而方便地"猜"出其解析解。我们知道随流搬运项(a 等号左边第二项)仅改变浓度极大值点的位置,而不改变其

大小。对模型作坐标变换

$$x' = x - ut \tag{6-24}$$

即把污染物注入 t 时间后的流动距离处作为新的坐标原点的话，模型的解就应该和前一小节的一样，为

$$C(x,t) = \frac{m}{2\sqrt{\pi Dt}} e^{-\frac{x'^2}{4Dt}} \overset{(6-24)}{=} \frac{m}{2\sqrt{\pi Dt}} e^{-\frac{(x-Ut)^2}{4Dt}} \tag{6-25}$$

当然我们也可以应用傅立叶变换法推导如下（参阅 2.6 节的有关内容）：
用 c 加上划线表示浓度关于距离 x 的傅立叶变换，即

$$\bar{c}(\omega,t) = F[C(x,t)] = \int_{-\infty}^{\infty} C(x,t) e^{-i\omega x} \, dx$$

对方程（6 - 23a）及初始条件（式 6 - 23b）两边进行傅立叶变换得

$$\begin{cases} \dfrac{d\bar{c}}{dt} = -(D\omega^2 + \omega Ui)\bar{c} & \text{(a)} \\[3mm] \bar{c}(t=0) = m & \text{(b)} \end{cases} \tag{6-26}$$

注意在对模型方程的傅立叶变换中，连续函数的微积分可以互换，左边对时间的偏微分不影响其对 x 变量函数的傅立叶变换；右边应用了傅立叶变换的线性（2 - 80）及二阶微分性质（式 2 - 81，式 2 - 82），边界条件（式 6 - 23c）保证了对其可以应用傅立叶变换的微分性质。对初始条件的傅立叶变换应用了狄拉克函数的性质（2 - 72）。这样模型的偏微分方程变成了关于时间 t 的一阶可分离变量的微分方程，注意参数 ω 为实参量，解之得

$$\bar{c}(t,\omega) = m e^{-(D\omega^2 + \omega Ui)t}$$

对其进行关于变量 ω 的傅立叶逆变换

$$C(x,t) = \frac{1}{2\pi} \int_{-\infty}^{\infty} m e^{-\omega Uit} e^{-D\omega^2 t} e^{i\omega x} \, d\omega$$

$$= \frac{m}{2\pi} \int_{-\infty}^{\infty} e^{-D\omega^2 t} \big[\cos(\omega x - \omega Ut) + i\sin(\omega x - \omega Ut)\big] \, d\omega$$

$$\overset{\because \sin(x) \text{为奇函数}}{=} \frac{m}{\pi} \int_{0}^{\infty} e^{-D\omega^2 t} \cos\big[\omega(x - Ut)\big] \, d\omega$$

$$\overset{(2-85)}{=} \frac{m}{\pi} \left(\frac{1}{2} \sqrt{\frac{\pi}{Dt}} \, e^{-\frac{(x-Ut)^2}{4Dt}} \right) = \frac{m}{2\sqrt{\pi Dt}} e^{-\frac{(x-Ut)^2}{4Dt}}$$

我们得到与猜得式(6-25)一样的解,其解实质上为以流体经过 t 时间移动的距离 Ut 为中心,方差 $\sigma^2 = 2Dt$ 的正态分布。设 $D=0.124\text{m}^2/\text{s}$,$m=1\text{kg/m}^2$,$t=5\text{s}$,$U$ 分别为 0.0m/s,0.2m/s,0.4m/s 时的浓度分布如图 6-4 所示。

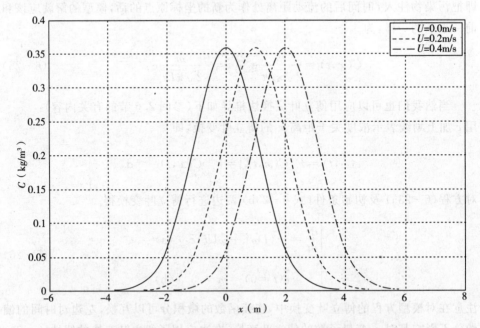

图 6-4　不同恒定流速下瞬间投入模型的一定时间后的浓度分布图

由图可见,速度为零时,浓度的分布和静止水体模型解(6-5)一样。其他条件不变,随着流速的增大,只是浓度峰值移到了 $x=Ut$ 处,而浓度分布的形态保持不变。浓度分布的形态是由扩散系数决定的。

此类模型一种重要应用是在污染物或示踪子投入点的下游固定点处观察浓度随时间变化情况,观察到的浓度随时间的变化曲线称之为**涌出曲线**(breakthrough curve)。对于上例,假设流速固定为 0.2m/s,我们固定在污染物投入点下游 $x=4\text{m}$ 处观察浓度的变化状况,假设扩散系数分别为 $D=0.124\text{m}^2/\text{s}$,$0.2\text{m}^2/\text{s}$,$0.5\text{m}^2/\text{s}$,则理论涌出曲线如图 6-5 所示:

由图中我们可观察到涌出曲线的如下特征:

(1)不论扩散系数大小,涌出曲线均由初期的快速上升段及达到峰值后的缓慢下降段构成;

(2)扩散系数越小,峰值越高,峰值到达时间越晚,但不会晚于由投入点流至观察点的时间,其后浓度下降的速率相对较快;

(3)扩散系数越高,峰值越低,峰值到达时间也越快,其后浓度下降的速率相对较慢。

在 6.5 节我们将看到,可以通过实验由获得的涌出曲线来求得扩散系数。

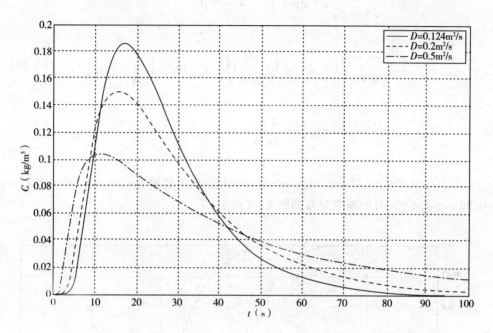

图 6-5　随流瞬间投入模型的下游固定点处不同扩散系数下的涌出曲线图

6.3.3　无限水体中具浓度突变的一维模型

具恒定流速的此类模型的一般数学表述为

$$
\begin{cases}
\dfrac{\partial C(x,t)}{\partial t} + U\dfrac{\partial C}{\partial x} = D\dfrac{\partial^2 C}{\partial x^2} & x \in [-\infty,\infty], t>0 \quad (a) \\[2mm]
C(x,0) = \begin{cases} C_0 & x<0 \\ C_1 & x \geqslant 0 \end{cases} & (b) \\[2mm]
C(-\infty,t)=C_0,\; C(+\infty,t)=C_1 & (c)
\end{cases}
\qquad (6-27)
$$

在 $t=0$ 时,$\xi \leqslant x < \xi + \mathrm{d}\xi$ 间的污染源可看作具有面质量密度 $C(\xi,0)\mathrm{d}\xi$ 的瞬时源,那么此模型的解应为这些瞬时面源效果的总和,即

$$
C(x,t) = \int_{-\infty}^{+\infty} \frac{C(\xi,0)\mathrm{d}\xi}{2\sqrt{\pi D t}} \mathrm{e}^{-\frac{(x-\xi-Ut)^2}{4Dt}}
$$

$$
= \int_{-\infty}^{0} \frac{C_0}{2\sqrt{\pi D t}} \mathrm{e}^{-\frac{(x-\xi-Ut)^2}{4Dt}} \mathrm{d}\xi + \int_{0}^{+\infty} \frac{C_1}{2\sqrt{\pi D t}} \mathrm{e}^{-\frac{(x-\xi-Ut)^2}{4Dt}} \mathrm{d}\xi
$$

$$\overset{z=\frac{x-\xi-Ut}{2\sqrt{Dt}}}{=} \int_{\frac{x-Ut}{2\sqrt{Dt}}}^{+\infty} \frac{C_0}{\sqrt{\pi}}e^{-z^2}\,dz + \int_{-\infty}^{\frac{x-Ut}{2\sqrt{Dt}}} \frac{C_1}{\sqrt{\pi}}e^{-z^2}\,dz$$

$$= \frac{C_0}{2}\left(\frac{2}{\sqrt{\pi}}\int_0^{\frac{x-Ut}{2\sqrt{Dt}}} e^{-z^2}\,dz\right) + \frac{C_1}{2}\left[\frac{2}{\sqrt{\pi}}\left(\int_{-\infty}^{+\infty} e^{-z^2}\,dz - \int_{\frac{x-Ut}{2\sqrt{Dt}}}^{+\infty} e^{-z^2}\,dz\right)\right] \quad (6-28)$$

$$= C_1 + \frac{C_0 - C_1}{2}\,\mathrm{erfc}\left(\frac{x-Ut}{2\sqrt{Dt}}\right)$$

设 $D=0.2\mathrm{m^2/s}$, $C_0=0.5\mathrm{kg/m^3}$, $C_1=0$, $U=0.0$, 观察 $t=20\mathrm{s}, 50\mathrm{s}, 100\mathrm{s}$ 及 $U=0.25\mathrm{m/s}$, $t=20\mathrm{s}$ 时的浓度分布如图 6-6 所示。

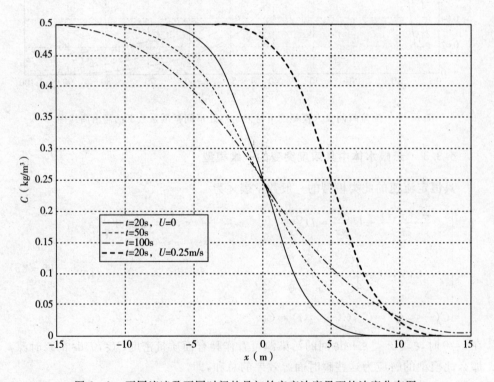

图 6-6　不同流速及不同时间的具初始突变浓度界面的浓度分布图

由图中可看出在没有水体流动的情况下, 随着时间的推移, 污染物浓度以初始边界为中心, 对称地向两边扩散的过程。和瞬时源模型一样, 当有流速时, 模型的解可看作将对应没有流速的解沿 x 轴平移了流动的距离。

6.3.4　无限水体中有限分布源的一维模型

具恒定流速的此类模型的一般数学表述为

$$\begin{cases} \dfrac{\partial C(x,t)}{\partial t} + U\dfrac{\partial C}{\partial x} = D\dfrac{\partial^2 C}{\partial x^2} & x \in [-\infty,\infty], t > 0 \quad \text{(a)} \\[3mm] C(x,0) = \begin{cases} C_0 & |x| \leqslant a \\ 0 & |x| > a \end{cases} \qquad a > 0 \qquad\qquad \text{(b)} \\[3mm] C(-\infty,t) = C(\infty,t) = 0 & \text{(c)} \end{cases} \quad (6-29)$$

在 $-a \leqslant x \leqslant a$ 间的有限分布源可看作一系列具有面质量密度 $dm = C_0 dx$ 的瞬时源的叠加所构成的,那么模型的解应为这些瞬时源的效果的总和,即

$$C(x,t) = \int_{x-a}^{x+a} \frac{dm}{2\sqrt{\pi Dt}} e^{-\frac{(x-Ut)^2}{4Dt}} = \int_{x-a}^{x+a} \frac{C_0}{2\sqrt{\pi Dt}} e^{-\frac{(x-Ut)^2}{4Dt}} dx$$

$$\overset{z=\frac{x-Ut}{2\sqrt{Dt}}}{=} \int_{\frac{x-Ut-a}{2\sqrt{Dt}}}^{\frac{x-Ut+a}{2\sqrt{Dt}}} \frac{C_0}{\sqrt{\pi}} e^{-z^2} dz = \frac{C_0}{2}\left[\frac{2}{\sqrt{\pi}}\left(\int_0^{\frac{x-Ut+a}{2\sqrt{Dt}}} e^{-z^2} dz - \int_0^{\frac{x-Ut-a}{2\sqrt{Dt}}} e^{-z^2} dz \right) \right] \quad (6-30)$$

$$= \frac{C_0}{2}\left[\text{erf}\left(\frac{x-Ut+a}{2\sqrt{Dt}}\right) - \text{erf}\left(\frac{x-Ut-a}{2\sqrt{Dt}}\right) \right]$$

对上式取流速 $U = 0$,即得到无限静止水体中有限分布源的一维模型的解为

$$C(x,t) = \frac{C_0}{2}\left[\text{erf}\left(\frac{x+a}{2\sqrt{Dt}}\right) - \text{erf}\left(\frac{x-a}{2\sqrt{Dt}}\right) \right] \quad (6-31)$$

设 $D = 0.2\,\text{m}^2/\text{s}, C_0 = 0.5\,\text{kg/m}^3, a = 1\,\text{m}, t = 20\,\text{s}, U = 0.0\,\text{m/s}, 0.2\,\text{m/s},$ $0.4\,\text{m/s},$ 及 $D = 0.4\,\text{m}^2/\text{s}, U = 0.2\,\text{m/s}$ 时的浓度分布如图 6-7 所示。

由图中可看出有限分布源的浓度分布和瞬时源(图 6-4)是十分类似的。仅流速不同时,下游的浓度分布的形状包括峰值完全相同,不同的仅为峰值出现的位置为有限源的中心在观察时间所流至的位置。当其他条件相同,仅扩散系数不同时,峰值出现的位置是一样的,但扩散系数高时,峰值要低,扩散的范围更广。这些都和瞬时源的特征是一样的。

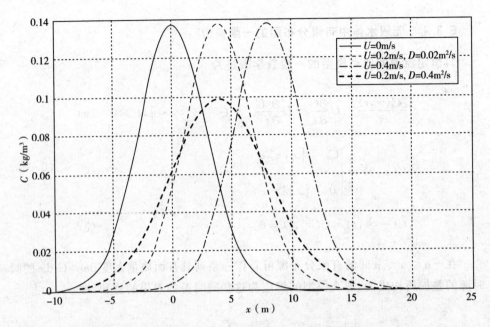

图 6-7　不同流速及不同扩散系数下的有限分布源的浓度分布图

6.3.5　无限静止水体中恒定点污染源的一维模型

此类模型的数学表述如下：

$$\begin{cases} \dfrac{\partial C(x,t)}{\partial t} = D \dfrac{\partial^2 C}{\partial x^2} & x \in [-\infty,\infty], t > 0 \quad \text{(a)} \\[2mm] C(0,t \geqslant 0) = C_0 & C(x,0) = 0 \quad, x \neq 0 \quad \text{(b)} \\[2mm] C(-\infty,t) = C(\infty,t) = 0 & \text{(c)} \end{cases} \qquad (6-32)$$

我们可以应用量纲分析法来求其解（参阅 3.5 节的有关内容）。此模型有两个无量纲量 $\dfrac{C}{C_0}, \dfrac{x}{\sqrt{Dt}}$，那么所求浓度可表示成

$$C(x,t) = C_0 f(\eta), \quad \eta = \frac{x}{\sqrt{Dt}} \qquad (6-33)$$

带入式（6-32a）得

$$C_0 \frac{\mathrm{d}f}{\mathrm{d}\eta} \frac{\partial \eta}{\partial t} = DC_0 \frac{\mathrm{d}}{\mathrm{d}x} \left(\frac{\mathrm{d}f}{\mathrm{d}\eta} \frac{\partial \eta}{\partial x} \right)$$

$$\frac{\mathrm{d}f}{\mathrm{d}\eta} \left(-\frac{1}{2} \frac{x}{t\sqrt{Dt}} \right) = D \frac{\mathrm{d}}{\mathrm{d}x} \left(\frac{\mathrm{d}f}{\mathrm{d}\eta} \frac{1}{\sqrt{Dt}} \right) = \frac{D}{Dt} \frac{\mathrm{d}^2 f}{\mathrm{d}\eta^2}$$

整理得如下一般微分方程

$$\frac{d^2 f}{d\eta^2} + \frac{\eta}{2} \frac{df}{d\eta} = 0 \tag{6-34}$$

由初始及边界条件得

$$f(\eta = 0) = 1, \quad f(\eta = \mp\infty) = 0 \tag{6-35}$$

设 $y = \frac{df}{d\eta}$ 带入式(6-34)得 $\frac{dy}{d\eta} = -\frac{\eta}{2} y \Rightarrow \frac{dy}{y} = -\frac{\eta}{2} d\eta \Rightarrow y = Ae^{-\frac{\eta^2}{4}} = \frac{df}{d\eta}$，式中 A 为一待定常数。原点两边对称，考虑 $x > 0$，也即 $\eta > 0$ 时的单边解

$$f = \int_{\eta}^{+\infty} Ae^{-\frac{\eta^2}{4}} d\eta = 2A \int_{\eta/2}^{+\infty} e^{-(\frac{\eta}{2})^2} d(\frac{\eta}{2})$$

$$\underset{\text{应用边界条件} \Rightarrow A = \frac{1}{\sqrt{\pi}}}{=} \frac{2}{\sqrt{\pi}} \int_{\eta/2}^{+\infty} e^{-u^2} du \underset{\text{及余误差函数定义}}{=} \mathrm{erfc}(\eta/2)$$

带入式(6-33)得此模型最终解为

$$C(x, t) = C_0 \mathrm{erfc}(\frac{x}{2\sqrt{Dt}}) \tag{6-36}$$

设 $D = 0.124\text{m}^2/\text{s}, C(x=0) = 0.5\text{kg/m}^3, t = 20\text{s}, 50\text{s}, 100\text{s}$ 时的浓度分布如图 6-8 所示。

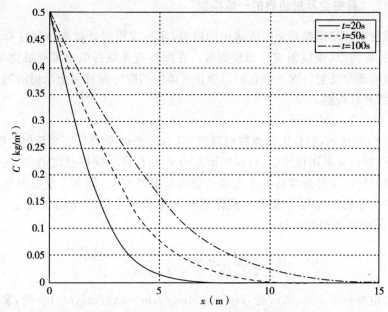

图 6-8 恒定点污染源在不同时间的浓度分布图

可见随着时间的推移,恒定点污染源渐渐向远处扩散的过程。

6.3.6 随流扩散时间连续源的一维模型

此模型可看作上小节静止流体中恒定污染源模型在恒定流速流体中的推广,其数学表述如下:

$$
\begin{cases}
\dfrac{\partial C(x,t)}{\partial t} + U\dfrac{\partial C}{\partial x} = D\dfrac{\partial^2 C}{\partial x^2} \quad x \in [0,\infty], t > 0 \quad \text{(a)} \\[2mm]
C(x,t) = \begin{cases} C_0 & x=0, t \geqslant 0 \\ 0 & x>0, t=0 \end{cases} \qquad\qquad\qquad \text{(b)} \\[2mm]
C(\infty,t) = 0 \qquad\qquad\qquad\qquad\qquad\qquad\quad \text{(c)}
\end{cases}
\qquad (6-37)
$$

应用拉普拉斯(Laplace)变换求得其解为(请参阅 2.6.2 小节)

$$
C(x,t) = \frac{C_0}{2}\left[\operatorname{erfc}\left(\frac{x-Ut}{2\sqrt{Dt}}\right) + \mathrm{e}^{\frac{Ux}{D}}\operatorname{erfc}\left(\frac{x+Ut}{2\sqrt{Dt}}\right) \right]
\qquad (6-38)
$$

$U=0$ 时,就又得到静止流体中恒定污染源模型的解(式 6-36)。

6.3.7 具完全反射边界的一维模型

前面所谈的模型都是无限流体中的模型,实际应用时环境流体往往都是有固体边界的,如河岸、反应器或容器壁面等。在固体边界处污染物可能被完全反射、完全吸收或部分反射。这一节我们以静止水体中的瞬时源有完全反射的固体壁面为例,介绍其解析解。

(1) 单完全反射壁面

如图 6-9 所示,设位于原点瞬时源的 $-L(L=2\mathrm{m})$ 处有一完全反射的壁面,这种情形下,我们可采用镜像法,假设壁面左边 L 处存在一同样强度的源,这样镜像源对求解空间产生的浓度恰等于无吸收壁面反射的浓度,那么完全反射壁面的求解空间的污染物浓度等于真源及镜像源在无限流体中所产生的浓度之和,由式 (6-21) 瞬时源模型的解得

$$
C(x,t) = \frac{m}{2\sqrt{\pi Dt}}\mathrm{e}^{-\frac{x^2}{4Dt}} + \frac{m}{2\sqrt{\pi Dt}}\mathrm{e}^{-\frac{(x-2L)^2}{4Dt}}
\qquad (6-39)
$$

设完全反射壁位于 $x=-2\mathrm{m}$ 处,$D=0.124\mathrm{m^2/s}$,$m=1\mathrm{kg/m^2}$,$t=10\mathrm{s}$ 时,实际浓度分布如图 6-9 所示。

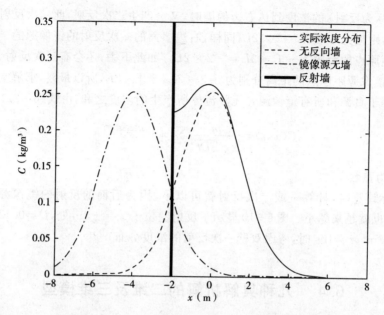

图 6 - 9　无反射墙时的源及镜像源以及有完全反射时的实际浓度分布图

（2）双完全反射壁面

如图 6 - 10 所示，设位于原点的瞬时源的两边 $\pm L(L=2\text{m})$ 处均有完全反射的壁面，两面墙一次反射的镜像源的距离分别为 $\pm 2L$。此外，我们看左边的镜像源

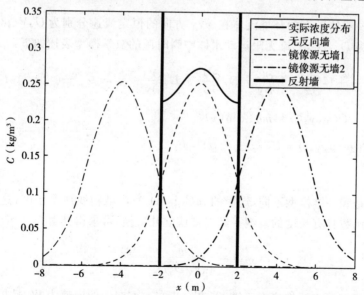

图 6 - 10　双侧有反射墙时一次反射下的浓度分布图

产生(实际为反射)的浓度到达右边的墙时,又会产生二次反射,此二次反射镜像源距原点的距离为 $L+3L=2\times2L$;同样,右边墙面的一次反射的镜像源的二次反射镜像源距原点的距离为 $-L-3L=-2\times2L$。如此下去,还会有三次反射、四次反射等,其镜像源距原点的距离分别为 $\pm3\times2L$,$\pm4\times2L$,所以最终,求解空间污染物浓度等于真源和所有镜像源在无限流体所产生的浓度之和,由式(6-21)得

$$C(x,t)=\frac{m}{2\sqrt{\pi Dt}}\sum_{n=-\infty}^{\infty}\left[e^{-\frac{(x-2nL)^2}{4Dt}}\right] \tag{6-40}$$

式中,n 为整数。

实际计算时,计算一或二次反射就可以了,因为后面的反射的镜像源越来越远,影响也就越来越小。图6-10显示了反射壁位于 $x=\pm2\text{m}$ 处,$D=0.124\text{m}^2/\text{s}$,$m=1\text{kg}/\text{m}^2$,$t=10\text{s}$ 时,考虑双壁一次反射的浓度分布。

6.4   几种具解析解的二维及三维模型

上节中的一维模型可方便地推广至二维及三维模型瞬时源、有限分布源以及时间连续源模型。我们看下面的例子。

6.4.1   瞬时源的二维及三维模型

考虑一般情形下的环境流体在 x,y 方向的恒定流速分别为 $U,V(\text{m/s})$,扩散系数分别为 D_x,D_y,二维无限运动水体中瞬时源的数学模型表述如下:

$$\begin{cases} \dfrac{\partial C(x,y,t)}{\partial t}+U\dfrac{\partial C}{\partial x}+V\dfrac{\partial C}{\partial y}=D_x\dfrac{\partial^2 C}{\partial x^2}+D_y\dfrac{\partial^2 C}{\partial y^2} & x,y\in[-\infty,\infty],t>0 \quad \text{(a)} \\[2mm] C(x,y,0)=m\delta(x)\delta(y) & \text{(b)} \\[2mm] C(\pm\infty,y,t)=C(x,\pm\infty,t)=0 & \text{(c)} \end{cases}$$

$$\tag{6-41}$$

要注意的是和一维模型不同,这里的 $m(\text{kg/m})$ 为污染物线质量密度,这是因为这儿狄拉克函数具有长度的量纲。经二维傅立叶变换,可求得其解为

$$C(x,y,t)=\frac{m}{4\pi t\sqrt{D_xD_y}}e^{-\frac{(x-Ut)^2}{4D_xt}-\frac{(y-Vt)^2}{4D_yt}} \tag{6-42}$$

上述二维模型可方便推广至三维,若进一步在 z 方向上的流速为 W,且扩散系数为 D_z 的话,则三维无限运动水体中瞬时源的数学模型表述如下:

$$\begin{cases} \dfrac{\partial C}{\partial t} + U\dfrac{\partial C}{\partial x} + V\dfrac{\partial C}{\partial y} + W\dfrac{\partial C}{\partial z} = D_x\dfrac{\partial^2 C}{\partial x^2} + D_y\dfrac{\partial^2 C}{\partial y^2} + D_z\dfrac{\partial^2 C}{\partial z^2} \quad\text{(a)} \\[2mm] x,y,z \in [-\infty,\infty], t > 0 \\[2mm] C(x,y,z,0) = m\delta(x)\delta(y)\delta(z) \quad\text{(b)} \\[2mm] C(\pm\infty,y,z,t) = C(x,\pm\infty,z,t) = C(x,y,\pm\infty,t) = 0 \quad\text{(c)} \end{cases} \quad (6-43)$$

这里的 $m(\text{kg})$ 为污染物点质量密度。经三维傅立叶变换,可求得其解为

$$C(x,y,z,t) = \frac{m}{8\,(\pi t)^{3/2}\sqrt{D_x D_y D_z}} e^{-\frac{(x-Ut)^2}{4D_x t} - \frac{(y-Vt)^2}{4D_y t} - \frac{(z-Wt)^2}{4D_z t}} \quad (6-44)$$

我们也可以从概率论的观点推出二维及三维问题的解,我们知道正态分布的概率密度函数为

$$f(x) = N(x;\mu,\sigma^2) = \frac{1}{\sigma\sqrt{2\pi}} e^{-\frac{(x-\mu)^2}{2\sigma^2}} \quad (2-65)$$

而一维瞬时源模型的解(式 6-21)可看作 m 和 $\sigma = \sqrt{2Dt}$ 的正态概率密度函数的乘积,即

$$C(x,t) = \frac{m}{2\sqrt{\pi D_x t}} e^{-\frac{(x-Ut)^2}{4D_x t}} \overset{(2-73)}{=} mN(x;Ut,2D_x t)$$

假设在三个互相垂直的方向上污染物的分布是互相独立的,在不考虑其他方向的影响的情况下,在 y 及 z 方向的浓度分布分别为

$$C(y,t) = \frac{m}{2\sqrt{\pi D_y t}} e^{-\frac{(y-Vt)^2}{4D_y t}} \overset{(2-65)}{=} mN(y;Vt,2D_y t)$$

$$C(z,t) = \frac{m}{2\sqrt{\pi D_z t}} e^{-\frac{(z-Wt)^2}{4D_z t}} \overset{(2-65)}{=} mN(z;Vt,2D_z t)$$

空间任一点的污染物浓度应是由三个方向的影响共同决定的,由概率论我们知道,空间任一点的浓度就应等于质量密度 m 乘以污染物在这一点出现的总的概率,应等于三个互相独立方向上出现概率的乘积,即

$$C(x,y,z,t) = mN(x;Ut,2D_x t)N(y;Ut,2D_y t)N(z;Ut,2D_z t)$$

将三方向的概率密度函数带入,就得到三维模型的解(式 6-44)。

6.4.2　有限分布源的二维及三维模型

此类模型为 6.3.4 小节的无限水体中的一维有限分布源模型的推广,其二维

模型的数学表述为

$$
\begin{cases}
\dfrac{\partial C}{\partial t} + U\dfrac{\partial C}{\partial x} + V\dfrac{\partial C}{\partial x} = D_x\dfrac{\partial^2 C}{\partial x^2} + D_y\dfrac{\partial^2 C}{\partial y^2} \quad x,y \in [-\infty,\infty], t > 0 \quad \text{(a)} \\[2mm]
C(x,y,0) = \begin{cases} C_0 & |x| \leqslant a, |y| \leqslant b \\ 0 & \text{otherwise} \end{cases} \qquad a,b > 0 \qquad\qquad \text{(b)} \\[2mm]
C(\pm\infty,y,t) = C(x,\pm\infty,t) = 0 \qquad\qquad\qquad\qquad\qquad\qquad \text{(c)}
\end{cases}
\tag{6-45}
$$

在矩形 $|x| \leqslant a, |y| \leqslant b$ 间的有限分布源可看作无穷多个具有线质量密度

$$
\mathrm{d}m = C_0\,\mathrm{d}x\,\mathrm{d}y \tag{6-46}
$$

的瞬时点源的叠加所构成的,那么模型的解可视作这些瞬时线源的效果的总和,即

$$
C(x,y,t) = \frac{m}{4\pi t\sqrt{D_x D_y}}\mathrm{e}^{-\frac{(x-Ut)^2}{4D_x t} - \frac{(x-Vt)^2}{4D_y t}}
$$

$$
C(x,y,t) = \int_{x-a}^{x+a}\int_{y-b}^{y+b} \frac{\mathrm{d}m}{4\pi t\sqrt{D_x D_y}}\mathrm{e}^{-\frac{(x-Ut)^2}{4D_x t} - \frac{(y-Vt)^2}{4D_y t}}
$$

$$
= C_0 \int_{x-a}^{x+a} \frac{1}{2\sqrt{\pi D_x t}}\mathrm{e}^{-\frac{(x-Ut)^2}{4D_x t}}\mathrm{d}x \int_{y-b}^{y+b} \frac{1}{2\sqrt{\pi D_y t}}\mathrm{e}^{-\frac{(y-Vt)^2}{4D_y t}}\mathrm{d}y
\tag{6-47}
$$

再作类似 6.3.4 小节式(6-30)的变量变换(作业),得模型解为

$$
C(x,y,t) = \frac{C_0}{4}\left[\mathrm{erf}(\frac{x-Ut+a}{2\sqrt{D_x t}}) - \mathrm{erf}(\frac{x-Ut-a}{2\sqrt{D_x t}}) \right] \times
$$

$$
\left[\mathrm{erf}(\frac{y-Vt+b}{2\sqrt{D_y t}}) - \mathrm{erf}(\frac{y-Vt-b}{2\sqrt{D_y t}}) \right]
\tag{6-48}
$$

根据完全同样的方法并进行三维积分及变量转换,我们可以得到无限水体中长方体有限分布源三维模型的一般解为(作业)

$$
C(x,y,z,t) = \frac{C_0}{8}\left[\mathrm{erf}(\frac{x-Ut+a}{2\sqrt{D_x t}}) - \mathrm{erf}(\frac{x-Ut-a}{2\sqrt{D_x t}}) \right] \times
$$

$$
\left[\mathrm{erf}(\frac{y-Vt+b}{2\sqrt{D_y t}}) - \mathrm{erf}(\frac{y-Vt-b}{2\sqrt{D_y t}}) \right] \times
\tag{6-49}
$$

$$
\left[\mathrm{erf}(\frac{x-Wt+c}{2\sqrt{D_z t}}) - \mathrm{erf}(\frac{x-Wt-c}{2\sqrt{D_z t}}) \right]
$$

对上述模型解中的速度项取零,可得到静止水体中有限分布源的二、三维模型解。

6.4.3　无限二维及三维随流扩散的时间连续源模型

在二维情形下,设在原点从 $t=0$ 时刻起以恒定流量 $q(m^2/s)$ 注入浓度为 $C_0(kg/m^3)$ 的污染物。这类情形的解可视作二维无限多个无穷小时间段 $d\tau$ 的瞬时线源 $dm(kg/m)$ 的解的叠加

$$dm = qC_0 d\tau \tag{6-50}$$

由二维瞬时源模型的解(式 6-42)积分得

$$C(x,y,t) = \int_0^t \frac{dm}{4\pi(t-\tau)\sqrt{D_xD_y}} e^{-\frac{[x-U(t-\tau)]^2}{4D_x(t-\tau)} - \frac{[y-V(t-\tau)]^2}{4D_y(t-\tau)}}$$

$$\tag{6-51}$$

$$\frac{qC_0}{4\pi\sqrt{D_xD_y}} \int_0^t \frac{1}{(t-\tau)} e^{-\frac{[x-U(t-\tau)]^2}{4D_x(t-\tau)} - \frac{[y-V(t-\tau)]^2}{4D_y(t-\tau)}} d\tau$$

上式即为二维及随流扩散的时间连续源模型的解。

对于三维的此类模型和上述二维不同的是流量为 $Q(m^3/s)$,其解对应三维无穷小时间段 $d\tau$ 的瞬时源为点源 $dm(kg)$ 的解的叠加

$$dm = QC_0 d\tau \tag{6-52}$$

带入三维瞬时点源的解(式 6-44)进行类似(式 6-52)的积分即得到三维及随流扩散的时间连续源模型的解为

$$C(x,y,t) = \frac{QC_0}{8\pi\sqrt{D_xD_yD_z}} \int_0^t \frac{1}{(t-\tau)^{3/2}} e^{-\frac{[x-U(t-\tau)]^2}{4D_x(t-\tau)} - \frac{[y-V(t-\tau)]^2}{4D_y(t-\tau)} - \frac{[z-W(t-\tau)]^2}{4D_z(t-\tau)}} d\tau$$

$$\tag{6-53}$$

6.5　根据解析解及实验数据确定扩散系数的方法

前面讨论的模型中都假设扩散系数为已知的,而实际应用时往往扩散系数是未知的,需根据实验数据来确定。下面介绍几种易用的方法。本节中所说的扩散系数根据实际流动的状况,可以是分子扩散系数、湍动扩散系数、弥散系数或它们的综合扩散效应系数。

6.5.1　基于瞬时源模型涌出曲线的公式计算法

此法见本书编著者在读硕士研究生期间的一篇英文论文,发表在 1991 年美国

的学术期刊《Ground Water》上（Huang，1991）。此法只需取污染物或示踪子（tracer）涌出曲线上的三点或两点，可不仅算出扩散系数，还可求出流体流动的均速及污染物源强，对于地下水的调查特别有用，因为地下水的流动速度不像河流一样容易测出来，所以在此特别予以介绍，希望能得到广泛的应用。

本法是基于一维瞬时源模型的解析解（式6-25），若污染物源在注入前，还存在一背景浓度 C_0 的话，模型的解析解可表示成

$$C(x,t)=C_0+\frac{m}{2\sqrt{\pi Dt}}\mathrm{e}^{-\frac{(x-Ut)^2}{4Dt}} \tag{6-54}$$

设在瞬时源注入点的下游固定点 x 处观察到的如图6-11所示的涌出曲线上任意三点的坐标分别为 (C_1,t_1)，(C_2,t_2)，(C_3,t_3)，将前2点坐标带入上式并移项得

$$(C_1-C_0)\sqrt{t_1}=\frac{m}{2\sqrt{\pi D}}\mathrm{e}^{-\frac{(x-Ut_1)^2}{4Dt_1}} \tag{6-55}$$

$$(C_2-C_0)\sqrt{t_2}=\frac{m}{2\sqrt{\pi D}}\mathrm{e}^{-\frac{(x-Ut_2)^2}{4Dt_2}} \tag{6-56}$$

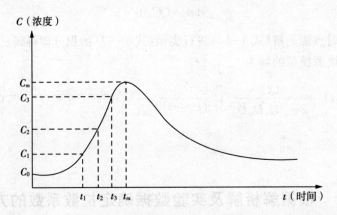

图6-11　背景浓度为 C_0 污染物或示踪子涌出曲线上取样点示意图

上面二式相除并取自然对数得

$$\ln\left[\frac{(C_1-C_0)\sqrt{t_1}}{(C_2-C_0)\sqrt{t_2}}\right]=\frac{t_1(x^2-2xUt_2+U^2t_2^2)-t_2(x^2-2xUt_1+U^2t_1^2)}{4Dt_1t_2}$$

$$\tag{6-57}$$

$$=\frac{(t_1-t_2)(x^2-U^2t_1t_2)}{4Dt_1t_2}$$

设

$$A_2 = \frac{t_1 t_2}{t_1 - t_2} \ln\left[\frac{(C_1 - C_0)\sqrt{t_1}}{(C_2 - C_0)\sqrt{t_2}}\right] \tag{6-58}$$

则式(6-57)可写成

$$A_2 = \frac{(x^2 - U^2 t_1 t_2)}{4D} \tag{6-59}$$

对 1,3 点作相同的运算,设

$$A_3 = \frac{t_1 t_3}{t_1 - t_3} \ln\left[\frac{(C_1 - C_0)\sqrt{t_1}}{(C_3 - C_0)\sqrt{t_3}}\right] \tag{6-60}$$

同样可得

$$A_3 = \frac{(x^2 - U^2 t_1 t_3)}{4D} \tag{6-61}$$

式(6-58)除以上式得 $\dfrac{A_2}{A_3} = \dfrac{x^2 - U^2 t_1 t_2}{x^2 - U^2 t_1 t_3}$,解之得恒定流速

$$U = x\sqrt{\frac{A_2 - A_3}{t_1(A_2 t_3 - A_3 t_2)}} \tag{6-62}$$

上式带入式(6-58)得扩散系数为

$$D = \frac{x^2 - U^2 t_1 t_2}{4A_2} \tag{6-63}$$

再将解得的 U,D 带入式(6-55),即求得污染物瞬间面源强

$$m = 2(C_1 - C_0)\sqrt{\pi D t_1}\, e^{\frac{(x - U t_1)^2}{4D t_1}} \tag{6-64}$$

式(6-62)～式(6-64)即构成一组由瞬时源涌出曲线上的三点求恒定流速、扩散系数及源强的一组公式,式中的参数 A_2,A_3 由式(6-60)和式(6-61)根据涌出曲线上的三点坐标求得。

　　若在涌出曲线上取到浓度极大值点 (C_m, t_m),则只需另外一点,比如说 (C_1, t_1),也可求出流速、扩散系数及源强三变量。方法如下:由浓度的极大值处对时间的导数为零有 $U^2 t_m^2 + 2D t_m - x^2 = 0$,从而得

$$D = \frac{x^2 - U^2 t_m^2}{2t_m} \tag{6-65}$$

另设 $A_m = \dfrac{t_1 t_m}{t_1 - t_m} \ln \left[\dfrac{(C_1 - C_0)\sqrt{t_1}}{(C_m - C_0)\sqrt{t_m}} \right]$，类似式（6-58）的推导得 $A_m = \dfrac{(x^2 - U^2 t_1 t_m)}{4D}$ 带入式（6-65）得

$$U = \frac{x}{t_m} \sqrt{\frac{2A_m - t_m}{2A_m - t_1}} \qquad (6-66)$$

式（6-66），式（6-65）及式（6-64）则构成由涌出曲线上的浓度极大值点及另外一点计算恒定流速、扩散系数及源强的第二组公式。鉴于实测涌出曲线不易把握真实的浓度极大值，建议最好用三点法来求这些系数。

我们来看一应用例题，设某一维均匀流场中瞬间投入的某初始浓度为零的示踪剂，在 500m 下游处观测结果如表 6-1 所示。

表 6-1　下游检测的浓度值

No.	$t(s)$	$C(t)(\mathrm{mg/m^3})$
1	180	14
2	300	150
3	480	450
4	624	624
5	900	656
6	1140	578
7	1560	393
8	1800	302
9	2100	212
10	2400	147
11	3000	59
12	3600	32

取第 2,3,4 点由三点公式求得 $U = 0.5\mathrm{m/s}$，$D = 50.3\mathrm{m^2/s}$，$m = 5.0447 \times 10^5 \mathrm{mg/m}$，带入理论解（式 6-55），计算模拟值和实测值对比如下。

可见公式法的计算结果是相当准确的。若选取的点的测量值不准，模拟的误差可能较大，实际应用时，可通过多取一些点算得的参数的平均值来模拟，以得到较为精确的结果。

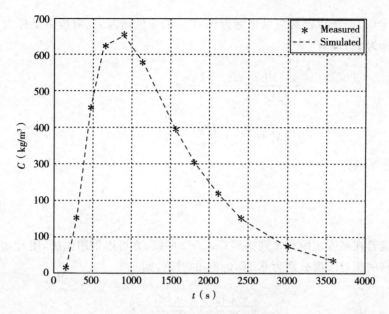

图 6 - 12　应用公式法的模拟和实测值的对比图

6.5.2　基于浓度突变边界模型解的统计变量法

具突变浓度变边界的一维模型在 $x > 0$ 的区域初始浓度为零时,其解(式 6 - 28)可简化为

$$C(x,t) = \frac{C_0}{2}\mathrm{erfc}\left(\frac{x-Ut}{2\sqrt{Dt}}\right) = \frac{C_0}{2}\frac{2}{\sqrt{\pi}}\int_{\frac{x-Ut}{2\sqrt{Dt}}}^{\infty} e^{-\eta^2}\,\mathrm{d}\eta$$

$$= \frac{C_0}{2}\frac{2}{\sqrt{\pi}}\left(\int_{-\infty}^{\infty} e^{-\eta^2}\,\mathrm{d}\eta - \int_{-\infty}^{\frac{x-Ut}{2\sqrt{Dt}}} e^{-\eta^2}\,\mathrm{d}\eta\right)$$

$$= C_0\left(1 - \int_{-\infty}^{\frac{x-Ut}{2\sqrt{Dt}}}\frac{1}{\sqrt{\pi}}e^{-\eta^2}\,\mathrm{d}\eta\right) \overset{\eta=z/\sqrt{2}}{=} C_0\left(1 - \int_{-\infty}^{\frac{x-Ut}{\sqrt{2Dt}}}\frac{1}{\sqrt{2\pi}}e^{-\frac{z}{2}}\,\mathrm{d}z\right)$$

根据正态分布的累积分布函数(式 2 - 75),上式括号内的积分项恰为均值为零,方差为 1 的标准正态分布的累积分布函数,所以我们得到

$$\frac{C(x,t)}{C_0} = 1 - N\left(\frac{x-Ut}{\sqrt{2Dt}}\right) \tag{6-67}$$

设有在 t 时刻观察到的 C/C_0-x 曲线,根据正态累积分布函数的性质,$N(1)=0.84$,

$N(-1)=0.16$，所以设对应纵坐标为 0.16 点的 x 坐标为 x_a，对应纵坐标为 0.84 点的 x 坐标为 x_b，即有

$$\frac{x_a-Ut}{\sqrt{2Dt}}-\frac{x_b-Ut}{\sqrt{2Dt}}=1-(-1)=2$$

$$x_a-x_b=2\sqrt{2Dt}$$

所以扩散系数为

$$D=\frac{(x_a-x_b)^2}{8t} \qquad\qquad (6-68)$$

对此模型若在某固定距离 x 观察到 C/C_0-t 曲线，亦可以采用此法，用 t_a，t_b 分别表示观察到的相对浓度分别为 0.16，0.84 的时刻，则

$$\frac{x-Ut_a}{\sqrt{2Dt_a}}-\frac{x-Ut_b}{\sqrt{2Dt_b}}=2$$

$$D=\frac{1}{8}\left(\frac{x-Ut_a}{\sqrt{2t_a}}-\frac{x-Ut_b}{\sqrt{2t_b}}\right)^2 \qquad\qquad (6-69)$$

6.5.3　基于 Matlab 的非线性拟合法

上面介绍的瞬时源及突变边界模型的扩散系数可用代数变换推导的公式方便地计算出来。而对于解析解较复杂的模型，如随流扩散时间连续源模型，没有简单的公式可以利用，可以利用一些科学计算用的商业软件，比如说 Matlab 的非线性拟合来求得扩散系数的值。我们来看一例题(宋新山等，2008)。对于 6.2.5 节的一维随流扩散的时间连续流模型，已知 $U=0.6\text{m/s}$，$C_0=350\text{mg/L}$，在释放源下游 $x=1000\text{m}$ 处观测结果如表 6-2 所示，求扩散系数 D。

表 6-2　下游检测的浓度值

$t(s)$	$C(t)(\text{mg/L})$
180	0.00
540	0.05
820	6.00
1260	80.01
1440	130.95

（续表）

$t(s)$	$C(t)(mg/L)$
1740	210.31
2100	280.20
2220	313.59
2640	330.27
3000	341.11
3360	345.43
3600	349.00

先编写模型浓度计算程序函数 contiSource. m 如下

```
% continuous source with convection function
function C = contiSource(D,t)
C0 = 350.0;                    %mg/L, source concentration
x = 1000.0;                    %m, distance to source
U = 0.6;                       % m/s, flow velocity
%(6-20)theoretical solution
C=C0/2.0 * (erfc((x-U * t). /(2 * sqrt(D * t)))+…
exp(U * x/D) * erfc((x+U * t). /(2 * sqrt(D * t))));
```

再写一调用程序 contiSourceExample. m 运用观察数据进行非线性拟合并作图

```
t=[180 540 820 1260 1440 1740 2100 2220 2640 3000 3360 3600];
C=[0.0 0.05 6.0 80.01 130.95 210.31 280.2 313.59 330.27 341.11 345.43
349.0];
D0 = 45;% initial estimated value
D = nlinfit(t,C,'contiSource',D0)    % 调用非线性拟合函数。
fprintf('Non-linear fit D (m^2/s) = %g',D)
Cm = contiSource(D,t);
plot(t,C,'k * ',t,Cm,'b —')
gridon
xlabel(' t (s)')
ylabel(' C (mg/L)')
legend(' Measured ',' Simulated ')
```

运行计算得拟合的扩散系数 $D= 29.2\text{m}^2/\text{s}$,模拟和实测的比较如图 6-13 所示。

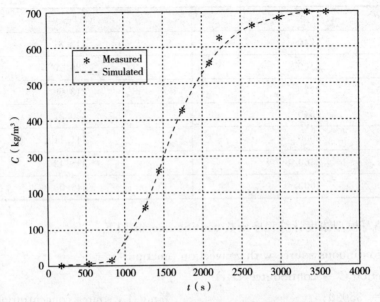

图 6-13 应用 MATLAB 非线性拟合模拟值和实测值的对比图

6.5.4 费希尔法(Fischer method)

设河宽远大于河深,在纵向离散主要是由横向的速度不均匀引起的情形下,若有关于河流断面的详细的流速分布数据,类似与 6.2.3 小节的 Elder 的计算公式 (6-17) 的推导方法可推得此类纵向离散计算公式为

$$D_L = -\frac{1}{A}\int_0^B q'(z)\mathrm{d}z\left[\int_0^z \frac{\mathrm{d}z'}{D_tH(z')}\left(\int_0^{z'}q'(z'')\mathrm{d}z''\right)\right] \tag{6-70}$$

参见图 6-2,式中 z 为河宽方向坐标,$A=$ 断面面积,$B=$ 河宽,$H=$ 水深,$q'(z)=\int_0^{H(z)}(U(z,y)-\overline{U})\,\mathrm{d}y$ 为河宽方向 z 处的深度平均偏差流量。上积分表达式可近似地用如下求和的方程表示

$$D_L = -\frac{1}{A}\sum_{K=2}^n q'_K\Delta z_k\left[\sum_{j=2}^K \frac{\Delta z_j}{D_{zj}H_j}\left(\sum_{i=1}^{j-1}qu'_i\Delta z_i\right)\right] \tag{6-71}$$

式中,$qu'_i = \frac{1}{2}(H_i + H_{i+1})(\overline{U}_i - U_i)$,横向涡黏度用下式估算

$$D_{zj} = 0.23H_ju_* = 0.23H_j\sqrt{gH_jJ} \tag{6-72}$$

J 为水力坡度;$g[\text{LT}^{-2}]$ 为重力加速度。

此法的式(6-70)或式(6-71)较为复杂,下面的例题演示了如何根据河流断面的流速数据求纵向扩散系数的具体计算步骤(程文等,2011)。已知断面流速数据如表6-3及图6-14所示。

表6-3　根据断面速度分别求纵向扩散系数例

块　　号	1	2	3	4
Δz(m)	2.1	3.0	3.1	2.0
ΔA(m^2)	1.18	3.93	6.18	1.1
$\overline{U}$(m/s)	0.032	0.301	0.350	0.020

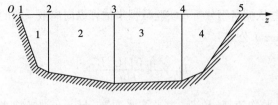

图6-14　断面分块示意图

设已知横向扩散系数为 $D_t = 0.0124 \text{m}^2/\text{s}$。求纵向扩散系数的计算过程如下:

$\overline{Q}$(m^3/s)	0.038	1.183	2.163	0.022	
h(m) $= \Delta A / \Delta z$	0.562	1.310	1.994	0.550	
$\hat{u}$(m/s) $= \overline{U} - \overline{U}_{平均}$	-0.243	0.026	0.075	-0.255	
$\hat{u}$(m^2/s) $= \hat{u} \cdot h$	-0.136	0.034	0.150	-0.140	
ΔQ(m^3/s) $= \hat{u} \cdot \Delta z$	-0.287	0.103	0.464	-0.280	
节点号	1	2	3	4	5
z(m)	0.0	2.1	5.1	8.2	10.2
$\int_0^z \hat{q}\,\mathrm{d}z$(m^3/s)	0.000	-0.287	-0.184	0.280	0.000
$\int_0^z \hat{q}\,\mathrm{d}z$ 的平均值(m^3/s)	-0.143	-0.235	0.048	0.140	
$\int_z^{z+\Delta z} \hat{q}\, \dfrac{1}{D_t h}(\int_0^z \hat{q}\,\mathrm{d}z)\mathrm{d}z$(m)	-43.19	-43.45	6.05	41.11	
$\int_0^z \dfrac{1}{D_t h}\int_0^z \hat{q}\,\mathrm{d}z\mathrm{d}z$(m)	0.00	-43.19	-86.64	-80.59	-39.48

$\int_0^z \frac{1}{D_t h} \int_0^z \hat{q} \mathrm{d}z \mathrm{d}z$ 的平均值（m）　　-21.59　-64.91　-83.61　-60.03

$\int_z^{z+\Delta z} \hat{q} \left(\int_0^z \frac{1}{D_t h} \int_0^z \hat{q} \mathrm{d}z \mathrm{d}z \right)$（m⁴/s）　　6.19　　-6.66　-38.82　16.83

$\int_0^z \hat{q} \left(\int_0^z \frac{1}{D_t h} \int_0^z \hat{q} \mathrm{d}z \mathrm{d}z \right)$（m⁴/s）　　0.00　　6.19　-0.48　-39.30　-22.46

依式（6 - 70）求得 D_L（m²/s）　　1.813

注：$\overline{U}_{平均}$ 为 $\overline{U}$ 的算术平均。

6.5.5　经验公式法

此外，还有一些依据量纲分析及实验数据来估算纵向离散系数的经验公式法，有：

费希尔（Fisher）公式

$$D_L = \frac{0.011 U^2 B^2}{H u_*} \qquad (6-73)$$

式中，$U[LT^{-1}]$ 为平均流速；$B[L]$ 为平均水面宽；$H[L]$ 为平均水深；$u_*[LT^{-1}]$ 为磨阻速度。

埃尔德（Elder）公式

$$D_L = \alpha H u_* = \alpha H \sqrt{gHJ} \qquad (6-74)$$

式中，α 为经验系数。

Mc Quivery 和 Keefer 公式

$$D_L = 0.058 \frac{Q}{BJ} \qquad (6-75)$$

式中，$Q[L^3 T^{-1}]$ 为流量。

采用深度平均的二维模型时，横向离散系数 $D_T [L^2 T^{-1}]$（transverse dispersion coefficient）更加重要，有如下一些经验公式（Jeon et al.，2007）可供参考：

Fisher

$$D_T = 0.15 H u_* \qquad (6-76)$$

Bansal

$$D_T = 0.002 \left(\frac{B}{H} \right)^{1.5} H u_* \qquad (6-77)$$

Rutherford 考虑了河道弯曲度的影响

$$\frac{D_T}{Hu_*} = \begin{cases} 0.15 \sim 0.3 & \text{直河道} \\ 0.3 \sim 0.9 & \text{一般弯曲河道} \\ 1.0 \sim 3.0 & \text{非常弯曲河道} \end{cases} \tag{6-78}$$

Sayre 考虑了河道曲率半径 $R_c[\text{L}]$ 的影响

$$\frac{D_T}{Hu_*} = 0.3 \sim 0.9 \left(\frac{U}{u_*}\right)^2 \left(\frac{B}{R_c}\right)^2 \tag{6-79}$$

Jeon 等(2007)基于 32 组野外实测数据,根据量纲分析,其中 16 组用于最小二乘法推出公式系数,16 组验证,提出了如下考虑河道宽深比及弯曲度 S_n 的横向扩散系数的计算公式

$$\frac{D_T}{Hu_*} = 0.03 \left(\frac{U}{u_*}\right)^{0.46} \left(\frac{B}{H}\right)^{0.30} S_n^{0.73} \tag{6-80}$$

6.6　一维河流水质模型简介

我们在前述模型中讨论污染物时都假设其是保守的,即不在流体中发生物理、化学或生化反应等而改变其自身的量。这一节我们主要介绍具一级动力学反应的为水体中的微生物所分解的耗氧有机物的一些典型模型,特别是关于生化需氧量(BOD)及溶解氧(DO)的耦合模型,即著名的 Streeter-Phelps 模型,最后对一些相关的改进模型,如关于难降解的有机物、重金属、温度等的模型或它们的组合模型等作一简介。

6.6.1　可降解污染物的一级动力学衰减及衰减常数

水体中的溶解性或颗粒性的碳水化合物、蛋白质、油脂、氨基酸、脂肪酸、酯类等有机物可为水中的微生物分解,转化为二氧化碳和水并消耗一定的水中的溶解氧,所以这些有机物我们统称为**耗氧有机物**。实验证明多数情况下,耗氧有机物浓度 $L(\text{mg/L})$ 随时间减小的速率与其自身浓度的一次方线性相关(**一级动力学反应**),即

$$-\frac{\mathrm{d}L(t)}{\mathrm{d}t} = kL \tag{6-81}$$

式中,$k[\text{T}^{-1}]$ 为需根据实验确定的**反应常数**(reaction constant)或衰减常数。

若给定初始条件 $L(t=0)=L_0$,可方便地求得耗氧有机物浓度随时间的变化规律为

$$L(t) = L_0 e^{-kt} \tag{6-82}$$

这是水处理中一般描述序批式反应器(SBR/Sequence Batch Reactor)中有机物浓度随时间成指数下降的关系式。为方便后面叙述,我们将 e^{-kt} 定义成**时间衰减系数**。那么反应器内污染物的浓度就可看成初始浓度乘以时间衰减系数了。要求时间衰减系数,就需知道衰减常数,一般得根据实验数据来决定,常用的计算方法有托马斯法、对数差值法等。这儿我们通过一例题介绍通过对数差值法、托马斯法及 Matlab 的非线性拟合的内嵌函数来求之的方法。

例题:某污水的 BOD 测试数据如表 6-4 第 1,2 列,试求其衰减常数及总的碳化需氧量(L_0)。

表 6-4　污水 BOD 测试数据

$t(\mathrm{d})$	$Y = L_0 - L(t)(\mathrm{mg/L})$	$T(\mathrm{d})$	$\mathrm{d}Y/\mathrm{d}t$	$Ln(\mathrm{d}Y/\mathrm{d}T)$
0	0			
1	9.2	0.5	9.2	2.22
2	15.9	1.5	6.7	1.90
3	20.9	2.5	5.0	1.61
4	24.4	3.5	3.5	1.25
5	27.2	4.5	2.8	1.03
6	29.1	5.5	1.9	0.64
7	30.6	6.5	1.5	0.41

解法 1:对数差值法

首先将模型方程线性化,测得的 BOD 值 $Y = L_0 - L(t) = L_0(1 - e^{-kt})$,对时间 t 求导得

$$\frac{\mathrm{d}Y}{\mathrm{d}t} = kL_a e^{-kt} \tag{6-83}$$

$$\ln\left(\frac{\mathrm{d}Y}{\mathrm{d}t}\right) = -kT + \ln(kL_a)$$

这样以时间 T 为横坐标,以 $\ln(\mathrm{d}Y/\mathrm{d}t)$ 为纵坐标作图,设其斜率为 a,截距为 b,则

$$k = -a, L_0 = \frac{e^b}{k} \tag{6-84}$$

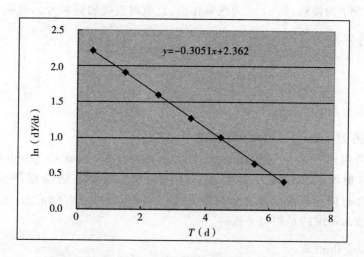

图 6-15　应用对数差值法求衰减常数及碳化需氧量

因为测量数据时间间隔较大，所以依据式(6-83)作直线拟合图的时间是求相对应 dY 的两时间的中数 T(表中第三列)，而非测量各个 BOD(Y)值的对应时间 t，否则会有较大的误差。由图中读得的斜率及截距求得 $k = 0.305 \mathrm{d}^{-1}$，$L_0 = 34.8 \mathrm{mg/L}$。

解法 2：托马斯法

这儿我们来看通过级数展开式的近似来求解的托马斯法。对关系式

$$Y(t) = L_0 - L(t) = L_0(1 - \mathrm{e}^{-kt})$$

根据 2.1.6 小节的级数展开公式，有

$$\mathrm{e}^{-kt} = 1 - kt + \frac{k^2 t^2}{2} - \frac{k^3 t^3}{6} + \cdots = 1 - kt\left(1 - \frac{kt}{2} + \frac{k^2 t^2}{6} - \cdots\right)$$

$$\left(1 + \frac{kt}{6}\right)^{-3} = 1 - \frac{kt}{2} + \frac{k^2 t^2}{6} - \cdots$$

$$Y = L_0 kt \left(1 + \frac{kt}{6}\right)^{-3}$$

$$\left(\frac{t}{Y}\right)^{1/3} = \left(\frac{k^{2/3}}{6 L_0^{1/3}}\right) t + (^k L_0)^{-1/3}$$

这样,以时间 t 为横轴,$\left(\dfrac{t}{Y}\right)^{1/3}$ 为纵轴作图,设所得直线的斜率为 a,截距为 b,则所求二参数分别为

$$k=\frac{6a}{b}, L_0=\frac{1}{kb^3} \tag{6-85}$$

具体计算作为作业。

解法 3:调用 Matlab 非线性拟合函数法

需要调用函数名为 lsqnonlin(Solve nonlinear least-squares problems),可用 doc 加空格加函数名的命令来查看其详细说明。写好下面两程序 findLa.m,BODt.m 运行即可求得二常数分别为 $k=0.308\text{d}^{-1}$,$L_0=34.6\text{mg/L}$,可见和前面的对数差值法所求的是相当一致的。

```
function findLa
global t BOD
k = lsqnonlin('BODt',[1,1]) % call BODt defined in BODt.m
%lsqnonlin——Solve nonlinear least—squarestt = 0:0.5:17;
c = k(1) * (1. − exp(−k(2) * tt));
c2 = 34.8 * (1. − exp(−0.305 * tt));
plot(tt,c,'−b',tt,c2,'−−b',t,BOD,'k *');
legend('Matlab calculated','对数差值法','Measured');
xlabel('t (d)');
ylabel('BOD (mg/l)');
title('BOD − t plot');
ylabel('BOD (mg/l)');
title('BOD − t plot');
```

其中调用了下面 BODt.m 函数

```
function z=BODt(k)
global t BOD;
t=[0. 1 2 3 4 5 6 7];
BOD=[0 9.2 15.9 20.9 24.4 27.2 29.1 30.6];
z=BOD − k(1) * (1.−exp(−k(2) * t));
```

测量值和 Matlab 非线性拟合及对数差值法的拟合曲线对比如图 6-16 所示。由图中的对比可见,两种方法所得的结果基本是一致的,和实验数据的匹配均很好。

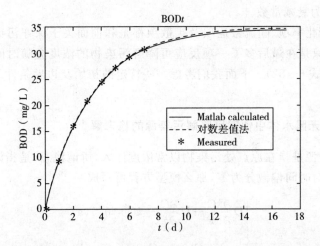

图 6-16　应用 Matlab 非线性拟合及对数差值法的拟合曲线和测量值的对比

　　没有实验数据的情形下,我们可以根据文献资料及经验估算,几种常见水体中的衰减常数见表 6-5 所列(Masters,1996)。

　　衰减常数是温度的函数,一般其值随着温度的升高而升高,有如下经验计算公式:

$$k(T) = k(T = 20\,℃)\theta^{(T-20)} \qquad (6-86)$$

式中,θ 一般取值 1.047。不过要知道,它也会随温度的变化而微小改变。

表 6-5　几种水体中的一般衰减常数值

水体类别	20℃ 时的 k 值范围(d^{-1})
原始污水	$0.35 \sim 0.70$
处理好的污水	$0.12 \sim 0.23$
受污染的大河	$0.12 \sim 0.23$

6.6.2　一维河流中可降解污染物的一般模型方程

　　设以 C 表示水体中可分解有机污染物浓度,对于其随流运输方程(6-1),除了考虑随流搬运项及扩散项,还得考虑生化反应使其浓度衰减的源项 $q = -kC$,即微生物的一级动力学反应是放在模型方程的源项来模拟的。这样我们就可写出如下关于一维水体中可降解污染物的一般模型方程

$$\frac{\partial C(x,t)}{\partial t} + U\frac{\partial C}{\partial x} = D\frac{\partial^2 C}{\partial^2 x} - kC \qquad (6-87)$$

式中,$k(\mathrm{d}^{-1})$ 为衰减常数。

其时间变化率项、随流搬运项及扩散项都是和前面关于保守污染物的模型方程是一样的,只是在最后多了一项反应可降解污染物的浓度会随时间呈指数式衰减(式 6-81,式 6-82)。下面我们考虑一些特定的初始及边界条件下的此模型的解析解。

6.6.3 无限水体中恒定可降解污染源的稳态解

恒定污染源是指在原点处污染物以常浓度注入,所谓稳态,是指浓度不随时间变化,即浓度对时间偏微分为零,那么模型方程可写成

$$\begin{cases} D\dfrac{\partial^2 C}{\partial^2 x} - U\dfrac{\partial C}{\partial x} - kC = 0 & \text{(a)} \\[2mm] C(0) = C_0 & \text{(b)} \\[2mm] C(\pm\infty) = 0 & \text{(c)} \end{cases} \qquad (6-88)$$

这是一典型的二阶常微分方程,由第 2 章 2.4.3 小节我们知道其一般解为

$$C(x) = A\mathrm{e}^{\lambda_1 x} + B\mathrm{e}^{\lambda_2 x} \qquad (6-89)$$

这儿特征根 $\lambda_1 = \dfrac{U + \sqrt{U^2 + 4Dk}}{2D}$,$\lambda_2 = \dfrac{U - \sqrt{U^2 + 4Dk}}{2D}$,当 $x \geqslant 0$ 时,由无限的边界条件(式 6-88c)得 $A=0$,由恒定污染源条件(式 6-88b)得 $B=C_0$,所以模型的解为

$$C(x) = C_0 \mathrm{e}^{\frac{U - \sqrt{U^2 + 4Dk}}{2D} x} \qquad (6-90)$$

同理推得,$x < 0$ 时,模型的解为

$$C(x) = C_0 \mathrm{e}^{\frac{U + \sqrt{U^2 + 4Dk}}{2D} x} \qquad (6-91)$$

此种模型的一种特殊情形是,当扩散系数 D 很小可以忽略时,取模型方程(6-88a)的 $D=0$,解之得

$$C(x) = C_0 \mathrm{e}^{-\frac{k}{U} x} \qquad (6-92)$$

这是一般描述推流式反应器(Plug Reactor)中有机物浓度随距离而逐渐衰减的关系式。我们看到,将 x/U 可以看作序批式反应器的时间,二者是一致的,即序批式反应器的一个时间点对应于推流式反应器的某个位置点。

6.6.4 可降解的污染物瞬时源的非稳态解

若质量 $M(\mathrm{kg})$ 的可降解污染物瞬间投入流量为 $Q(\mathrm{m}^3/\mathrm{s})$ 的河流,设河流各断

面均匀快速混合,这类问题可以用如下一维可降解的瞬时污染源模型来描述

$$
\begin{cases}
\dfrac{\partial C(x,t)}{\partial t} + U\dfrac{\partial C}{\partial x} - D\dfrac{\partial^2 C}{\partial^2 x} = -kC, & x \geqslant 0, t > 0 \quad (a) \\[2mm]
C(x>0,0) = 0, & C(\infty,t) = 0 \quad (b) \\[2mm]
C(0,t) = \dfrac{M}{Q}\delta(t) & (c)
\end{cases}
\quad (6-93)
$$

可应用拉普拉斯变换求得其解为

$$
C(x,t) = \frac{M}{2A\sqrt{\pi Dt}}\, e^{-\frac{(x-Ut)^2}{4Dt}}\, e^{-kt} \qquad (6-94)
$$

式中,$A = Q/U(\mathrm{m}^2)$ 为河流断面面积。和不可降解污染物瞬时源模型的解(式 6-25)对比可看出,可降解污染物瞬时源的解为不可降解污染物瞬时源模型解的浓度乘以一反映污染物随时间成指数衰减的系数 e^{-kt}。

6.6.5　河流水质的 BOD-DO 耦合模型(Streeter-Phelps 模型)

(1)一些基本概念

河流水质的一个重要指标是**生化需氧量**(BOD/ Biochemical Oxygen Demand),是指一升废水中的有机污染物在好氧微生物的作用下进行氧化分解时所消耗的溶氧量,单位一般为 mg/L。BOD 实际上间接地反映了水体中可降解的有机污染物的浓度,其浓度越高,当然分解时所消耗的氧的量 BOD 也就越大。

河流水质的另一重要指标是**溶解氧**(DO/Dissolved Oxygen),即溶解于水中的氧气的浓度。DO 若降低到 4mg/L 以下,许多高级形式的生命都难以生存。水体将漂浮污泥、发泡、变臭等。溶解氧是气压及温度的函数,在常温常压下,溶解氧的正常值约为 9mg/L,我们称之为**溶解氧饱和度**(Saturation Concentration),以 $\mathrm{DO_s}$ 来表示。若水中的 $\mathrm{DO} > \mathrm{DO_s}$,即处于**超饱和**(super-saturation)状态,水中的氧就会向大气中释放;若水中的 $\mathrm{DO} < \mathrm{DO_s}$,反过来大气中的氧气就会向水中传播。微生物分解废水中的有机物消耗氧,而光合作用以及空气中的氧通过水体表面会增加 DO。

我们定义溶解氧赤字为 $D = \mathrm{DO_s} - \mathrm{DO}$。

(2)基本模型方程及其解

一般所说的河流水质的 Streeter-Phelps 模型或 BOD-DO 耦合模型即为关于 BOD 或有机物浓度及氧缺量 D 在稳定的状态下,并忽略扩散项如下联合微分方程模型

$$\begin{cases} U\dfrac{\partial C}{\partial x} = -kC & \text{(a)} \\[2mm] U\dfrac{\partial D}{\partial x} = kC - k_r D & \text{(b)} \end{cases} \tag{6-95}$$

其中式(6-95a)为可降解污染物的一般微分方程(6-87)中的时变项及扩散项取零得到的;关于溶解氧赤字 D 的方程(6-95b)可看作关于 D 的传质方程中忽略时变项及扩散项,并将源项修改为等号右边的两项而得到的。式(6-95b)等号右边第一项反映了 D 会随着可降解污染物浓度 C 的增加而增加,为正的源项,其反应速度常数 k 和6.6.1 小节所讨论的衰减常数是一样的,此处不再赘述。式(6-95b)等号右边第二项源项反映了氧缺量 D 会因光合作用以及空气中的氧通过水体表面传输的补充而减少溶解氧赤字 D 的物理过程,为负的源项。式中 k_r 为**复氧常数**(reaeration constant),一般常见水体中的复氧常数值见表 6-6 所列(Masters,1996)。

表 6-6　常见水体的复氧常数值

水体类别	20℃ 时的 k_r 值范围(d^{-1})
小池塘及滞留区	$0.10 \sim 0.23$
缓慢流动小河及大湖泊	$0.23 \sim 0.35$
低速流动的大河	$0.35 \sim 0.46$
一般流速的大河	$046 \sim 0.69$
快速流动的河流	$0.69 \sim 1.15$
急流及瀑布	> 1.15

由表中数据可见,复氧常数值很大程度上依赖于水体的流速,流速越快,复氧常数越大。也有些计算河流的复氧常数的经验公式,较常用的是 O'Connor & Dobbins 公式(1958):

$$k_r = \frac{3.9 U^{1/2}}{H^{3/2}} \tag{6-96}$$

式中,复氧常数 $k_r[\mathrm{T}^{-1}]$ 的单位为 d^{-1};河流流速 U 的单位是 $\mathrm{m/s}$;河流平均深度 H 的单位是 m。

注意其为环境流体力学中少数几个量纲不一致、但实用的公式,和水力学中的曼宁公式类似。它大致地反映了复氧常数一般随着河流流速的增大而增大,但随着水深的增加而减小的规律。

模型方程(6-95)的边界条件为

$$C(x=0)=C_0, \quad C(x=\infty)=0$$
$$D(x=0)=D_0, \quad D(x=\infty)=D_s \tag{6-97}$$

其中，D_0 为初始氧缺量。

式(6-92)已给出了模拟方程(6-95a)的解，带入式(6-95b)，应用第 2 章 2.4.2 小节一阶非齐次微分方程的解(2-62)，将时间 t 换成等价的 x/U 就得到模型关于溶解氧赤字的解为

$$D(x)=\frac{k_d C_0}{k_r-k_d}(e^{-k_d x/U}-e^{-k_r x/U})+D_0 e^{-k_r x/U} \tag{6-98}$$

上式即表示了在一维均匀河流中已知流速、初始有机物浓度及氧缺量的情况下，求在稳定状态下下游任一点氧缺量的公式。

设 $C_0=20\text{mg/L}$，$\text{DO}_s=9\text{mg/L}$，$D_0=0$，$k_d=0.23\text{d}^{-1}$，$k_r=0.806\text{d}^{-1}$，时间 $t=x/U$，理论计算的氧缺量 D，微生物浓度 C 及累计复氧量 R 随时间变化的曲线如图 6-17 所示。其中 t 时刻的累计复氧量 R 是按如下公式计算的

$$R=\int_0^t k_r D(t)\,dt \tag{6-99}$$

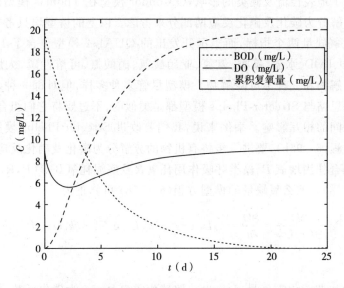

图 6-17　模型计算的氧缺量 D，微生物浓度 C 及累计复氧量 R 的随时间变化的曲线

由图可见在此污染物浓度未超过水体自我修复能力的例子中，有机物被降解的初始阶段耗氧量较大，氧缺量逐渐增大；随着氧缺量的增大，复氧率也增大，在有

机物被分解至一定程度后,氧缺量达一最大值,其后复氧量超过了剩余有机物的耗氧量,氧缺量逐渐减少,水体溶解氧逐渐恢复至初始值水平。达到最大氧缺量的距离及其氧缺量的值可按下面公式计算。

(3) 临界距离及最大氧缺量

所谓临界距离是指达到最大氧缺量的距离。在临界距离点,式(6-98)氧缺量对距离的一阶微分为零,从而推得临界距离

$$x_c = \frac{1}{k_r - k_d} \ln \left\{ \frac{k_r}{k_d} \left[1 - \frac{D_0(k_r - k_d)}{k_d C_0} \right] \right\} \tag{6-100}$$

将上式带入式(6-98),可求得最大氧缺量为

$$D_c = \frac{k_d C_0}{k_r} \left\{ \frac{k_r}{k_d} \left[1 - \frac{D_0(k_r - k_d)}{k_d C_0} \right] \right\}^{\frac{k_d}{k_d - k_r}} \tag{6-101}$$

6.6.6 其他模型简介

在 Streeter-Phelps 模型的基础上,还有各种各样改进的模型,如 Thomas 模型增加了因悬浮物的沉积及卷入所引起的有机物浓度的变化项,Dobbins-Camp 模型进一步考虑了地表径流及藻类的影响,O'Connor 模型在 Thomas 模型的基础上将有机物的分解分为碳化及硝化反应两部分来考虑。以上的模型均只考察了水中有机物浓度及氧缺量两个指标,而美国开发出的 QUAL-2 模型包含了 13 个水质变量,包括 DO、BOD、水温、藻类、氨氮、亚硝酸氮、硝酸氮、可溶性磷、大肠杆菌及任选一种可降解物和三种不可降解物。模型尽管多种多样,但对每一种水质变量的模拟方法和思路与 Streeter-Phelps 模型都是类似的,不过要将它们组合在一起,并考虑它们之间的相互影响。举例来说,我们要改进 Streeter-Phelps 模型中的氧缺量的模型方程(6-95b),要进一步将有机物的分解分为碳化及硝化反应两部分,并考虑藻类光合作用增氧 P、藻类呼吸作用耗氧 R 及底泥耗氧 B 等(P,R,B 的量纲均为 $[ML^{-3}T^{-1}]$)。那么氧缺量的模型方程(6-95b)可修正为

$$U \frac{\partial D}{\partial x} = \frac{\partial D}{\partial (x/U)} = \frac{\partial D}{\partial t} = k_d L_{a0} e^{-k_d t} + k_N L_{N0} e^{-k_N t'} - k_r D + P - R - B$$

$$\tag{6-102}$$

式中,L_{a0} 为初期碳化需氧量;L_{N0} 为初期硝化需氧量;k_N 为硝化反映常数,因硝化反应一般在碳化反应开始 5～7 天后开始,所以其反应时间用 t' 来表示。上式前面两个等号的推导反映出在速度为常量的情形下,对一变量的随流搬运项反应的实际上就是该变量运移到距离 x 处的时间变化率。所以修正的氧缺量的模型的模型

方程(6-102)的物理意义如下：

溶解氧赤字变化率＝有机物耗氧率(C,N)－氧气的补充速率－藻类光合作用增氧速率 P＋藻类呼吸作用耗氧速率 R＋底泥耗氧速率 B。如需要进一步了解各改进模型，可参阅本章后所列相关参考文献。

6.7　二维河流的污染物中心及岸边释放模型

若考虑一段较宽不太长的，但深度较浅均匀河段，可将其看成二维模型，在深度方向上的流速及浓度的非均匀性可放入弥散系数和涡扩散系数一并考虑即可。这节我们先建立二维河流污染物排放的一般模型方程，然后考虑其在无限宽、单边有界、岸边排放及中心排放各种情形下的理论解。

6.7.1　模型方程的建立及简化

式(6-3)的一般污染物传质方程在二维直角坐标系下的表达式如下

$$\frac{\partial C(x,y,t)}{\partial t} + \frac{\partial}{\partial x}(UC) + \frac{\partial}{\partial y}(VC) = D_x\frac{\partial^2 C}{\partial x^2} + D_y\frac{\partial^2 C}{\partial y^2} + q \quad (6-103)$$

式中，D 已包含了涡扩散系数及深度平均弥散作用的扩散系数，在不同方向上其值一般是不同的。针对一般河流的实际情况，我们可作如下简化：

（1）河流横向（y 方向）的流速很小，可假设其为零，即 $V \approx 0$；

（2）所考虑均匀河段沿 x 方向流速 U 为常量；

（3）在流向 x 方向上一般随流运输起着绝对的主导作用，在其方向的扩散作用相对很小，可以忽略，即 $D_x \approx 0$；

（4）污染物为可降解的，呈一级动力学反应衰减，即 $q = -kC$，其中 k 为衰减常数（参见 6.6.1 小节）。

那么模型方程可简化为

$$\frac{\partial C(x,y,t)}{\partial t} + U\frac{\partial C}{\partial x} = D_y\frac{\partial^2 C}{\partial y^2} - kC \quad (6-104)$$

即浓度的时变率只考虑沿流向的传输、横向的扩散及弥散以及源项的生化反应。

6.7.2　恒定点源可降解污染物在无限宽河流中的稳态解析解

考虑稳定状态下的解，上述模型方程的第一项时间变化率为零，且对点源在无限宽的河道中的边界条件可一并表示成如下数学模型

$$
\begin{cases}
U\dfrac{\partial C(x,y)}{\partial x}=D_y\dfrac{\partial^2 C}{\partial y^2}-kC & \text{(a)} \\[3mm]
\displaystyle\int_{-\infty}^{\infty}UhC\mathrm{d}y=Me^{-kx/U}=2\int_{0}^{\infty}UhC\mathrm{d}y & \text{(b)} \\[3mm]
C(x,\infty)=C(\infty,y)=0 & \text{(c)}
\end{cases}
\qquad (6-105)
$$

式中，$M(\mathrm{kg/s})$ 为恒定点源的排放强度；$h(\mathrm{m})$ 为河流平均深度。应用拉普拉斯变换法可求得其解为(彭泽州等,2007)

$$
C(x,y)=\frac{M}{h\sqrt{4\pi x D_y U}}e^{\frac{Uy^2}{4D_y x}}e^{-k\frac{x}{U}} \qquad (6-106)
$$

若污染物不可降解，$k=0$，则解为

$$
C(x,y)=\frac{M}{h\sqrt{4\pi x D_y U}}e^{-\frac{Uy^2}{4D_y x}} \qquad (6-107)
$$

可见此情形下可降解污染物的解为不可降解污染物的解乘以一距离衰减系数。

6.7.3　单边完全反射边界条件下的解析解

6.3.7 小节已讨论了具完全反射边界的一维模型的解，对二维模型我们可以采取完全相同的镜像法。设距污染源 y 方向距离 $b(\mathrm{m})$ 有对污染物完全反射的岸边，那么我们可以假设岸边的另一边距离为 b 处有一同等强度的镜像源，以污染物排放处为 y 坐标原点，那么镜像源距原点的距离为 $2b$，流场中各处的污染物浓度应为污染源及其镜像源的作用的叠加，实际上也就是墙面的完全反射作用和镜像源的作用一样的。这样前一小节讨论的模型在距污染源 y 方向距离 b 处有对污染物完全反射的岸边解的析解为

$$
C(x,y)=\frac{M}{h\sqrt{4\pi x D_y U}}(e^{-\frac{Uy^2}{4D_y x}}+e^{-\frac{U(y-2b)^2}{4D_y x}})e^{-k\frac{x}{U}} \qquad (6-108)
$$

这种模型一类有趣的情形是 $b=0$，即污染物在完全反射的岸边排放，另一边则为无限宽，由上式得此时的解为

$$
C(x,y)=\frac{2M}{h\sqrt{4\pi x D_y U}}e^{-\frac{Uy^2}{4D_y x}}e^{-k\frac{x}{U}} \qquad (6-109)
$$

即此时流场中各点的浓度为双面无限宽时的 2 倍。

6.7.4　双边有完全反射边界河流污染物中心排放的解析解

考虑一特殊情形，即污染物在有界河流的中间排放，排放点距两边岸边的距离

均为 b。其他距离类型可以按下面的方法类推。和 6.3.7 小节讨论的双边完全反射类似,这儿我们只需考虑横向 y 方向的反射,两完全反射墙的第一次反射镜像源距中心原点的距离分别为 $\pm 2b$,第二次反射镜像源的距离分别为 $\pm 4b$… 第 n 次反射镜像源的距离分别为 $\pm 2nb$,最后流场中各点的浓度应是污染源及所有这些镜像源的作用的总和,所以这时的理论解为

$$C(x,y) = \sum_{n=-\infty}^{\infty} \left[\frac{M}{h\sqrt{4\pi x D_y U}} e^{-\frac{U(y-2nb)^2}{4D_y x}} e^{-k\frac{x}{U}} \right] \qquad (6-110)$$

因为 n 高时,e 的负指数很高,其值趋于零,所以一般只需计算几次反射就可以了。图 6-18 为设 $U=0.2\,\mathrm{m/s}$,$M=400\,\mathrm{mg/s}$,$h=1\mathrm{m}$,$D_y=0.1\,\mathrm{m^2/s}$,$k=0$ 时的解析解取三次反射时的浓度在一 10m 宽的河流中的二维分布云图。

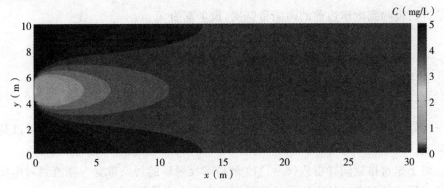

图 6-18　污染物中心排放解析解的浓度分布

6.7.5　单边有完全反射边界河流污染物岸边排放的解析解

我们以单边完全反射边界岸边排放单侧无限宽的一般解(6-109)为起步点,设河宽为 B,坐标原点在污染源处,这时只需考虑对岸的反射就行了,那么其一次反射源的距离为 $2B$,二次反射的距离为 $4B$,所以此时的一般解为

$$C(x,y) = \left[\sum_{n=0}^{\infty} \frac{2M}{h\sqrt{4\pi x D_y U}} e^{-\frac{U(y-2nB)^2}{4D_y x}} e^{-k\frac{x}{U}} \right] \qquad (6-111)$$

图 6-19 为采用和上图中心排放相同的参数时的解析解取三次反射时的浓度分布云图。

6.7.6　河流污染带宽度及完全混合距离

河流污染带宽度的定义为在同一横断面上远点的浓度为最大浓度的 0.05 倍时的宽度。对于中心排放我们可用式(6-107)也即式(6-110)中取 $n=0$ 时的公式

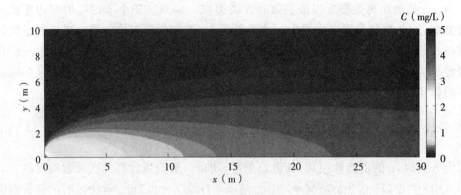

图 6-19　污染物岸边排放解析解的浓度分布

来估计污染物到达岸边前的污染带宽度,设半宽为 b

$$\frac{C(x,b)}{C(x,0)} = e^{-\frac{Ub^2}{4D_y x}} = 0.05 \Rightarrow \text{污染带宽 } 2b = 6.92\sqrt{\frac{D_y x}{U}}$$

$$b = 3.46\sqrt{\frac{D_y x}{U}} \tag{6-112}$$

至于污染物到达完全反射的岸边后,经反射浓度只会增加,污染带宽度可以说是整个河宽。

对于岸边排放同样由式(6-111)解得带反射墙的污染带宽为在流到对岸反射前流过同样的距离时的岸边排放法污染带宽为中心排放的一半。

污染物在被往下游输运的过程中由于扩散的作用,在断面上浓度分布逐渐均匀化,当断面上最小为最大浓度的 95% 时,我们就认为达到了完全混合,而此时的流经距离为完全混合距离。若不考虑反射,我们可依据式(6-107)推得中心排放的完全混合距离的计算公式如下:

$$\frac{C(x,b)}{C(x,0)} = e^{-\frac{Ub^2}{4D_y x}} = 0.95 \Rightarrow$$

$$x = -\frac{Ub^2}{4D_y \ln(0.95)} \overset{\text{河宽} B=2b}{=\!=\!=} -\frac{UB^2}{16D_y \ln(0.95)} \approx 1.21\frac{UB^2}{D_y}$$

而实际由于反射,达到完全混合的距离比这要短,经三次反射约为

$$L_{\text{中心}} = 0.1\frac{UB^2}{D_y} \tag{6-113}$$

而岸边排放的完全混合距离为中心排放的 4 倍。图 6-20 为前二节对中心排放及岸边排放作图例的中心线及岸边浓度图,从图中清晰可见,中心排放在约下游 20m 处几乎达到完全混合,而岸边排放约需 80m 的距离。

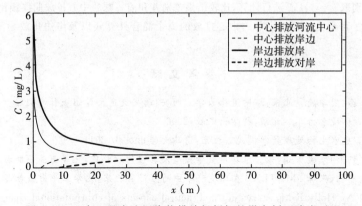

图 6-20　中心及岸边污染物排放解析解的纵向剖面浓度对比

复习思考题

6.1　试述方程(6-1),(6-2)各项的物理意义。

6.2　简述污染物在环境流体内迁移的主要物理过程。

6.3　什么是剪切流的弥散效应?

6.4　写出积分及微分标量传质方程的随流输运项在直角坐标下的一维、二维及三维表达式。

6.5　试根据一般标量的二维传质方程,应用 6.2.3 小节关于二维宽矩形渠道的假设(1)～(4)推导出离散的纵向离散和横向湍动扩散平衡的结果式(6-13)。

6.6　给定和图 6-6 相同的参数,作出在流速 $U = 1,3,5 \text{m/s}$ 下的 50s 时的 6.3.6 小节随流扩散时间连续源的一维模型的浓度分布图。

6.7　给定和图 6-8 相同的参数,假设在 $L = -2\text{m}$ 处有一完全反射壁,试作出 $t = 20\text{s}$ 静止水体瞬时点源模型的浓度分布曲线。

6.8　给定和图 6-8 相同的参数,假设在 $L = -2\text{m}, +2\text{m}$ 处分别有一完全反射壁,试作出 $t = 20\text{s}$ 静止水体瞬时点源模型的 1,2 及 3 次反射的浓度分布曲线。

6.9　试写出一维瞬时源位于两面有完全反射墙的 1/3 处的含两次反射的理论解,坐标原点取在污染源处。

6.10　试对有限分布源的二维模型(6-45)进行类似一维模型推导的变量代换推出其解(6-48)。

6.11　写出有限分布源三维模型的数学表达式并推导出其解(6-49)。

6.12　请解释 BOD、DO 及 DO_s。

6.13　根据 Streeter-Phelps 模型的解推导出临界距离及最大氧缺量的计算公式(6-100,6-101)。

6.14　试绘出不可降解污染物沿河流中心排放时沿中心线及岸边的浓度曲线,对公式(6-110)分别取 $n = 0, \pm 1, \pm 2$ 进行计算,并比较结果差别。

6.15　试绘出不可降解污染物沿河流岸边排放时沿中心线及岸边的浓度曲线,对公式

(6-111)分别取 $n=0,1,2$ 进行计算,比较结果差别并和前一题的中心排放曲线相比较,你能得出什么结论? 可得出 6.7.6 小节的中心排放的完全混合计算式以及岸边排放为其 4 倍的结论吗?

参 考 文 献

程文,王颖,周孝德. 北京:环境流体力学. 西安:西安交通大学出版社,2011.

董志勇. 环境水力学. 北京:科学出版社,2006.

顾夏声. 废水生物处理数学模式. 北京:清华大学出版社,2011.

彭泽洲,杨天行,梁秀娟,等. 水环境数学模型及其应用. 北京:化学工业出版社,2007.

宋新山,邓伟,张琳. MATLAB 在环境科学中的应用. 北京:化学工业出版社,2008.

Cunge J A, Holly F M, Verwey, A. Practical aspects of computational river hydraulics. Iowa Hydraulics Research Institute,1980.

Huang H. On a one-dimensional tracer model. Ground Water, 1991, 29(7):18-20.

Jeon T M, Baek K O, Seo I W. Development of an empirical equation for the transverse dispersion coefficient in natural streams. Environmental Fluid Mechanics, 2007, 7:317-329.

Masters G M. Environmental Engineering and Science. Prentice Hall,1996.

O'Connor D J, Dobbins W E. Mechanism of reaeraton in natural streams, Transaction s of the American Society of Civil Engineers, 1958,153:641.

Ramalho R S. Introduction to wastewater treatment processes, 2nd Ed. Academic Press, 1983.

第7章 计算流体力学基础

学习了环境流体的基本运动方程、湍流基础及具解析解的模型后,这一章我们将学习本书的另一项重要内容,即计算流体力学。计算流体力学(CFD/Computational Fluid Dynamics)是随着计算机技术的迅猛发展而快速成长的一门学科,尽管其理论早在18世纪微积分诞生之时就已出现,只是由于近几十年的计算速度及存储能力的几何级数的增长以及计算机成本的下降及普及,才使得计算流体力学被广泛应用于科学研究及工程应用的方方面面,成为和传统的理论研究、实验探索并驾齐驱的三大研究方法之一。所以我们有必要较为系统地掌握计算流体力学的基础,以期能将其恰当灵活地运用于解决环境流体力学的实际问题中。这里我们将首先谈一下数值计算模拟(以下简称为数值模拟/Numerical simualtion)的必要性、可能性及其局限性;然后介绍数值模拟方法一些基本特性,如一致性、稳定性、收敛性、守恒性、有界性、及精度等;接着学习基本的离散化方法,如迎风格式、中心格式、顺风格式及QUICK格式等及其它们的特性;最后我们将重点讨论应用广泛的有限体积法、非恒定问题的解法及雷诺平均的纳维尔-斯托克斯(RANS)方程的解法等。

7.1 数值模拟的必要性、可能性及其局限性

前面的章节里我们已学习了解决环境流体力学问题时所需要的量纲分析法、基本运动方程和湍流基础等。我们知道在进行有关实验研究时,模型和原型的尺度一般是不一致的,为使得由模型测得的物理量能按一定的规则求出原型相对应的量,就需要保持模型和原型间一些重要的无量纲数如雷诺数、弗雷德数等的一致,以使模型和原型间的惯性力和黏性力及重力的比一致。对实际流体来说,要使模型和原型间的雷诺数、弗雷德数同时一致,几乎是不可能的,所以物理实验时,我们不得不根据实际情况而仅维持上述两个无量纲数之一不变。而数值模拟,可方便地假设流体的黏度等,从而达到实验所不能做到的维持模型和原型间的更高的一致性。此外,实验研究还需要较大的场地、较长的准备时间及一定的财力及设备

等。但一旦开发出可靠的数值计算模型,可方便快速地得到和实验近似的结果。从理论研究来看,尽管早有描述流体运动的纳维尔-斯托克斯方程,但由于其非线性及椭圆性质,其解强烈地依赖边界和初始条件,使得除了对一些理想简单的特定情形外,对于一般工程应用中的复杂问题来说,没有第 6 章所讨论的理想数学模型的解析解。数值模拟提供了求没有一般解析解的实际环境流体问题近似解的方法。综上所述,无论从理论和实验研究的局限性,还是从节省时间、物力及财力方面来看,数值模拟的研究都是十分必要的。

另一方面,自从上世纪中叶在美国和英国诞生了采用真空管的巨型电子计算机以来,计算机硬件技术、软件水平及数值计算方法的理论研究等各相关方面均取得了巨大的进展。计算机处理器(CPU)的计算速度从每秒儿百次提高到现在的一般办公室用的每秒几百万次和超级计算机的每秒万亿次(10^{12} flops),办公室用的计算机储存容量从初期的几十兆字节升至现在的 10 亿字节数量级;软件也由初期笨拙的行命令输人的编译语言发展到今天的带易学易用图形用户界面(GUI/Graphic User Interface)的 Matlab、Visual Studio 等,更有专业的计算流体力学方面的专业软件 FLUENT、STAR – CD、PHOENICS 及 CFX 等;计算方法也由初期的有限差分法发展出了有限元法有限体积法、边界元法及格子波尔兹曼法等;计算精度方面也由一阶精度发展至二阶、三阶、四阶以及更高阶的方法。所有这些均为计算流体力学的飞速发展及广泛应用奠定了坚实的基础。

认识到数值模拟的必要性及可能性,并不是说数值模拟研究可以取代实验或理论研究,我们也需清楚地认识到其局限性。正如实验数据依赖所采取的实验方法及测量仪器等,数值模拟数据终归是近似解,其精度依赖于计算模型、计算方法及划分模拟空间的网格,还需实验验证及从理论上分析其结果的合理性。尽管商业软件提供了单相流及多相流等多种的流体模型,结构化和非结构化、六面体型和四面体型等不同的网格类型;可选的单方程、双方程及雷诺应力模型等一系列湍流模型;以及各种精度的数值计算方法等;但没有任何一种是适合所有流体流动的,所以我们需根据所要解决的实际环境流体问题的特点,选择恰当的流体模型,建立合适的网格,使用合理精度的数值计算方法及湍流模型,从而以经济的成本获得可接受精度的结果。这些正是我们学习本章的目的。

7.2 数值模拟的一些基本概念

这一节我们将学习有关数值模拟的一些重要的基本概念,如一致性、稳定性、收敛性、守恒性、有界性、可实现性及精度等。它们是我们学习应用计算流体力学的基础,一定要深刻理解和掌握。

7.2.1　一致性(Consistency)

数值计算一般是将数学模型的微分方程或偏微分方程离散成空间、时间上的点的代数方程组来求其近似解。我们称离散的代数方程的解和原微分方程准确解之间的差值为**截断误差**(truncation error)。所谓**一致性**,是指当离散的空间间隔或时间间隔(统称为**离散间隔**)趋于无穷小时,截断误差也趋于无穷小。若某计算方法的截断误差以离散间隔的 n 次方来表示,我们即称该方法具有 n **阶精度的近似**。一致性要求 n 大于零。

7.2.2　稳定性(Stability)

一数值计算方法即使满足了一致性,并不代表其离散方程的解在离散间隔足够小时存在,还需满足稳定性的要求。所谓**稳定性**是指,在数值求解的过程中误差不会被放大。稳定性的分析方法有离散摄动法、矩阵法及冯纽曼法(von Neumann's method)等。这些方法大都可用于一些常系数的线性问题的稳定性分析,但对非线性带复杂边界的问题,我们可能还得依据经验来考虑稳定性问题。

7.2.3　收敛性(Convergence)

收敛性是指当离散间隔趋于零时,离散化方程组的解即为对应微分方程的解。关于收敛性,有一著名的**拉克斯等价定理**(Lax equivalence theorem):对于一给定的有解的线性初值问题,若某有限差分计算方法满足一致性条件,同时也满足稳定性,就一定收敛。对于受边界条件强烈影响的非线性问题来说,一般很难从理论上来分析其稳定性和收敛性,在操作上我们一般通过加密网格进行重复模拟来检查是否可获得不依赖于网格的解来判断计算方法的稳定性和收敛性。

7.2.4　守恒性(Conservation)

描述环境流体运动的方程本质上是一些守恒方程:质量守恒、动量守恒、能量守恒及搬运质的守恒等。所以一种好的数值计算方法应在微观及宏观上都能满足这些守恒性,使通过边界的守恒量的通量等于源或槽发生量。非守恒的方法会产生人为的局部或全局源或槽,从而影响解的正确性。对强守恒性的方程应用有限体积法,可保持每一体积元及整体的守恒性,这也是本书要重点介绍有限体积法的原因。

7.2.5　有界性(Boundedness)

很多实际的物理量都是有界的,如密度、湍流动能等须为正值,相对浓度须在

0～100％的范围内变化等。所谓**有界性**是指在数值求解的过程中需保持求解物理量在其有物理意义的范围内变化。一般一阶方法可很好地保持有界性,而高阶方法会超界。超界常常会带来稳定性及收敛性的问题。我们可以通过加密网格来解决部分超界问题。

7.2.6　精度(Accuracy)

数值模拟的结果仅为实际问题的近似解,该近似解和实际值之间存在以下三大系统误差:

(1)建模误差(Modelling errors)

以微分方程及其边界和初始条件表示的有关环境流体问题的数学模型的准确解和实际问题之间的差异。这实际上是由于我们建模时忽略掉一些次要因素,采用了一些近似的模型如湍流模型或简化模拟的边界等所带来的。

(2)离散误差(Discretization errors)

离散后代数方程组的准确解和建模方程准确解之间的差,也即前面提到的截断误差。采用高精度的离散化方法及缩小离散间隔可在一定程度上减少此项误差。

(3)迭代误差(Iteration errors)

采用迭代法求得的离散后代数方程组的解和其准确解之间的差。

我们最好能够识别出求得的解中所包含的上述各项误差,并考虑减小误差的方法,但同时也得考虑成本,关键是要以合理的代价获取足够精度的解。

7.3　数值模拟的基本步骤

这一节以我们开发的模拟环境流体的软件 Simusoft 模拟沿水下斜坡流动的含某种污染物重力流的实际操作为例,使读者通过实例感受数值模拟的基本过程及了解后面将学习的有关数值模拟的基础知识。

7.3.1　建立数学模型

建立恰当的数学模型需要前面章节所学的有关环境流体的动力学的基本方程及湍流知识,另外还要有对所研究的物理现象的深刻理解及一定的实际模拟经验。环境流体问题的数学模型一般由反映流体流动的基本方程、一个或多个有关污染质的传输方程,以及湍流的模拟方案(如 $k-\varepsilon$ 模型)和合理的边界及初始条件构成。前面第 6 章已给出一些有解析解的有关环境流体中污染物的数学模型的例子。

7.3.2　选取恰当的坐标系及离散化方法

本书主要采用笛卡尔直角坐标系及有限体积法的离散化方法,因为直角坐标系适合大多数环境流体的问题,且有限体积法具有形象直观、易于编程以及较好的保持微元及整体守恒性的特点。根据解决问题的不同,也可采用其他坐标系,如球坐标系、极坐标系及曲线坐标系等。需注意的是,坐标系不同,对应的模型方程也需作相应的改变。离散化方法除了有限体积法外,还有有限差分法、有限元法等,我们将在下节作更加详细的介绍。

7.3.3　生成计算模拟空间的网格

划分模拟空间网格(grid/mesh)和所选取的坐标系及离散化方法是密切相关的。对于应用于直角坐标系的有限体积法来说,一般二维问题多采用结构化的四边形或矩形网格,三维的采用结构化的六面体网格。**结构化网格**(structured grid)为由若干组线构成的(二维网格由 2 组线构成,三维网格有 3 组线构成),各组线内部的线互不相交,一组线内部的一条线和其他组的各条线相交且只相交一次。我们通常用 i,j,k 来对三维的结构化网格的各组线进行标号。三维结构化网格点可由一组唯一的 (i,j,k) 来标记,二维结构化网格点可由一组唯一的 (i,j) 来标记。

对于复杂的几何空间来说,产生网格是一项费事耗力的工作。数值模拟的质量及精度和网格的好坏有着密切的关系。只有积累一定的经验技巧才能在较短的时间产生高质量的网格。一般来说,模拟量变化梯度较大的地方如边界层、流道突变处等需要较密的网格以能够模拟对应处变量的快速变化。因此对模拟的流场还需有一定的预判知识才行。目前有一些制作网格的商业软件,如 Gridgen、Fluent 所内嵌的 Gambit 等。这儿我们以 Simusoft 为例来产生模拟如图 7-8 所示的重力流沿坡度为 5°斜坡流动的网格。假设左边入流处的水深为 1m,重力流由左下厚 5cm 的入口以 0.2 m/s 的流速流入,模拟空间在水平方向的长度为 10 m。启动 Simusoft 后,选择图 7-1 所示的主菜单中的 2DGrid/Slope,对弹出的问话框问是否从已有的文件中读取数据回答 No,即进入如图 7-2 所示的创建二维斜坡网格的图形用户界面,输入数据时,要注意如下几点:

(1)靠近固体的边界层区域,如水下重力流所流经的底部区域的网格均需加密以可以模拟该处较大的速度及浓度梯度变化;

(2)尽可能产生正交的网格,避免网格的过度扭曲。

输入完左边的基本参数框后,点击 OK,再在中间的框内输入斜坡所需的网格参数,点击 OK,再点击命令 Calculate 按钮,产生的网格如图 7-3 所示。一般在产生网格的同时,也需设定好计算区间的边界条件,Simusoft 已自动设定好此类模型的不同边界,以不同颜色表示出来了,如红色表示入口,黄色表示固体墙面,蓝色表示出口,黄绿色表示对称边界等。

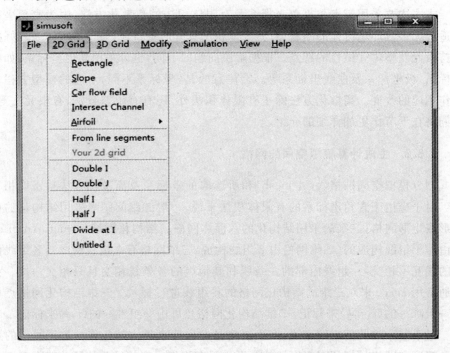

图 7-1 环境流体模拟软件 Simusoft 主菜单画面

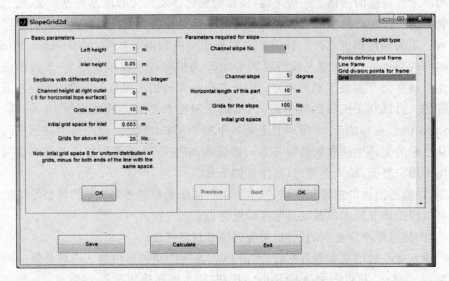

图 7-2 Simusoft 创建二维斜坡网格的图形用户界面

检查网格符合设计要求后，即可点击主菜单 File/Save grid 来储存网格。输入文件名，比如说 2Dslope1，将会产生 2 个文件，一个是 2Dslope1.grd，其内容为各网格点的坐标；另一个为 2Dslope1.inp，内容为所定义的边界条件。这两个文件都是以后进行计算模拟时所需要的。

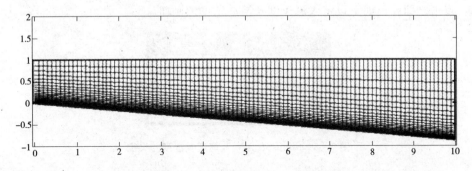

图 7 - 3　Simusoft 产生的模拟斜坡上重力流流动的网格

7.3.4　编写计算程序进行计算模拟

计算程序的编写调试需要很多工作，我们将在后面的章节里学习有关的知识。一般是要将模型的偏微分方程离散成代数方程，一个微元体或点对应一个代数方程，对边界点需要应用边界条件，然后解离散后的代数方程组求得最终解。这儿我们应用已调试编译好的 Simusoft 的求解器来模拟假定的水下重力流。选择主菜单 Simulation/Set solver input，进行如图 7 - 4 所示的设定。

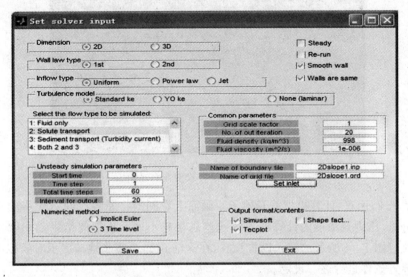

图 7 - 4　Simusoft 计算模拟前的设定画面

在左边中间的列单选项内选择模拟流动类别 2：Solute transport（溶质搬运）时，会弹出一画面让你设定模拟搬运溶质种类的数量，输入 1 即为模拟一种搬运质，比如说盐水。在图 7 - 4 右边输入定义网格边界条件的文件名（Name of boundary file）2Dslope1.inp 后，若有入流边界，其下面的 Set inlet 命令按钮会激活，点击之即弹出如下设定入流速度及溶质浓度的画面。

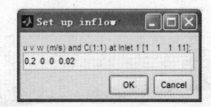

图 7 - 5　Simusoft 对入流速度及浓度的设定

上图的设定表示入流沿 x,y,z 各坐标轴的入流速度分别为 0.2m/s, 0.0 m/s, 0.0 m/s 入流的**过量密度比**（excess fractional density），即模拟的盐水重力流的入流密度高出环境流体的密度值和环境流体的密度之比为 0.02。点击 save 进行存储后，也就完成了模拟前的设定。下面就可以进行计算模拟了。由主菜单选择 Simulation/Run solver，如下求解器的运行画面会弹出。

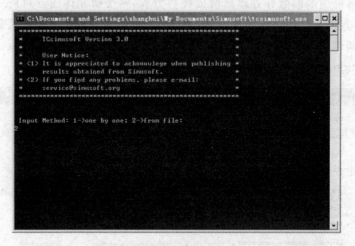

图 7 - 6　Simusoft 求解器启动画面

输入 2，回车，计算模拟就开始了。画面上看到的将是各时间迭代步的有关速度各分量、压力及浓度的计算残差。残差越来越小表示模拟的结果趋于收敛。也可以跳过图 7 - 4 所示的输入设置步骤，在这输入 1，一步步地按提示对模拟的初始及边界等条件进行逐一设定。

7.3.5　查看二维模拟结果(标量云图及速度矢量图)

模拟计算结束后,Simusoft 将模拟的结果存在两个文件里。一是 solution. txt,内含对应各网格点的模拟变量的模拟结果;另一为 ave. txt,内含深度平均的模拟结果。若在模拟初始时选择输出格式为 Tecplot,则模拟结果文件的后缀名为 ∗ . plt,可用专门的图形分析软件 Tecplot 来查看分析模拟结果。

由主菜单 File/Load data 读入 solution. txt 后,即可由菜单 View/2D data/2D various 进入如图 7 - 7 所示的 Simusoft 查看各种二维模拟结果的 GUI 设定,观察模拟重力流的速度、密度、压力云图或速度矢量图。

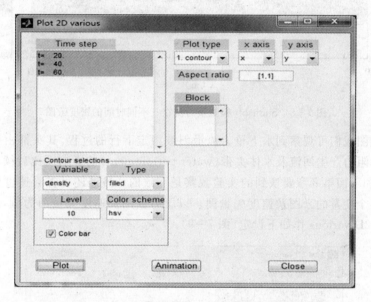

图 7 - 7　Simusoft 查看二维密度云图设定画面

可按住 Shift 或 Ctrl 键选择查看多时间步的模拟结果,如图设定好,点击 Plot 即得到下图所示的模拟的重力流在三不同时间的密度云图。

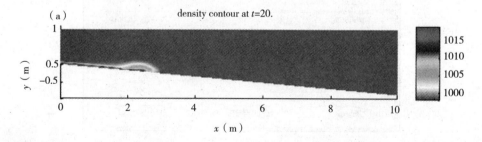

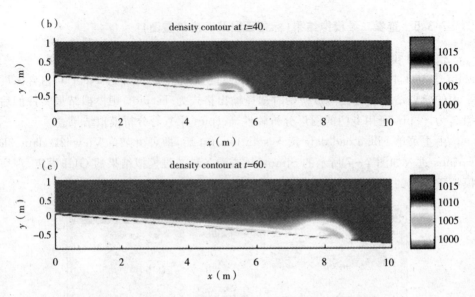

图 7-8 Simusoft 模拟重力流在三不同时间的密度云图

由上图我们可观察到水下重力流沿斜坡稳定下行的过程,其头部由于初始静止水体的阻力产生回流及水体夹带(water entrainment)的影响而比后续本体部要大,这些和下面第 8 章要谈到的实验观察是一致的。另外还可查看速度矢量或同时观察某个变量的云图及速度矢量图。以压力云图及速度矢量图为例,在 View/2D data/2D various 作如下设定(图 7-9)。

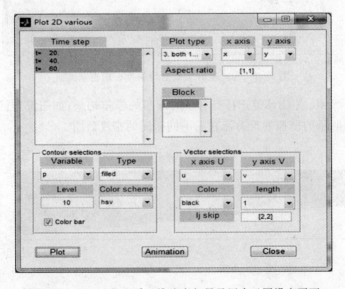

图 7-9 Simusoft 查看二维速度矢量及压力云图设定画面

　　在 Plot type 里选择 3. both 1 and 2,就可以同时观察速度矢量及密度云图了,若选择 2,仅观察速度矢量。如图设定好,点击 Plot 命令,即得到如下速度矢量及压力密度云图(图 7 - 10)。

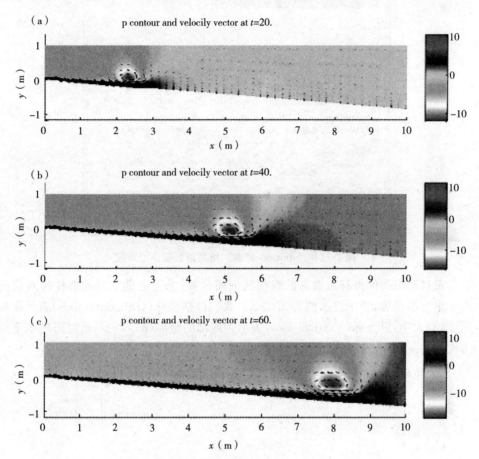

图 7 - 10　Simusoft 显示的所模拟重力流的二维速度矢量及压力云图

由图可见,水下重力流头部的后边有一明显的回流负压区。

　　7.3.6　查看二维模拟的纵剖面的模拟结果(沿流向不同位置的速度、浓度剖面等)

　　我们还可切取二维模拟的剖面数据进行观察。由主菜单 View/2D data/Cross section 可打开如下设定画面(图 7 - 11)。

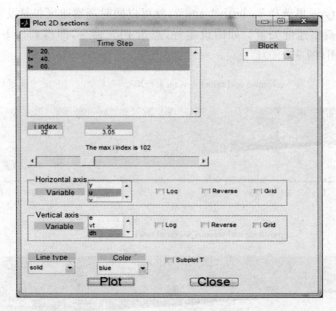

图 7 - 11 Simusoft 抽取二维剖面数据作图画面

可移动中间的滑杆来选取欲观察的剖面位置,上边会显示当前滑杆所对应的水平坐标的位置,图中显示的为 3.05m。我们以横坐标(Horizontal axis)表示横向速度(u)大小,纵坐标(Vertical axis)表示距底部的距离(dh),三不同时间的水下重力流的在 $x=3.05$m 速度剖面图如图 7 - 12 所示。

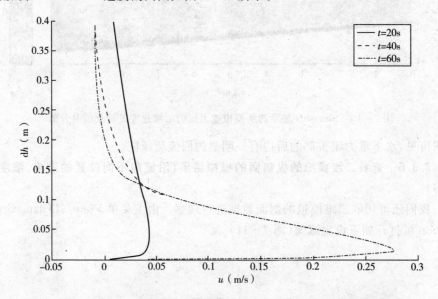

图 7 - 12 Simusoft 抽取的在距入流 $x=3$ m 处三不同时间的速度剖面图

参见图 7 - 10 可见,在 20s 时,重力流还未流到剖面处,所以观察到的速度较小,而在 40s 及 60s 时,重力流的头部均通过了观察剖面处,沿流向速度几乎处于稳定的平衡状态,反映了实验观察所显示的准平衡状态。

在图 7 - 11 中的水平轴变量选取密度(density),点击 Plot,即得到如下的密度剖面图。

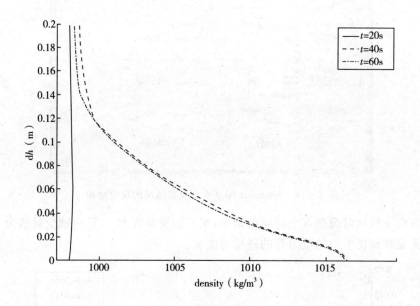

图 7 - 13　Simusoft 抽取的在距入流 $x=3$m 处三不同时间的密度剖面图

由图中可观察到与速度剖面相类似的结果,在 20s 时,重力流还未流到剖面处,看不出多少密度变化,而在 40s 及 60s 时,重力流的头部均通过了观察剖面处,沿流向重力流的密度几乎处于稳定的平衡状态,越靠近底部密度越大。

7.3.7　查看一维深度平均的模拟结果(重力流厚度及深度平均速度/浓度)

使用 Simusoft 还可观察储存在 ave. txt 内的深度平均的模拟结果。重力流厚度、深度平均的速度、浓度等的定义及计算方法请参见第 8 章 8.3.3 小节。由主菜单的 File/Load data 读入 ave. txt,即可由菜单 View/1D data 打开如下查看重力流厚度、深度平均速度及深度平均浓度等模拟结果的设定 GUI(图 7 - 14)。

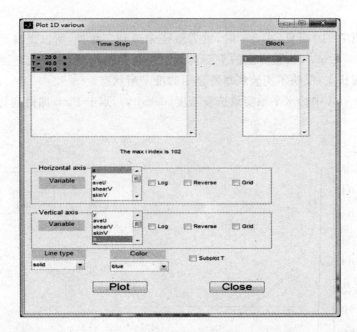

图 7 - 14　Simusoft 深度平均模拟结果的设定画面

　　我们选取同时观察 3 个时间的结果，水平轴变量选为 x，垂向轴变量选为 aveC 为例来观察深度平均的重力流的过量密度比。

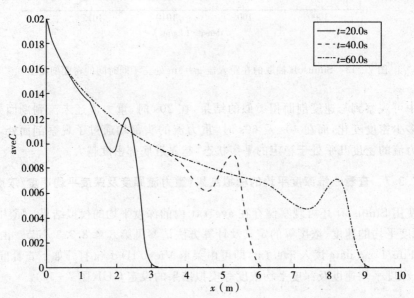

图 7 - 15　Simusoft 模拟的 3 不同时间的深度平均过量密度比

由图可见重力流在沿斜坡向下游流动时,其浓度不断减小。下一章将学习到这是由于环境水体被夹带至重力流内而引起的。

至此,我们概略地介绍了利用数值模拟软件模拟水下重力流的一般过程。至于如何对模型方程离散编程计算,如何才能选择恰当的模型及设定好初始及边界条件,如何判断模拟的结果是否合理及其精度如何等,就需要下面进一步的学习。

7.4　基本的离散化方法

数值模拟的基本思想是将模型的微分方程转化为离散的空间或时间上点的代数方程。有多种离散化方法,如有限差分法、有限体积法、有限元法、边界元法、光谱法、格子波尔兹曼法等。这一节我们先介绍各离散化方法的主要特点,然后我们重点介绍有限差分法对一阶导数及二阶导数的一些主要的离散格式及其误差分析,因为这些也是下一节要学习的有限体积法的基础。读者可查阅相关资料进一步学习其他离散化方法。

7.4.1　常用离散化方法简介

(1)有限差分法(finite difference method)

基于微分形式的模型方程,对求解空间的各点根据微分定义或泰勒展开式或多项式拟合,将各微分或偏微分项展开为以求解点及相邻点的值所表示的代数方程式从而求解的方法。其优点为简单明了、易于构筑高阶离散方法,缺点是限于结构化网格及模拟空间形状简单、守恒性不如有限体积法。

(2)有限体积法(finite volume method)

基于守恒积分形式的模型方程,将求解空间划分为相邻的微小体积元,对其直接应用守恒方程从而获得关于所有体积元的代数方程组求解的方法。有限体积法的优点是物理意义明确、易于理解和编程、守恒性强、可方便应用至各种类型的网格,缺点是难以构筑高阶精度的方法。基于有限体积法的优点突出,将在 7.5 节进一步介绍。有限体积法也是大多数商业软件所采用的方法。

(3)有限元法(finite element method)

基于模型方程乘以一权重函数(weight function),其他各方面和有限体积法类似。其优点是可用于任意类型的网格,如用于复杂几何形状的非结构网格,缺点是不如前两种方法简单明了且对应于非结构网格的离散后的代数方程不宜求解。

(4)边界元法(boundary element method)

通过离散先求出模型边界上未知点的值,然后应用格林函数将求解空间的变量值与边界联系起来,利用边界积分获得求解空间任意点解。其优点是可以降低求解空间的维度,减少计算量,缺点是模型方程必须有格林函数基本解,应用范围有限。

(5)光谱法(spectral method)

一般以有限项的级数,如傅立叶级数展开来表示模型微分方程的解,采用加权余数法建立关于级数系数的代数方程求出逼近微分方程解的系数值。其优点是可方便地构筑高精度的解,级数项越多,精度就越高。缺点是目前只能应用于特定边界条件的简单的流动问题,缺乏一般性。

(6)格子波尔兹曼法(lattice-Boltzman method)不依赖连续介质假设,而是基于分子运动理论,将流体看成一系列质点微粒,通过质量、动量守恒定律建立起空间求解点的概率密度函数,再通过统计获得宏观运动参数的数值模拟。其缺点是相对来说较复杂,目前依然难以解决高马赫数的空气动力学问题。

由于有限差分法是最基本的离散化方法,下面我们以一维稳态的标量传输方程为例,对其进行重点介绍。

7.4.2 一维稳态标量传输方程

不失一般性,我们在这以一维的稳态标量传输方程为例对有限差分法的一些常用离散方法进行讨论以了解其特性,后面 7.5 节的有限体积法也需有这方面的基础。由第 4 章微分形式的一般标量传质方程式(4-34)得在一维笛卡尔直角坐标系下的稳态的标量传输方程为

$$\frac{\partial (uc)}{\partial x} = \frac{\partial}{\partial x}\left(D \frac{\partial c}{\partial x}\right) + q \qquad (7-1)$$

式中,$u[\mathrm{LT^{-1}}]$ 为速度;$D[\mathrm{L^2T^{-1}}]$ 为扩散系数;c 为可代表浓度或速度分量等任意被传输的量;q 为源项。我们将在 7.6 节讨论非稳态问题的解法。将 c 换成 u,本节讨论的方法就可用来于解动量方程,将 c 换成温度或能量就可用来解传热或能量方程。方程各项的物理意义还记得吗? 左边为随流输运项,即因为流体的流动所带来的 c 的变化;右边第一项为扩散项,即因为存在 c 的梯度所引起的 c 由值高处向低处的传递。

7.4.3 有限差分法的基本离散格式

我们看到,一般稳态的标量的传输方程是由表示随流输运的一阶微分项及表示扩散的二阶微分项所构成的。一阶微分的离散是高阶微分离散的基础,这儿我们重点讨论导出一阶微分离散格式的三种方法:导数定义法、泰勒级数法和多项式拟合法以及一些基本的离散格式,包括向前差分、向后差分及中心差分等在非均匀

网格及均匀网格中的表达式及其误差阶数。

　　这里微分项的差分是针对离散的空间点进行的,所以差分的第一步是要建立离散空间的网格,将模拟空间划分为一系列相连的空间点,然后对各点建立差分方程。有限差分法一般建立在 7.3.3 节介绍的结构化网格之上,设对应一维传质方程(7-1) 的空间离散后的点的标记如图 7-16 所示,N 个点将需模拟的线段划分为 $N-1$ 段。不失一般性,我们取其中任意第 i 点来讨论基本的差分格式。

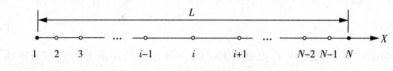

图 7 - 16　一般一维空间离散点示意图

　　(1) 导数定义法

　　为方便书写讨论,这儿我们用 C 代替式(7 - 1) 中的微分变量 uc,由第 2 章 2.1.2 小节的导数定义式我们可方便地写出对应图 7-16 中网格 i 点处一阶导数的各种差分表达式:

　　向前差分 (FDS/forward difference scheme)

$$\left(\frac{\partial C}{\partial x}\right)_i = \lim_{x_{i+1}\to x_i} \frac{C_{i+1}-C_i}{x_{i+1}-x_i} \approx \frac{C_{i+1}-C_i}{x_{i+1}-x_i} \tag{7-2}$$

　　向后差分 (BDS/backward difference scheme)

$$\left(\frac{\partial C}{\partial x}\right)_i = \lim_{x_{i+1}\to x_i} \frac{C_i-C_{i-1}}{x_i-x_{i-1}} \approx \frac{C_i-C_{i-1}}{x_i-x_{i-1}} \tag{7-3}$$

　　中心差分 (CDS/central difference scheme)

$$\left(\frac{\partial C}{\partial x}\right)_i = \lim_{x_{i+1}\to x_i} \frac{C_{i+1}-C_{i-1}}{x_{i+1}-x_{i-1}} \approx \frac{C_{i+1}-C_{i-1}}{x_{i+1}-x_{i-1}} \tag{7-4}$$

　　上述方法无非就是近似求导数的方法,网格划分得越细,就越精确。那么这样计算的精度究竟如何呢,又如何构筑高阶的离散格式呢? 下面的泰勒级数法可回答这些问题。

　　(2) 泰勒级数法

　　对函数 $C(x)$ 在 x_i 点泰勒级数展开得

$$C(x) = C(x_i) + (x-x_i)\left(\frac{\partial C}{\partial x}\right)_i + \frac{(x-x_i)^2}{2!}\left(\frac{\partial^2 C}{\partial x^2}\right)_i + \frac{(x-x_i)^3}{3!}\left(\frac{\partial^3 C}{\partial x^3}\right)_i + \cdots$$

$$\tag{7-5}$$

移项变换得

$$\left(\frac{\partial C}{\partial x}\right)_i = \frac{C(x) - C(x_i)}{(x - x_i)} - \frac{(x - x_i)}{2!}\left(\frac{\partial^2 C}{\partial x^2}\right)_i - \frac{(x - x_i)^2}{3!}\left(\frac{\partial^3 C}{\partial x^3}\right)_i - \cdots$$

$$(7-6)$$

取 $x = x_{i+1}$ 得

$$\left(\frac{\partial C}{\partial x}\right)_i = \frac{C_{i+1} - C_i}{(x_{i+1} - x_i)} - \frac{(x_{i+1} - x_i)}{2!}\left(\frac{\partial^2 C}{\partial x^2}\right)_i - \frac{(x_{i+1} - x_i)^2}{3!}\left(\frac{\partial^3 C}{\partial x^3}\right)_i + \cdots$$

$$(7-7)$$

可见上式的第一项即为对应 x_i 点处 C 对 x 的一阶导数的向前差分式(7-2),后面各项之和为差分式与微分式的截断误差。当网格间距 $\Delta x = x_{i+1} - x_i$ 趋于无穷小时,一般 C 函数的高阶导数变化不大,可近似当作常数;那么截断误差的第一项后面的各项均为其第一项的高阶无穷小。所以截断误差主要是由其第一项决定其大小及随着网格间距变化而变化的趋势。我们因此将上面离散格式截断误差的第一项的网格点间距的次方数定义为该离散格式的**精度的阶数**。由式(7-7)可见一阶微分的向前差分的精度为一阶。要注意的是,**离散格式的精度阶数,并不反映离散格式精度的绝对大小,仅表示该离散格式的误差随着网格间距变化时的变化快慢**。更明确地说,随着网格间距缩小,二阶精度离散格式的误差的减小将比一阶精度的要快。对于不同间距的网格,二阶精度离散格式的误差比一阶精度的大的可能性是存在的。

取式(7-6)的 $x = x_{i-1}$ 得向后差分表达式及其截断误差

$$\left(\frac{\partial C}{\partial x}\right)_i = \frac{C_i - C_{i-1}}{(x_i - x_{i-1})} + \frac{(x_i - x_{i-1})}{2!}\left(\frac{\partial^2 C}{\partial x^2}\right)_i - \frac{(x_i - x_{i-1})^2}{3!}\left(\frac{\partial^3 C}{\partial x^3}\right)_i + \cdots$$

$$(7-8)$$

可见向后差分也是一阶精度的。

在 x_{i+1} 及 x_{i-1} 处分别应用泰勒级数(式7-5)对 x_i 点处展开,然后相减可得非均匀网格下的中心差分格式的一般表达式和其截断误差

$$\left(\frac{\partial C}{\partial x}\right)_i = \frac{C_{i+1} - C_{i-1}}{x_{i+1} - x_{i-1}} - \frac{(x_{i+1} - x_i)^2 - (x_i - x_{i-1})^2}{2(x_{i+1} - x_{i-1})}\left(\frac{\partial^2 C}{\partial x^2}\right)_i - $$

$$(7-9)$$

$$\frac{(x_{i+1} - x_i)^3 + (x_i - x_{i-1})^3}{3! \ (x_{i+1} - x_{i-1})}\left(\frac{\partial^3 C}{\partial x^3}\right)_i + \cdots$$

可见非均匀网格的中心差分并不一定是二阶精度的,仅对等间距网格,其精度是二阶的。

更高阶的差分方法可通过以更多的相邻点的泰勒展开式来消去上述方案中的

高阶微分项而获得。下面我们以等比间距的网格为例来演示二阶精度的向后差分的泰勒级数表法的推导过程。我们知道，一阶精度离散方案需两个网格点的值，二阶精度的则需 3 个网格点的值，依此类推。设网格间距比为 r，即 $\Delta x_i = x_i - x_{i-1} = r\Delta x_{i-1} = r(x_{i-1} - x_{i-2})$，那么

$$x_{i-2} - x_i = x_{i-2} - x_{i-1} + x_{i-1} - x_i = -\frac{\Delta x_i}{r} - \Delta x_i = -\left(1 + \frac{1}{r}\right)\Delta x_i$$

$$(7-10)$$

对 C 在 x_i, x_{i-1}, x_{i-2} 点的值应用泰勒级数相对于 x_i 点展开得

$$C_i = C_i$$

$$C_{i-1} = C_i - \Delta x_i \left(\frac{\partial C}{\partial x}\right)_i + \frac{\Delta x_i^{\,2}}{2!}\left(\frac{\partial^2 C}{\partial x^2}\right)_i - \frac{\Delta x_i^{\,3}}{3!}\left(\frac{\partial^3 C}{\partial x^3}\right)_i + \cdots$$

$$C_{i-2} = C_i - \left(1 + \frac{1}{r}\right)\Delta x_i \left(\frac{\partial C}{\partial x}\right)_i + \left(1 + \frac{1}{r}\right)^2 \frac{\Delta x_i^{\,2}}{2!}\left(\frac{\partial^2 C}{\partial x^2}\right)_i - \left(1 + \frac{1}{r}\right)^3 \frac{\Delta x_i^{\,3}}{3!}\left(\frac{\partial^3 C}{\partial x^3}\right)_i + \cdots$$

二阶精度的向后差分方案应为 3 网格点的线性组合，所以我们对上述三式分别乘以 a, b, c 相加，求出恰当的以网格间距及数值表示的 a, b, c 参数即可，为避免方程式过长，我们用下面的**泰勒级数表**表示上面三方程相加后的等号左边及右边的前三项系数

表 7 - 1　求二阶精度向后差分方案的泰勒级数表

	C_i	$(\partial C/\partial x)_i$	$(\partial^2 C/\partial x^2)_i$	HOT
aC_i	a			
bC_{i-1}	b	$b(-\Delta x_i)$	$b(-\Delta x_i)^2/2$	
cC_{i-2}	c	$c(-(1+1/r)\Delta x_i)$	$(-(1+1/r)\Delta x_i)^2/2$	

表中 HOT 表示高阶无穷小。为将一阶导数 $(\partial C/\partial x)_i$ 表示成 3 网格点的线性组合，即

$$\left(\frac{\partial C}{\partial x}\right)_i = aC_i + bC_{i-1} + cC_{i-2} \tag{7-11}$$

暂不考虑截断误差，我们只需让上述三泰勒展开式之和的等号右边 C_i 的系数（表第二列之和）为零，一阶导数项的系数（表第三列之和）为 1，及二阶导数项的系数（表第三列之和）为零就行了。即解如下方程组

$$
\begin{cases}
a+b+c=0 \\
-b\Delta x_i - c\left(1+\dfrac{1}{r}\right)\Delta x_i = 1 \\
b\dfrac{\Delta x_i{}^2}{2} + c\left(1+\dfrac{1}{r}\right)^2\Delta x_i{}^2 = 0
\end{cases}
$$

解之得 $a=\dfrac{1+2r}{(r+1)\Delta x_i}$，$b=-\dfrac{r+1}{\Delta x_i}$，$c=\dfrac{r^2}{(r+1)\Delta x_i}$

所以最终我们得到对应于等比间距网格的二阶精度的向后差分格式为

$$
\left(\frac{\partial C}{\partial x}\right)_i = \frac{1+2r}{(r+1)\Delta x_i}C_i - \frac{r+1}{\Delta x_i}C_{i-1} + \frac{r^2}{(r+1)\Delta x_i}C_{i-2} + \mathrm{HOT} \qquad (7-12)
$$

上式右边各网格点变量 C 值前的系数之和为零，这一般适用于任何精度的格式。读者可用类似的方法推导出等比间隔网格的二阶导数的 3 点中心差分格式为（作业）

$$
\left(\frac{\partial^2 C}{\partial x^2}\right)_i = \frac{2r^2}{(r+1)\Delta x_i{}^2}C_{i-1} - \frac{2r}{\Delta x_i{}^2}C_i + \frac{2r}{(r+1)\Delta x_i{}^2}C_{i+1} + \mathrm{HOT} \qquad (7-13)
$$

其他更高阶的格式可用类似方法求得。

（3）多项式拟合法

上述离散方案也可通过多项式的拟合来求得。利用 2 网格点线性拟合可得到一阶精度的方案，3 网格点拟合二次多项式可得到二阶精度的方案等。我们来看一阶方案拟合的推导。假设函数 $C(x)$ 可进行如下线性拟合

$$
C(x) = ax + b
$$

式中 a,b 为常数，那么有

$$
C_i = ax_i + b
$$
$$
C_{i+1} = ax_{i+1} + b
$$
$$
C_{i-1} = ax_{i-1} + b
$$

进而可推出

$$
\left(\frac{\partial C}{\partial x}\right)_i = a = \frac{C_{i+1}-C_i}{(x_{i+1}-x_i)} = \frac{C_i - C_{i-1}}{(x_i - x_{i-1})} = \frac{C_{i+1}-C_{i-1}}{(x_{i+1}-x_{i-1})} \qquad (7-14)
$$

也方便地推出了一阶向前差分、向后差分及中心差分的表达式。若进行抛物线拟合可推出非均匀网格的二阶差分表达式（思考练习题）。至此我们再一次看到，通向真理道路不止一条，正如前面通过量纲分析法或傅立叶变换等均可求得瞬时扩散源模型的解。

7.4.4　二阶导数的离散近似

对于式(7-1)中的二阶偏导数的扩散项可以两次应用一阶导数的离散来近似计算,有多种可能,但最常用的具二阶精度的方案是对内部的一阶导数在外部中心差分点应用中心差分,即

$$\frac{\partial}{\partial x}\left(D\frac{\partial c}{\partial x}\right)_i \approx \frac{\left(D\frac{\partial c}{\partial x}\right)_{i+1/2} - \left(D\frac{\partial c}{\partial x}\right)_{i-1/2}}{\frac{1}{2}(x_{i+1}-x_{i-1})} \approx \frac{D_{i+1/2}\frac{c_{i+1}-c_i}{x_{i+1}-x_i} - D_{i-1/2}\frac{c_i-c_{i-1}}{x_i-x_{i-1}}}{\frac{1}{2}(x_{i+1}-x_{i-1})}$$

$$(7-15)$$

若为等间距 Δx 均匀网格,且 D 为常数,上式即为

$$\frac{\partial}{\partial x}\left(D\frac{\partial c}{\partial x}\right) \approx D\frac{c_{i+1}-2c_i+c_{i-1}}{(\Delta x)^2} \qquad (7-16)$$

下小节的例子中我们将用此法离散扩散项。

7.4.5　一维稳态标量传输方程的离散及数值求解例

这里应用前面讨论的差分格式来数值求解下面一维无源稳态的标量传输方程,并介绍此类一维问题的离散线性方程组的典型的**汤姆斯算法**(Thomas Algorithm)或**三对角线矩阵算法**(TDMA/Tridiagonal Matrix Algorithm)。在下一节进而调查典型差分格式的重要特性,并在本章最后一节讨论模拟的误差及精度。

$$\frac{\partial(uc)}{\partial x} - \frac{\partial}{\partial x}\left(D\frac{\partial c}{\partial x}\right) = 0 \qquad (7-17)$$

设速度 $u=1\mathrm{m/s}$,扩散系数 $D=0.01\mathrm{m^2/s}$,求解空间为 $x\in[0,1]$,边界条件为 $c(x=0)=c_0=0,c(x=1)=c_L=1$。第 2 章已求出其理论解为式(2-66)和式(2-67)所以我们可以将数值解和理论解相比较来准确地分析计算误差。

差分法的第一步是对微分方程采用恰当的离散格式将其转换成离散空间各点的如下形式代数方程

$$A_W c_{i-1} + A_P c_i + A_E c_{i+1} = Q_i \qquad (7-18)$$

式中 (A_P, A_W, A_E) 为以已知模型参数 (u,D) 及网格间距表示的离散系数;下标 P 表示所考虑的离散点;下标 W,E 分别表示在所考虑离散点的西边及东边邻接的离散点。如下所述,这些离散方程的系数值随着离散方法的不同而不同。针对一维的一阶的差分格式上式就可以了,随着模拟维度的增加或差分格式精度的提高,上述代数方程应相应地调整包含所考虑 x_i 点周围更多的点。接着需要求出式

(7-18)各系数及源项的一般表达式。经验告诉我们,随流输运项的离散格式影响数值求解的精度及稳定性较大,所以我们重点考察其不同的离散格式。

(1) 随流输运项中心差分法

对模型方程(7-17)的随流输运项应用中心差分格式(式7-3)得

$$\left(\frac{\partial(uc)}{\partial x}\right)_i \overset{u为常量}{=} \left(u\frac{\partial c}{\partial x}\right)_i \approx u\frac{c_{i+1}-c_{i-1}}{x_{i+1}-x_{i-1}} \Rightarrow A_W^c = \frac{-u}{x_{i+1}-x_{i-1}}, A_E^c = \frac{u}{x_{i+1}-x_{i-1}}, A_P^c = 0$$

$$(7-19)$$

(2) 随流输运项迎风格式

所谓迎风格式(upwind difference scheme)即为在应用向前或向后差分格式时,考虑流速的方向,总是采用所考虑点的上游点来进行差分,以确保上游的信息可传递给计算点,提高稳定性。实践证明这也是最为简单稳定的计算格式。对模型方程(7-17)的随流输运项应用迎风差分格式就得如下考虑流速的方向:

$$\left(\frac{\partial(uc)}{\partial x}\right)_i \overset{u为常量}{=} \left(u\frac{\partial c}{\partial x}\right)_i \approx \begin{cases} u\dfrac{c_{i-1}-c_i}{x_{i-1}-x_i}\overset{u\geqslant0}{\Rightarrow} A_W^c = \dfrac{-u}{x_i-x_{i-1}}, A_E^c=0, A_P^c = \dfrac{-u}{x_i-x_{i-1}} \\[3mm] u\dfrac{c_{i+1}-c_i}{x_{i+1}-x_i}\overset{u<0}{\Rightarrow} A_W^c=0, A_E^c = \dfrac{u}{x_{i+1}-x_i}, A_P^c = \dfrac{u}{x_{i+1}-x_i} \end{cases}$$

$$(7-20)$$

(3) 扩散项二阶中心差分格式

对扩散项应用7.4.4节的具二阶精度的中心差分格式得

$$-\left[\frac{\partial}{\partial x}\left(D\frac{\partial c}{\partial x}\right)\right]_i \overset{D为常量}{=} -D\left[\frac{\partial}{\partial x}\left(\frac{\partial c}{\partial x}\right)\right]_i \approx -D\frac{\left(\dfrac{\partial c}{\partial x}\right)_{i+1/2}-\left(\dfrac{\partial c}{\partial x}\right)_{i-1/2}}{\frac{1}{2}(x_{i+1}-x_{i-1})}$$

$$\approx -D\frac{\dfrac{c_{i+1}-c_i}{x_{i+1}-x_i}-\dfrac{c_i-c_{i-1}}{x_i-x_{i-1}}}{\frac{1}{2}(x_{i+1}-x_{i-1})}$$

$$\Rightarrow A_W^d = \frac{-2D}{(x_{i+1}-x_{i-1})(x_i-x_{i-1})}, A_E^d = \frac{-2D}{(x_{i+1}-x_{i-1})(x_{i+1}-x_i)}, A_P^d = -(A_W^d+A_E^d)$$

$$(7-21)$$

最终差分代数方程的各系数应为差分的随流输运项及扩散项之和,即

$$A_W = A_W^c + A_W^d , A_E = A_E^c + A_E^d , A_P = A_P^c + A_P^d \qquad (7-22)$$

对本例题来说,除去边界点的源项 Q 为零。

(4) 边界条件

解微分方程重要的一步是应用边界条件,数值计算求解也不例外。我们需格外地注意边界条件,因为对于相同性质的流体及流动来说,模型方程大都是一致的,各种应用问题的不同多在于边界条件的不同。对于本节例题,除了在起始及终点处的值给定,无需计算外,和边界相邻处的 x_2 , x_{N-1} 点(图7-16)处的离散代数方程系数还需根据给定的边界作相应修正。我们来看 x_2 处的离散方程为 $A_{W2} c_1 + A_{P2} c_2 + A_{E2} c_3 = Q_2$,因为 $c_1 (x=0) = 0$ 为已知,所以我们可以将其放入源项来考虑,反映在计算程序上,即为

$$Q_2 = Q_2 - A_{W2} c_1$$
$$\qquad (7-23)$$
$$A_{W2} = 0$$

同理可写出终点边界条件的程序(作业)。这样解代数方程组只需对 $i = 2 \sim N-1$ 点来进行就可以了。关于解线性代数方程组,特别是这种三对角线性的,可采用上对角方程组追赶法。

(5) 解线性代数方程组

经过上述对模型微分方程的离散及考虑边界的已知条件,我们最终需求解的关于从 x_2 至 x_2 , x_{N-1} 线性代数方程组的形式如下:

$$A_{P2} c_2 + A_{E2} c_3 = Q_2$$
$$A_{W3} c_2 + A_{P3} c_3 + A_{E3} c_4 = Q_3$$
$$\cdots$$
$$A_{Wi} c_{i-1} + A_{Pi} c_i + A_{Ei} c_{i+1} = Q_i$$
$$\cdots$$
$$A_{WN-1} c_{N-2} + A_{PN-1} c_{N-1} = Q_{N-1} \qquad (7-23)$$

采用高斯消去法第一步将其转换为上三角方程组的形式:对 $i = 2 \sim N-1$ 点来进行如下程序操作即可

$$A_{Pi} = A_{Pi} - \frac{A_{Wi} A_{Ei-1}}{A_{Pi-1}}$$
$$\qquad (7-23)$$
$$Q_i^* = Q_i - \frac{A_{Wi} Q_{i-1}^*}{A_{Pi-1}}$$

然后从第 $N-1$ 点开始倒替换即可求得方程组的解

$$c_i = \frac{Q_i^* - A_{Ei}c_{i+1}}{A_{Pi}} \tag{7-23}$$

该算法的 Matlab 程序(TDMA. m)如下:

```
function c=TDMA(c,ae,aw,ap,q)
% 1Dtridiagonal matric solver
% n:No. of dimension
% c:variable to be solved
% ae:east matrix
% ap:central matrix
% aw:west matrix
% q:sourcee matrix
% x:position matrix
n=size(ae)
bpr=zeros(n);
v=bpr;
N=n(2)-1;
% calculate 1./UP(bpr) and modified source term (v)
for i=2:N
bpr(i)=1./(ap(i)-aw(i)*ae(i-1)*bpr(i-1));
v(i)=q(i)-aw(i)*v(i-1)*bpr(i-1);
end
% backward substitution for solution
for i=N:-1:2
c(i)=(v(i)- ae(i)*c(i+1))*bpr(i);
end
```

7.4.6 基本离散格式的特性

对前一小节的例题的随流输运项分别应用中心差分格式(CDS)及迎风格式(UDS)在不同差分网格间距上的数值求解和理论解的对比结果如下面二图所示。光盘上提供的 Matlab 程序 CDSUDS1D. m 可供读者测试及学习应用上述数值求解方法。

图 7-17 表示了对随流输运项采用中心差分格式在三种不同密度的均匀网格上所计算模拟结果和理论解的对比。由图我们看出中心差分格式一些特性:

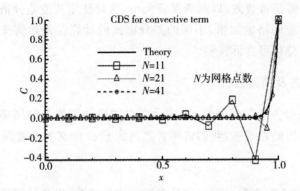

图 7 - 17　随流输运项应用中心差分格式在不同密度的网格上的数值模拟结果

（1）网格稀疏时不稳定，会在准确值附近震荡，误差较大；

（2）随着网格密度的增大，震荡减小，计算值迅速逼近准确值。

此图所反映的在均匀网格上具二阶精度的中心差分格式的特征也适用于所有高阶的偶数阶的差分格式。

图 7 - 18 表示了对随流输运项采用迎风差分格式在三种不同密度的均匀网格上所计算模拟结果和理论解的对比。由图我们看出迎风差分格式一般特性：

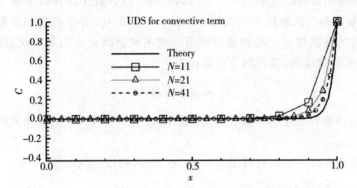

图 7 - 18　随流输运项应用迎风差分格式在不同密度的网格上的数值模拟结果

（1）在网格稀疏时，虚假的或数值的扩散误差较大；

（2）随着网格密度的增大，扩散减小，计算值渐渐逼近准确值；

（3）对相同较高密度（$N=41$）的均匀网格，迎风格式的误差比中心差分格式的误差要大。

由图 7 - 18 还可见，在使用同样稀疏网格时，迎风格式没有中心差分格式的震荡，但数值扩散较大，这也是所有奇数阶的差分格式所具有的特征。随着网格的加密，迎风格式模拟渐渐单向逼近准确值。所以说，在数值计算模拟中，我们需加密网格来检查数值解是否收敛,以判断误差大小,这对使用其他差分格式的计算方法也是一样的。随着网格的加密,不同的差分格式的计算误差如何变化呢? 下一小节的误差及精度分析可告诉我们。

7.4.7 误差及精度分析

以 Φ 表示微分方程的精确解,φ_h 表示在以网格间距为 h 的网格上所获得的离散后的线性方程组的精确解,我们将两者之间的差 ε_h 定义为**离散误差**,即

$$\varepsilon_h = \Phi - \varphi_h \qquad (7-24)$$

由上节例子我们知道,离散误差不仅是离散格式的函数,也是计算所采用网格的函数,网格间距 h 越小,离散误差也越小。对于没有理论解的方程,我们可以用更为精细的网格上所获得的解来推测粗网格的离散误差。用 D, L_h 分别表示模型的微分算子及离散后的线性算子,由泰勒展开式,我们有

$$D(\Phi) = L_h(\Phi) + \tau_h = 0 = L_h(\varphi_h + \varepsilon_h) + \tau_h = L_h(\varphi_h) + L_h(\varepsilon_h) + \tau_h \Rightarrow L_h(\varepsilon_h) = -\tau_h$$

$$(7-25)$$

可见离散误差经含有随流输运及扩散的离散后的线性算子运算后形成了**截断误差** τ_h,也即截断误差为离散误差线性算子的源项。由 7.4.3 小节离散的泰勒展开式我们知道离散的截断误差主要和截断项第一项的网格间距 h 的某个次方成比例的,精度越高,次方数越高,我们用下式来代表

$$\varepsilon_h \approx \alpha h^p + \text{HOT} \qquad (7-26)$$

式中,α 为泰勒展开式中的系数和对应点的函数微分值;HOT 为网格间距的更高阶次方项。

由上式及式(7-24),对间距为 h、$2h$ 及 $4h$ 的网格,应有

$$\Phi = \varphi_h + \alpha h^p + \text{HOT}_h = \varphi_{2h} + \alpha (2h)^p + \text{HOT}_{2h} = \varphi_{4h} + \alpha (4h)^p + \text{HOT}_{4h}$$

忽略高阶项,我们可由上式求得离散格式的精度近似为

$$p \approx \frac{\ln\left(\dfrac{\varphi_{2h} - \varphi_{4h}}{\varphi_h - \varphi_{2h}}\right)}{\ln 2} \qquad (7-27)$$

同时可估算对网格间距为 h 的离散误差约为

$$\varepsilon_h \approx \alpha h^p \approx \frac{\varphi_h - \varphi_{2h}}{2^p - 1} \qquad (7-28)$$

上式可用来利用网格间距差一倍的网格的数值解来估算精确解。前一小节例子的

对随流输运项分别应用中心差分格式及迎风格式在网格间距相差分别为 $2,4,8$ 倍的网格上计算的误差对网格间距的对数坐标作图如下,图中的误差是按各计算点对理论精确解的绝对差之和的平均来计算的。可见随着网格间距的缩小,中心差分格式(CDS) 的误差更快地减小,这是因为对均匀网格来说,它是 2 阶精度的。

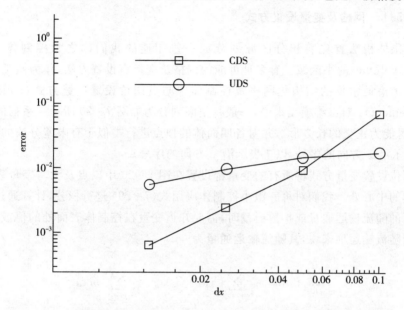

图 7 - 19　对随流输运项采用 CDS 及 UDS 的模拟误差随着网格间距变化图

知道了误差,可以更方便地利用式(7 - 27) 来估算差分格式的精度。据此算出本例题中中心差分格式的精度约为1.95。由图 7 - 19 也可看出,当网格间距减小一个数量级时,误差下降了约两个数量级。迎风格式(UDS) 的误差随着网格间距步长的缩小而减小的速率较 CDS 要慢,因其精度阶数低。

7.5　有限体积法简介

前面通过有限差分法较详细地介绍了计算流体力学的一些重要基础知识,这节我们以二维随流输运扩散模型模拟河流中央及岸边污染物排放为例,具体介绍有限体积法。我们依然以浓度标量 c 的守恒方程为例,考虑一无源稳定场,时变项和源项为零。有限体积法的出发点为源于式(4 - 31a) 的如下稳态标量 c 的积分形式的守恒方程

$$\int_s c\vec{u} \cdot \vec{n}\mathrm{d}S - \int_S D\,\nabla c \cdot \vec{n}\mathrm{d}S = 0 \qquad (7 - 29)$$

写成二维微分表达式的话,应为

$$\frac{\partial(uc)}{\partial x} + \frac{\partial(vc)}{\partial y} = D(\frac{\partial^2 c}{\partial x^2} + \frac{\partial^2 c}{\partial y^2}) \tag{7-30}$$

7.5.1 网格及变量设置方式

有限体积法首先将积分区域划分成一些相连的我们称之为**控制体**(CV/control volume)的小区域。有多种可能的网格及变量点设置方法,作为基础,在此我们仅考虑最常见的结构化网格及控制体中心点**同位设置变量方式**(collocated arrangement)。对二维模型来说,一般将空间划分为如图7-20所示一系列的四边形(尽可能为正交的长方形),并对各四面体的顶点进行类似于有限差分法的编号,以 i 表示沿 x 方向的序号,以 j 表示沿 y 方向的序号。

同位设置变量方式将所有的变量都设置在图7-20中以点及大写字母表示的控制体的中心处。我们对每一微小控制体应用式(7-29)进行积分,计算通过控制体表面的随流输运通量或扩散通量时,需要知道变量在控制体表面处的值或梯度,对二维随流输运项来说,其随流输运通量为

$$\int_S c\vec{u} \cdot \vec{n}\mathrm{d}S = \sum_{i=\mathrm{e,w,n,s}} (u_i \cdot \vec{S_i})c_i = \sum_{i=\mathrm{e,w,n,s}} m_i c_i \tag{7-31}$$

式中小写字母 e,w,n,s 表示所考虑控制体的东、西、北及南面,m 为体积流量通量,对于二维问题,其量纲为 $[\mathrm{L^2T^{-1}}]$,对三维问题,其量纲为 $[\mathrm{L^3T^{-1}}]$。三维问题再加上、下两个面就可以了。这就需要根据控制体中心的计算值来估算变量在控制体表面的值。估算的插值方法和前面介绍一些差分格式类似,性质也大致相同,介绍如下。

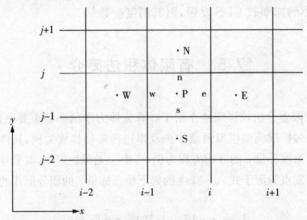

图7-20 二维空间结构化网格的离散控制体示意图

7.5.2　应用于有限体积法的插值法

不失一般性,以图 7-20 中间标号为 P 的控制体为例来看一些由周边控制体中心处的值来估算其对应控制面上的值的典型方法。

(1) 迎风插值 (upwind interpolation)

即以控制体面上游控制体中心处的值代替面上的值,以浓度 c 为例,即

$$c_e = \begin{cases} c_P & m_e > 0 \\ c_E & m_e < 0 \end{cases} \qquad (7-32)$$

式中, m 为流量通量,下标表示对应网格中心点(大写字母)或面中心处(小写字母)的值。

由泰勒展开式可得

$$c_e = c_P + (x_e - x_P)\left(\frac{\partial c}{\partial x}\right)_P + \frac{(x_e - x_P)^2}{2!}\left(\frac{\partial^2 c}{\partial x^2}\right)_P + \mathrm{HOT} \qquad (7-33)$$

迎风插值仅保留其第一项,其截断误差第一项为网格间距的一次方,所以是一阶精度的方法,如果将截断误差第一项带入模型方程(式 7-30),可看出其具有扩散的效应,且此数值误差的扩散系数值为 $u(x_e - x_p)$,也就是若网格间距越大,数值扩散也越高。所以一阶迎风格式需要较细的网格才能获得满意的精度,这一点和差分格式的迎风格式是类似的。

(2) 线性插值 (linear interpolation)

对 E、P 点应用泰勒展开得

$$c_E = c_P + (x_E - x_P)\left(\frac{\partial c}{\partial x}\right)_P + \frac{(x_E - x_P)^2}{2!}\left(\frac{\partial^2 c}{\partial x^2}\right)_P + \mathrm{HOT} \qquad (7-34)$$

式(7-32)－式(7-33)×$(x_e - x_P)/(x_E - x_P)$ 得

$$c_e = c_E \lambda_e + c_P(1-\lambda_e) - \frac{(x_e - x_P)(x_E - x_P)}{2}\left(\frac{\partial^2 c}{\partial x^2}\right)_P + \mathrm{HOT}, \quad \lambda_e = \frac{x_e - x_P}{x_E - x_P}$$

$$(7-35)$$

保留等号右边前两项即为和中心差分法类似的用所考虑控制体面两边控制体中心的量来估算控制体面上值的线性插值法。由上式等号右边第三项可见其截断误差和网格间距的二次方成正比,为二阶精度的插值法,和差分法的中心差分一样会有震荡稳定性不好的问题。

(3) 二次迎风插值 (QUICK/quadratic upwind interpolation)

一阶的迎风插值在稀疏网格上有较高的数值扩散,二阶的线性插值有稳定问题,如果我们使用对应面上游两点来进行二次抛物线外插的话,有可能获得既稳定性好、数值扩散又小的方案,这就是二次迎风插值 QUICK 法。

$$c_e = \begin{cases} c_P + g_1(c_E - c_P) + g_2(c_P - c_W) & m_e > 0 \\ c_E + g_3(c_E - c_P) + g_4(c_P - c_W) & m_e < 0 \end{cases} \qquad (7-36)$$

式中,$g_{1\sim4}$ 为以相关网格间距的函数表示的插值系数,留为作业。

7.5.3 守恒方程随流输运项的离散

首先看模型方程(7-29)随流输运项的离散式(7-31)。对随流输运项我们可采用迎风插值或线性插值。

(1) 迎风插值

以中心点为 P 的控制体为例,其 e 面的物质通量为

$$m_e c_e = \begin{cases} m_e c_P & m_e > 0 \\ m_e c_E & m_e < 0 \end{cases} \Rightarrow m_e c_e = \max(m_e, 0) c_P + \min(m_e, 0) c_E \quad (7-37)$$

同理可推得其他各面的物质通量分别为

$$m_n c_n = \max(m_n, 0) c_P + \min(m_n, 0) c_N$$
$$m_w c_w = \max(m_w, 0) c_P + \min(m_w, 0) c_W \qquad (7-38)$$
$$m_s c_s = \max(m_s, 0) c_P + \min(m_s, 0) c_S$$

将式(7-37)和式(7-38)带入式(7-31)得有限体积法迎风插值的离散式为

$$\int_S \vec{cu} \cdot \vec{n} \mathrm{d}S = \sum_{i=e,w,n,s} m_i c_i = \min(m_w, 0) c_W + \min(m_s, 0) c_S + A_P^c c_P +$$

$$\min(m_n, 0) c_N + \min(m_e, 0) c_E$$

$$= A_W^c c_W + A_S^c c_S + A_P^c c_P + A_N^c c_N + A_E^c c_E$$

式中,A 代表离散代数方程中对应所求变量的系数,上标 c 表示随流输运项对该项的贡献量。进而推得

$$A_W^c = \min(m_w, 0), A_S^c = \min(m_s, 0), A_N^c = \min(m_n, 0), A_E^c = \min(m_e, 0) \quad (7-39)$$

另由质量守恒可得

$$A_P^c = -(A_W^c + A_S^c + A_N^c + A_E^c) \tag{7-40}$$

（2）线性插值

设 $\lambda_e = \dfrac{x_e - x_P}{x_E - x_P}, \lambda_n = \dfrac{y_n - y_P}{y_N - y_P}, \lambda_w = \dfrac{x_w - x_P}{x_W - x_P}, \lambda_s = \dfrac{y_s - y_P}{y_S - y_P}$，则

$$
\begin{aligned}
m_e c_e &= m_e (1 - \lambda_e) c_P + m_e \lambda_e c_E \\
m_n c_n &= m_n (1 - \lambda_n) c_P + m_n \lambda_n c_N \\
m_w c_w &= m_w (1 - \lambda_w) c_P + m_w \lambda_w c_W \\
m_s c_s &= m_s (1 - \lambda_s) c_P + m_s \lambda_s c_S
\end{aligned}
\tag{7-41}
$$

带入式(7-31) 和前面同样的方法得

$$A_W^c = m_w \lambda_w, A_S^c = m_s \lambda_s, A_N^c = m_n \lambda_n, A_E^c = m_e \lambda_e \tag{7-42}$$

式(7-40) 依然适用。

7.5.4 守恒方程扩散项的离散

对模型方程的扩散项的离散我们采用线性插值

$$-\int_S D \nabla c \cdot \vec{n} \mathrm{d}S = -\sum_{i=e,w,n,s} (D (\nabla c)_i \cdot \vec{S}_i) = -\sum_{i=e,w,n,s} F_i \tag{7-43}$$

式中，F 为因扩散而产生的物质流通量，下标表示所考虑的控制体的面相对于控制体中心的方向，对二维正交网格

$$F_e = -D\Delta y \left(\frac{\partial c}{\partial x}\right)_e = -D\Delta y \frac{c_E - c_P}{x_E - x_P} = \left(\frac{-D\Delta y}{x_E - x_P}\right)c_E + \left(\frac{D\Delta y}{x_E - x_P}\right)c_P$$

$$F_w = D\Delta y \left(\frac{\partial c}{\partial x}\right)_w = D\Delta y \frac{c_W - c_P}{x_W - x_P} = \left(\frac{D\Delta y}{x_W - x_P}\right)c_W + \left(\frac{-D\Delta y}{x_W - x_P}\right)c_P$$

$$F_n = -D\Delta x \left(\frac{\partial c}{\partial y}\right)_n = -D\Delta x \frac{c_N - c_P}{y_N - y_P} = \left(\frac{-D\Delta x}{y_N - y_P}\right)c_N + \left(\frac{D\Delta x}{y_N - y_P}\right)c_P$$

$$F_s = D\Delta x \left(\frac{\partial c}{\partial y}\right)_s = D\Delta x \frac{c_S - c_P}{y_S - y_P} = \left(\frac{D\Delta x}{y_S - y_P}\right)c_S + \left(\frac{-D\Delta x}{y_S - y_P}\right)c_P \tag{7-44}$$

在 w 和 s 面，因所求梯度方向和对应控制体面的外法线方向相反，故负号消去了。将上式带入式(7-43) 和随流输运项同样的方法可推得

$$A_W^d = \frac{D\Delta y}{x_W - x_P}, A_S^d = \frac{D\Delta x}{y_S - y_P}, A_N^d = \frac{-D\Delta x}{y_N - y_P}, A_E^d = \frac{-D\Delta y}{x_E - x_P} \qquad (7-45)$$

随流输运的物质守恒,扩散物质也需守恒,故式(7-40)依然成立,即

$$A_P^d = -(A_W^d + A_S^d + A_N^d + A_E^d) \qquad (7-46)$$

7.5.5   守恒方程离散后的线性代数方程

有限体积法离散后的二维标量守恒方程的对应各控制体的线性代数方程的一般表达式为

$$A_W c_W + A_S c_S + A_P c_P + A_N c_N + A_E c_E = Q_P \qquad (7-47)$$

式中,$A_i = A_i^c + A_i^d$,$i = W, S, P, N, E$,即各未知量的系数为对应的守恒方程中的随流输运通量及扩散通量之和。

7.5.6   边界条件的处理

上述离散方程系数的确定方法适用于所有内部控制体的面,但对和边界相邻的控制体的面,需作如下特别处理,糅合进已知的边界条件。

以如图7-21所示的河流中心排放污染物的模拟为例,左边为入口,其边界上的污染物浓度为已知,即对边界的和排放源相邻的控制体来说 $c_w = c_0$ 为已知量。编程时对此类边界条件的一般处理方法是使得 $Q_p = Q_p - A_w c_w$,然后使 $A_w = 0$。也即在源项内考虑已知的边界条件。

对上下的固体河岸边界,我们假设污染物和河岸没有生化反应及物质交换,其沿边界方向的梯度为零,即在北及南边界上 $\left(\frac{\partial c}{\partial y}\right)_{n,s} = 0$,也即边界上的浓度值和其相邻的控制体的中心处的值是相等的。编程时对此类边界的一般处理方法是将其和边界上控制体中心处的未知量合并在一起考虑,以北部边界为例,对其离散代数方程(7-47),使 $A_P = A_P + A_N$,然后设定 $A_N = 0$。对右边的出口边界也作和上述河岸类似的处理。

7.5.7   污染物河流中心及岸边释放的初步模拟研究

所谓初步的模拟研究,是指我们假定河流流速恒定,在7.7节学完RANS解法后,我们还要进一步地进行流场及浓度的同步模拟,得到更为精确的结果。设有宽10m,长30m的一段河流,河流流速 $u = 0.2\,\text{m/s}$,扩散系数 $D = 0.1\,\text{m}^2/\text{s}$,在河道左边入流处有一宽0.1m的浓度为20mg/L的恒定污染源,对中心及岸边排放分别应用上述有限体积法的数值计算模拟,得结果如图7-21和图7-22所示。

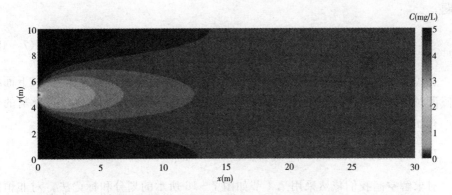

图 7 - 21 河道中心污染物排放的数值模拟

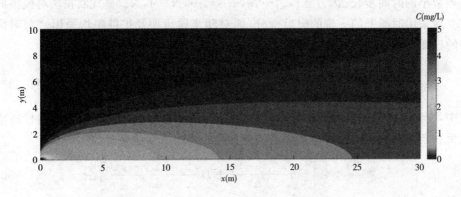

图 7 - 22 河道岸边污染物排放的数值模拟

由图可见,污染物在被河流流动向下搬运的同时,由于扩散效应,往下游方向浓度逐渐减低,影响范围变宽。这和实验观察及 6.7.4、6.7.5 小节的理论计算结果基本是一致的。等到后面 7.7 节学会数值求解纳维尔-斯托克斯方程后,我们就可以一并模拟计算流速和浓度的分布,得到更为精确的模拟结果。

7.6 非恒定问题的解法

前面我们假设所有的物理量均处于恒定状态,不随时间变化。而环境流体的实际情形是,特别是流动刚启动或污染物刚被释放时,速度及浓度都是随时间而变化的。研究随时间变化的非恒定模型的数值计算解法是本节的课题。由于非恒定问题的数值解法对于一维或二、三维问题来说基本都是一样的,我们以如下一维非稳态的标量的传输方程为例来讨论常用的一些非恒定问题的数值解法及其稳定性问题。

$$\frac{\partial c}{\partial t} = -\frac{\partial (uc)}{\partial x} + \frac{\partial}{\partial x}\left(D\frac{\partial c}{\partial x}\right) \qquad (7-48)$$

上式从左至右三项分别为时变项、随流输运项及扩散项。为表述方便,下面我们假设对空间和时间均进行均匀的分割,且 $\Delta x, \Delta t$ 分别为空间和时间分割的步长。有如下一些非恒定问题的基本解法。

7.6.1 显式欧拉法(Explicit Euler method)

对求解空间我们依然采用 7.4 节如图 7-16 所示的划分和标记法。对非恒定问题的时间维度采用类似一维空间的离散方法,将所需计算的时间区间划分为一系列微小的时间步长 $\Delta t_j, j=1,2,\cdots,n,n+1,\cdots,N-1,N$。显式欧拉法对模型的时变项采用时间上的一阶的向后微分,而对随流输运项及扩散项均采用之前时间步的已知变量值的中心差分,即

$$\frac{c_i^{n+1} - c_i^n}{\Delta t} = -u\frac{c_{i+1}^n - c_{i-1}^n}{2\Delta x} + D\frac{c_{i+1}^n - 2c_i^n + c_{i-1}^n}{\Delta x^2} \qquad (7-49)$$

式中,变量 c 的下标表示对应空间离散点,上标表示对应的时间离散点。这样所求变量在新的时间步的值可由相邻点的前一时间步的已知量推出,即

$$c_i^{n+1} = c_i^n + \left[-u\frac{c_{i+1}^n - c_{i-1}^n}{2\Delta x} + D\frac{c_{i+1}^n - 2c_i^n + c_{i-1}^n}{\Delta x^2}\right]\Delta t \qquad (7-50)$$

这种方法的优点是简单易行,所需计算机的储存量亦小,可以对空间点逐个进行计算,并在时间上由初始条件逐次推进至所希望的时间即可;缺点是对时间步长和空间步长有较严格的要求,方可达到稳定性。

7.6.2 隐式欧拉法(Implicit Euler Method)

隐式欧拉法对时变项的差分同前,对随流输运项及扩散项均采用新的未知时间步的变量值的中心差分,即

$$c_i^{n+1} = c_i^n + \left[-u\frac{c_{i+1}^{n+1} - c_{i-1}^{n+1}}{2\Delta x} + D\frac{c_{i+1}^{n+1} - 2c_i^{n+1} + c_{i-1}^{n+1}}{\Delta x^2}\right]\Delta t \qquad (7-51)$$

这样我们就不能一个个空间点地去求出新的时间步的变量值了,而是对每个求解点得到一形如下式的线性代数方程

$$A_W^{n+1}c_W^{n+1} + A_P^{n+1}c_P^{n+1} + A_E^{n+1}c_E^{n+1} = Q_P^n \qquad (7-52)$$

读者可由式(7-51)方便地写出上式的各参数的表达式(作业),式中的源项包含了

所有已知时间步的项及边界条件。二维问题还得再加上另一维度的两项得到形如式 (7-47) 的代数方程,三维问题的对应离散线性方程还得再加上两项。隐式方法需对除去边界点的内部点的离散线性代数方程组统一求解。它需要更多的储存空间,但比显式方法有更好的稳定性,且数学上有非常成熟的方法快速解这种对角线型的代数方程组(请参阅 7.4.5 小节)。

7.6.3 C-N 法 (Crank-Nicolson method)

显式及隐式欧拉法在时间上都是一阶精度的,若希望二阶精度的方案,C-N 法是一个答案。C-N 法可以说是显式和隐式欧拉法的结合,即对所求各点在新的时间步的值一半采用前一已知时间步的,一半采用所求未知时间步的

$$c_i^{n+1} = c_i^n + \left[-u \frac{c_{i+1}^{n+1} - c_{i-1}^{n+1}}{2\Delta x} + D \frac{c_{i+1}^{n+1} - 2c_i^{n+1} + c_{i-1}^{n+1}}{\Delta x^2} \right] \frac{\Delta t}{2} +$$

$$\left[-u \frac{c_{i+1}^n - c_{i-1}^n}{2\Delta x} + D \frac{c_{i+1}^n - 2c_i^n + c_{i-1}^n}{\Delta x^2} \right] \frac{\Delta t}{2} \quad (7-53)$$

它也是隐式的方法,具有隐式法稳定的特点,同时也具有二阶的时间精度,即其误差随着时间步长的减小下降得比欧拉法要快一个数量级。

7.6.4 三时间段法 (Three Time Level method)

前面的方法在求新时间步的值时均利用前一时间步的已知量,如果我们进一步地利用前二时间步的已知量,会不会得到既精度高又稳定性好的方法呢? 这就是三时间段法。对时变项采用二次的向后差分,而对随流输运项及扩散项采用和隐式欧拉法一样的差分方法,即

$$\frac{3c_i^{n+1} - 4c_i^n + c_i^{n-1}}{2\Delta t} = \left[-u \frac{c_{i+1}^{n+1} - c_{i-1}^{n+1}}{2\Delta x} + D \frac{c_{i+1}^{n+1} - 2c_i^{n+1} + c_{i-1}^{n+1}}{\Delta x^2} \right] \quad (7-54)$$

三时间段法同样对每个求解点得到一形如式 (7-52) 的线性代数方程,不过其源项 Q 包含有比 C-N 法更多的之前时间步的信息。它具有比 C-N 法更加易于编程及更加稳定的特点,C-N 法在时间步长不够小时有可能会振荡。此法在启动时还得采用一阶精度的欧拉法,因为只有初始值可利用。

7.6.5 应用例及误差分析

我们先来看应用上述非恒定问题数值解法的实例,对式 (7-48) 的模型方程,我们假设求解空间为 $x \in [0,1]$,速度 $u=1\mathrm{m/s}$,扩散系数 $D=0.5\mathrm{m^2/s}$,其初始条件为在非边界点 $c=0$,边界条件同 7.4.5 节例题,即 $c(x=0)=0$,$c(x=1)=1$,求其

在 0.2s 时的解。我们将空间十等分,即取 $dx = 0.1m$,时间步长取为 0.1s,随流输运项及扩散项均采用中心差分法,时变项分别采用上述的显式欧拉法、隐式欧拉法、C-N 法及三时间段法等四种方法,计算结果如下。

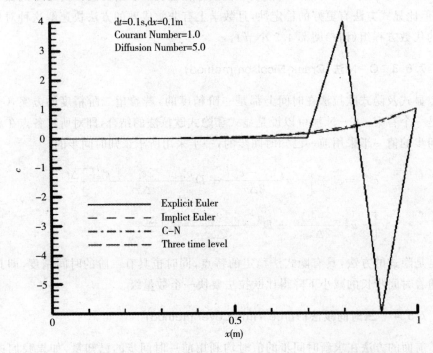

$dt=0.1s, dx=0.1m$
Courant Number=1.0
Diffusion Number=5.0

—— Explicit Euler
— — — Implict Euler
—·—·— C-N
— — — Three time level

图 7 - 23　应用四种不同的时间离散格式对较大的时间步长的数值模拟结果

由图可见,在时间步长较大为 0.1s 时,显式欧拉法有明显的振荡,不能求解,而其他三种时间的隐式格式则都得到了较合理的模拟结果。

根据微分的定义及泰勒展开式我们知道,缩小时间步长,误差应随着减小。下面我们对上述同样的问题保持空间步长不变,但将时间步长缩小到 0.01s,由图 7 - 24 的模拟结果可见,在时间步长足够小时,无论显式、隐式格式都能取得较满意模拟效果。

和恒定的问题不同,这种有着固定边界的非恒定随流输运及扩散问题没有理论解。那么如何分析计算的误差呢?可采取的方法是对二阶精度的 C - N 法采用极小的时间步长 $dt = 0.0001s$ 进行模拟的结果作为精确解,然后保持空间步长不变,采用数量级不同的时间步长 $dt = 0.1s, 0.01s, 0.001s$ 用四种时间差分法分别进行模拟,以模拟结果和上述在极小时间步长下获得的精确解的平均绝对误差为纵坐标,以时间步长为横坐标,采用对数坐标轴作图如图 7 - 25 所示。

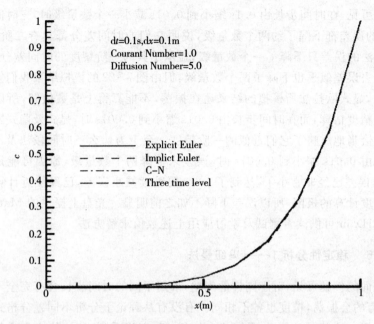

图 7 - 24　时间步长缩小后四种不同的时间离散格式的数值模拟结果

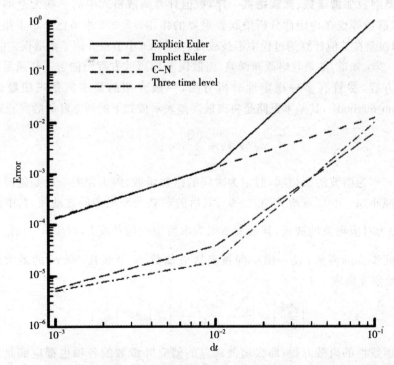

图 7 - 25　四种时间离散格式在保持空间步长不变的条件下误差随时间步长的变化

由图可见,在时间步长由 0.1s 缩小到 0.01s 减小一个数量级时,三时间段法及 C-N 法的误差都下降了约两个数量级,说明它们的时间差分都具有二阶精度;而隐式欧拉法的误差只下降了一个数量级,显示了其为一阶精度的时间差分;显式欧拉法看上去误差似乎也下降了两个数量级,但由图 7-22 的模拟结果我们知道在 dt=0.1s 时,显式欧拉法所模拟的结果还在振荡,不能算得上是数值解,所以不能用它来进行精度估算,而在时间步长由 0.01s 缩小到 0.001s 时,显式及隐式欧拉法的模拟结果恰当地反映了它们近似的一阶精度。至于为什么三时间段法及 C-N 法在间步长由 0.01s 缩小到 0.001s 时,误差未下降两个数量级,原因可能是在 dt=0.01s 时,误差已经非常小了,达到了 10^{-5},要继续减小误差,已经接近计算机所采用的单精度计算的极限,所以误差下降不如之前明显。光盘上提供的 Matlab 程序 CDSUDS1D. m 可供读者测试及学习应用上述数值求解方法。

7.6.6   稳定性分析 1—— 冯纽曼法

由上面的例题可见,对于同样的问题,采用不同的时间步长会有完全不同的模拟效果,有的会振荡,精度也各不相同。有没有从理论上分析不同差分格式的稳定性的方法呢? 这就是这小节要介绍的内容。我们将看到,和流体力学中的一些重要的无量纲数如**雷诺数、弗雷德数**一样,数值计算离散格式中的一些无量纲数如库恩数、扩散数等也在稳定性分析中起着重要的作用。7.2.2 小节已介绍了稳定性的概念,即误差在数值计算的过程中不被放大,在 7.4.6 小节也介绍了离散误差的概念,由式(7-25)知道,如果忽略截断误差,离散误差和离散方程组的解一样满足相同线性离散方程,尽管有多种稳定性分析方法,一般介绍的最多的是**冯纽曼法**(von Newmann method),其基本思路是将离散误差表示成如下的傅立叶级数展开式

$$\varepsilon(x,t) = \sum_{m=1}^{N/2} e^{a_m t} e^{ik_m x} \qquad (7-55)$$

式中的 $e^{a_m t}$ 为谐波的振幅项,假定为时间的指数函数,因为误差一般是随时间指数形式地减小($a_m < 0$)或增大($a_m > 0$);其后的 $e^{ik_m x}$ 为空间中的波动项,其中波数 k_m $=\dfrac{2\pi}{\lambda_m}$,λ_m 为对应谐波的波长,其最大值应为求解空间的长度 L,对应 $m=1$;最小值为离散空间步长的两倍,设一维空间被离散成偶数 N 个步长,则 m 的最大值等于 $N/2$。稳定性要求

$$\left| \frac{\varepsilon_m^{n+1}}{\varepsilon_m^n} \right| = \left| \frac{e^{a_m (t+\Delta t)} e^{ik_m x}}{e^{a_m t} e^{ik_m x}} \right| = |e^{a_m \Delta t}| \leqslant 1 \qquad (7-56)$$

考虑线性的离散方程,那么离散误差的傅立叶级数的各项也都应满足离散方程,下面我们以简单的一维非稳态问题为例,应用冯纽曼法来分别探讨扩散、随流

输运问题的稳定性。

（1）一维非稳态扩散问题的冯纽曼法的稳定性分析

对式（7-49）设流速为零，对时间应用显式欧拉法，扩散项应用中心差分法，并将 c 替换成式（7-55）的离散误差的傅立叶级数项得

$$\frac{(e^{a_m(t+\Delta t)} - e^{a_m t}) e^{ik_m x}}{\Delta t} = D \frac{e^{a_m t} (e^{ik_m (x+\Delta x)} - 2e^{ik_m x} + e^{ik_m (x-\Delta x)})}{(\Delta x)^2}$$

$$\frac{(e^{a_m \Delta t} - 1)}{\Delta t} = D \frac{(e^{ik_m \Delta x} - 2 + e^{-ik_m \Delta x})}{(\Delta x)^2} \Rightarrow$$

$$e^{a_m \Delta t} = 1 + \frac{2D\Delta t}{(\Delta x)^2} (\cos(k_m \Delta x) - 1) = 1 - \frac{4D\Delta t}{(\Delta x)^2} \sin^2\left(\frac{k_m \Delta x}{2}\right)$$

由式（7-56）知，稳定性要求

$$\left| 1 - \frac{4D\Delta t}{(\Delta x)^2} \sin^2\left(\frac{k_m \Delta x}{2}\right) \right| \leqslant 1 \Rightarrow -1 \leqslant 1 - \frac{4D\Delta t}{(\Delta x)^2} \sin^2\left(\frac{k_m \Delta x}{2}\right) \leqslant 1 \Rightarrow$$

$$0 \leqslant \frac{4D\Delta t}{(\Delta x)^2} \sin^2\left(\frac{k_m \Delta x}{2}\right) \leqslant 2$$

上式左边当然成立，右边要求 $\frac{4D\Delta t}{(\Delta x)^2} \leqslant 2$，也即

$$d = \frac{D\Delta t}{(\Delta x)^2} \leqslant \frac{1}{2} \tag{7-57}$$

我们将上式等号右边的扩散系数乘以时间步长除以空间步长的平方定义为**扩散数**（diffusion number），上式表示显式欧拉法稳定性条件为扩散数得小于 0.5，也即离散时间步长内的扩散距离不能超过一定比例的空间步长。

（2）一维非稳态随流输运问题的冯纽曼法的稳定性分析

对式（7-49）设扩散系数为零，对时间应用显式欧拉法，随流输运项应用中心差分法，并将 c 替换成（7-55）的离散误差的傅立叶级数项得

$$\frac{(e^{a_m(t+\Delta t)} - e^{a_m t}) e^{ik_m x}}{\Delta t} = -u \frac{e^{a_m t} (e^{ik_m (x+\Delta x)} - e^{ik_m (x-\Delta x)})}{2(\Delta x)}$$

$$e^{a_m \Delta t} = 1 - \frac{u\Delta t}{\Delta x} \left(\frac{e^{ik_m \Delta x} - e^{-ik_m \Delta x}}{2}\right) = 1 - i \frac{u\Delta t}{\Delta x} \sin(k_m \Delta x)$$

为简化书写及讨论方便，我们定义**库恩数**（Courant number）

$$C = \frac{u\Delta t}{\Delta x} \tag{7-58}$$

由式(7-56)的稳定性要求上式模 $|1-iC\sin(k_m\Delta x)|=\sqrt{1+C^2\sin^2(k_m\Delta x)}\leqslant 1$，这是不可能的，因此这种差分方式是不稳定的(Cebeci 等，2005)。但如果将显示欧拉法的式中(7-49)中等号左边时变项的第 i 点 n 时间步的值取为空间前后两点的平均值的话，即

$$\frac{c_i^{n+1}-(c_{i-1}^n+c_{i+1}^n)/2}{\Delta t}-u\frac{c_{i+1}^n-c_{i-1}^n}{2\Delta x}=0 \qquad (7-59)$$

应用冯纽曼法可得到

$$e^{a_m\Delta t}=\cos(k_m\Delta x)-iC\sin(k_m\Delta x) \qquad (7-60)$$

那么稳定性式(7-56)要求

$$\sqrt{\cos^2(k_m\Delta x)+C^2\sin^2(k_m\Delta x)}\leqslant 1\Rightarrow C=\frac{u\Delta t}{\Delta x}\leqslant 1 \qquad (7-61)$$

这就是数值求解含有随流输运问题的著名的 **CFL 条件**（Courant-Friedrichs-Lewy condition）。其物理意义也是非常清楚的，即流速乘以时间步长得小于空间步长，否则，在下一个空间点就得不到上游传来的信息，因而不稳定了。

现在我们就可以理解为什么图 7-23 所反映的显式欧拉法在大时间步长 0.1s 时为什么振荡不稳定了，因为这时的扩散数为 5，远大于稳定所需的小于 1/2，且库恩数为 1，处在不稳定的边缘。而在使用图 7-24 所反映的小时间步长 0.01s 模拟时，库恩数完全满足稳定所需的小于 1 及扩散数也满足稳定条件，所以显式欧拉法也给出了较为满意的模拟结果。

7.6.7 稳定性分析 2——离散方程物理意义法

上述稳定性分析的冯纽曼法较抽象，分析过程也较复杂，有没有更加直接简单的方法呢？这就是我们这节要讨论的离散方程物理意义法。我们将直接根据模型微分方程的离散方程的一般表达式推出稳定性所需的条件，得到和应用冯纽曼法一样的结论。由前面的分析已知显式欧拉离散法是不稳定的，如果将其的随流输运项改为如下迎风格式会如何呢？

$$c_i^{n+1}=c_i^n+\left[-u\frac{c_i^n-c_{i-1}^n}{\Delta x}+D\frac{c_{i+1}^n-2c_i^n+c_{i-1}^n}{\Delta x^2}\right]\Delta t$$

$$=(1-2d-C)c_i^n+dc_{i+1}^n+(d+C)c_{i-1}^n \qquad (7-62)$$

上式中无量纲的扩散数 d 及库恩数 C 的定义分别为式(7-57)和式(7-58)。由方程所反映的物理过程我们知道，在没有源项的情况下，根据扩散的特性，i 点及其相邻两离散空间点的任一处的浓度若有提高的话，就应该相应带来 i 点在下一时间步

的浓度 c_i^{n+1} 的提高,离散的近似方程也必须反映出这一点才是满足自然的物理规律,也就是稳定的。为此,上式等号右边各点浓度前面的系数必须大于零才行,离散方程中点 $i+1$ 及 $i-1$ 处浓度的系数已经大于零,没有问题,那么只要 c_i^n 的系数大于零,此离散方案就是稳定的了,即

$$1 - 2d - C > 0 \tag{7-63}$$

我们看两个特例。当扩散系数为零,即完全随流输运时,其稳定性条件为 $C < 1$;当无随流输运扩散时,其稳定性条件为 $d < 1/2$。此分析结论和前面的应用冯纽曼法得到的式(7-57)和式(7-61)一样。我们又一次看到通向真理的道路不止一条,条条大路通罗马。

7.7　RANS 的数值计算解法

由第 5 章我们知道,对环境流体中雷诺数较高的流动,很难求解纳维尔-斯托克斯方程中所包含的湍流脉动成分。在实际应用中,我们关心的多为流动的平均性质,如平均流速、平均浓度分步等,所以对纳维尔-斯托克斯方程进行了系宗平均,得到适用于一般环境流体的不可压缩牛顿流体的雷诺平均的纳维尔-斯托克斯方程(RANS)。环境流体流动的涡黏性系数比分子黏性系数要大得多,所以一般环境流体力学所采用的质量及 RANS 方程多为以下形式

$$\frac{\partial U_i}{\partial x_i} = 0 \tag{7-64}$$

$$\frac{\partial(\rho U_i)}{\partial t} + \frac{\partial}{\partial x_j}(\rho U_i U_j) = \rho g_i - \frac{\partial P}{\partial x_i} + \frac{\partial}{\partial x_j}\left(\mu_t \frac{\partial U_i}{\partial x_j}\right) \tag{7-65}$$

这在形式上就和描述层流的方程一样了(式 4-5d,4-13)。所不同的是,这儿的湍流动力黏性系数 μ_t 反映的是流动的特性,而不是流体的性质。我们需要通过第 5 章讨论的湍流模型或实验来求出其值,在这暂且将其和密度 ρ 一样视为已知量。这样质量方程加RANS是 4 个方程对应 4 个未知量:3 个速度分量及压力 P,理论上是可以求解的。如前所述,由于 RANS 偏微分方程的非线性,其解强烈地依赖与边界和初始条件,也就是说,除了对于一些特殊简单几何形体内的简单流动外,RANS 没有数学上一般解析解,所以有必要研究其数值计算解法,以解决实际环境流体中复杂的问题。这一节主要讨论应用有限体积法解 RANS 方程的基本方法。有限体积法的起点是积分形式模型方程,质量流量有明确的物理意义,先对质量方程乘以密度,然后我们应用高斯定理将上述二方程写成如下对应的积分方程形式

$$\nabla \cdot (\rho \vec{U}) = 0 \rightarrow \oint_V \nabla \cdot (\rho \vec{U}) dV = 0 \rightarrow \int_S (\rho \vec{U}) \cdot dS = 0 \qquad (7-66)$$

$$\int_V \frac{\partial (\rho U_i)}{\partial t} dV + \int_S U_i \rho \vec{U} \cdot d\vec{S} - \int_S \left(\mu_t \frac{\partial U_i}{\partial x_j} \right) e_j \cdot d\vec{S} = \int_V \rho \vec{g} dV - \int_V \frac{\partial p}{\partial x_i} dV$$

$$(7-67)$$

式中, S 为以外法线方向为正方向的封闭体积 V 的表面。

7.7.1 质量方程及 NS 方程的一般特性

质量方程及纳维尔-斯托克斯方程的一般特性为:质量方程不含压力项,而动量方程的随流输运项及黏性力项具有很强的非线性,使其在数值上求解有一定的难度。有多种解决方案:显式及隐式**时间推进法**(time advance methods),**压力校正法**(pressure correction methods)其中又包括 SIMPLE、SIMPLEC、PISO 等各种算法,**分阶法**(fractional step methods),**流函数旋度法**(streamfunction vorticity methods)及**人为压缩性法**(artificial compressibility methods)等。这里重点介绍使用较为普遍的压力校正法中的 SIMPLE 算法,其基本思路是:首先线性离散动量方程,用前一迭代步或时间步(统称为计算步)的速度及压力场求得新的尚未满足质量方程的速度场,再通过求解对动量方程取散度并带入质量方程而获得的关于压力的泊阿松方程,解得新的压力场并对速度场进行校正,使其满足质量方程,这样不断迭代推进,直至求得在一定精度下同时满足质量及 NS 方程的解。这种方法的优点是简单明了,通过线性化使我们可以对动量方程直接应用前面学习的关于标量的传输方程的解法。下面我们将以二维问题为例来介绍在正交的结构化网格上采用同位设置变量方式的有限体积法对 RANS 的 SIMPLE 数值计算解法。掌握了这些基础后,可方便地将其推广至更一般的三维问题。

二维问题应用有限体积法的 SIMPLE 算法首先将各速度分量的动量方程对各有限体积元线性离散成如下类似于式(7-47) 的标量传输方程离散后的如下形式的代数方程

$$A_P^{m-1} U_P^{m*} + \sum_{l=E,W,N,S} A_l^{m-1} U_l^{m*} = S_P^u \qquad (7-68)$$

式中, P 为控制体中心(参见图 7-20); E, W, N, S 为四边形结构化网格以 P 为中心的控制体相邻的东西北南 4 个控制体的中心;上标 $m*$ 为速度在待求计算步的还未满足质量方程的待校正值;代数方程的系数 A 的值是已知的,来自采用之前 $m-1$ 计算步的变量值对动量方程的随流输运项及黏性力项的线性离散;等号右边的源项 S 中包含所有随流输运及黏性力之外的因素在前一计算步的值,包括非恒定项、压力及体积力等。

　　下面我们以二维正交结构化网格为例,来进一步看离散的过程及离散线性代数方程式(7-68)各系数的获得。

7.7.2　随流输运项的线性离散

　　由 7.4.5 小节的计算例我们知道,随流输运项的离散对于数值计算的稳定性及精度非常重要,一阶迎风格式(UDS)稳定,但数值扩散较大,在稀疏网格上的误差也就大;二阶的中心差分格式(CDS)会振荡,但随着网格的加密,精度的提高比一阶的迎风格式要快。那么有没有将二者结合起来,达到既稳定又精度好的方法呢? 这就是我们下面对 RANS 动量方程的随流输运项要采用的接近二阶精度的**延后校正格式**(deferred correction scheme)

$$\int_S U_i \rho \vec{U} \cdot \mathrm{d}\vec{S} = \sum_{i=e,w,n,s} U_i (\rho \vec{U} \cdot \vec{S}_i) =$$

$$\sum_{i=e,w,n,s} m_i U_i = \sum_{i=e,w,n,s} m_i^{m-1} (U_i^{\mathrm{UDS}})^{m*} + m_i^{m-1} (U_i^{\mathrm{CDS}} - U_i^{\mathrm{UDS}})^{m-1} \tag{7-69}$$

上式的物理意义为:在新的计算步采用迎风格式求未知的速度分量,但利用前一计算步的已知速度场对 UDS 的随流输运量进行 CDS 修正,所以最终的精度应是接近二阶的。以图7-20所示控制体的 e 面举例来说,其展开式如下(参见7.5.3小节):

$$F_e^c = \left[\min(m_e^{m-1}, 0) U_E^{m*} + \max(m_e^{m-1}, 0) U_P^{m*} \right]$$

$$+ m_e^{m-1} \left[\frac{1}{2} (U_E^{m-1} + U_P^{m-1}) \right] - \left[\min(m_e^{m-1}, 0) U_E^{m-1} + \max(m_e^{m-1}, 0) U_P^{m-1} \right]$$

$$\tag{7-70}$$

进而求得此面对离散代数方程(7-68)的相应的系数贡献为

$$A_E^{m-1}(源于随流输运) = A_E^c = \min(m_e^{m-1}, 0) \tag{7-71}$$

U_P 前的系数最后可根据质量守恒等于控制体其他四面的系数(流量)之和的负数,而其他各由前一计算步的已知量组成的项则放入源项,即

$$S_u^c(源于 \ e \ 面随流输运) = \min(m_e^{m-1}, 0) U_E^{m-1} + \max(m_e^{m-1}, 0) U_P^{m-1} - \frac{m_e^{m-1}}{2} (U_E^{m-1} + U_P^{m-1})$$

$$\tag{7-72}$$

其他三面随流输运项的离散就作为作业。

7.7.3　黏性力、压力及体积力的离散化

对黏性力项我们采用二阶精度的隐式中心差分格式,即

$$-\int_s \left(\mu_t \frac{\partial U_i}{\partial x_j}\right) e_j \cdot \mathrm{d}\vec{S} = -\mu_t \sum_{j=e,w,n,s} \frac{\partial U_i}{\partial x_j} \vec{S}_j \qquad (7-73)$$

以控制体的 e 面为例,其展开如下

$$F_e^d = -\mu \Delta y \frac{U_E^{m*} - U_P^{m*}}{\Delta x} \qquad (7-74)$$

因为采用二维正交网格,控制体垂直于 x 轴的面积为 Δy。进而求得此面对离散代数方程(7-68)的相应的系数贡献为

$$A_E^{m-1}(\text{源于黏性力}) = A_E^d = -\mu_t \frac{\Delta y}{\Delta x} \qquad (7-75)$$

同随流输运项一样,黏性力项对 U_P 前的系数可暂不考虑,可一并最后由控制体其周围四面的系数(流量)之和的负数获得。

对压力和体积力一般均采用它们在上一计算步的已知值,当作源项来处理,以压力为例

$$S_u^p = -\int_V \frac{\partial p}{\partial x_i} \mathrm{d}V = -\frac{p_E^{m-1} - p_P^{m-1}}{\Delta x} \Delta V \qquad (7-76)$$

对于二维的正交网格来说,体积 ΔV 即为面积 $\Delta x \Delta y$。

7.7.4　时变项的离散

对动量方程(7-67)时变项的离散我们采用隐式欧拉格式,即

$$\int_V \frac{\partial (\rho U_i)}{\partial t} \mathrm{d}V = \frac{\rho \mathrm{d}V}{\Delta t} U_P^{n+1} - \frac{\rho \mathrm{d}V}{\Delta t} U_P^n = A_P^t U_P^{n+1} - Q_u^t \qquad (7-77)$$

将上式应用于二维正交网格,求得时变项对离散代数方程(7-68)的相应的系数贡献为

$$A_P^t = \frac{\rho \Delta x \Delta y}{\Delta t}$$

$$Q_u^t = \frac{\rho \Delta x \Delta y}{\Delta t} U_P^n$$

式中,上标 t 表示时变项贡献部分。

7.7.5　离散线性方程参数汇总及边界条件

经上述一系列离散化之后,对二维正交网格来说,线性代数离散方程(7-68)的各项系数如下:

$$A_E^{m-1} = A_E^c + A_E^d = \min(m_e^{m-1}, 0) - \mu \frac{\Delta y}{\Delta x}$$

$$A_W^{m-1} = A_W^c + A_W^d = \min(m_w^{m-1}, 0) - \mu \frac{\Delta y}{\Delta x}$$

$$A_N^{m-1} = A_N^c + A_N^d = \min(m_n^{m-1}, 0) - \mu \frac{\Delta x}{\Delta y} \qquad (7-78)$$

$$A_S^{m-1} = A_S^c + A_S^d = \min(m_s^{m-1}, 0) - \mu \frac{\Delta x}{\Delta y}$$

$$A_P^{m-1} = A_P^t - (A_E^{m-1} + A_W^{m-1} + A_N^{m-1} + A_S^{m-1})$$

$$S_P^u = S_u^t + S_u^c + S_u^p \qquad (7-79)$$

注意 S_u^c 包含了不仅控制体 e 面的随流输运项的校正量(式 7-72),还有控制体其他三面的校正量之和。下面就需要考虑边界条件了,我们以 7.5.7 小节的二维河流中心排放污染物的模拟为例,有左边的入流、右边的出口及上下面的固体边界,下面一一分别考虑。

左边入口边界上的速度及污染物浓度已知,即对边界的和排放源相邻的控制体来说,$U = U_0$,$c_w = c_0$ 为已知量。编程时对此类边界条件的一般处理方法是使其代数方程的 $Q_{Up} = Q_{Up} - A_w U_0$,$Q_{Cp} = Q_{Cp} - A_w c_0$,然后使 $A_w = 0$。也即在源项内考虑已知的边界条件。

对东边出口,我们可采用零梯度外延,使边界上的所求变量值等于其相邻内部边界点的计算值。对速度的离散方程的处理和 7.6.6 小节里面的浓度相似,作如下设定 $A_{PU} = A_{PU} + A_E$,然后设定 $A_E = 0$。

对上下的固体河岸边界,速度为零,但有黏性切应力的作用,以上边界为例,根据式(7-73),$F_{nb}^d = -\mu \Delta x \dfrac{0 - U_P^{m*}}{\Delta y}$,作如下处理;$A_N^u = 0$,$A_P^u = A_P^u - \mu \dfrac{\Delta x}{\Delta y}$。同时我们假设污染物和河岸没有生化反应及物质交换,其沿边界方向的梯度为零,即在北及南边界上 $\left(\dfrac{\partial c}{\partial y}\right)_{n,s} = 0$,也即边界上的浓度值和其相邻的控制体的中心处的值是相等的。编程时对此类边界的一般处理方法是将其和边界上控制体中心处的未知量合并在一起考虑,以北部边界为例,即使 $A_P = A_P + A_N$,然后设定 $A_N = 0$。浓度对右边的出口边界也作和上述河岸类似的处理。

7.7.6 初步速度的获得及压力校正

按上述方法,对水平及横向速度分量的动量方程分别离散成线性代数方程组后,即可求出满足动量方程的在新的计算步的速度值,还未应用质量方程,所以此时求得的速度值一般是不满足质量方程的;同时,此时压力使用的是前一求解步的值,我们设在新的求解步求得的速度及压力需在上面求得仅满足动量方程的速度值及前一计算步的压力值的基础上加一修正值,即

$$U^m = U^{m*} + u', V^m = V^{m*} + v', p^m = p^{m-1} + p' \qquad (7-80)$$

式中,上标 m 表示新的求解步的要求的同时满足质量及动量方程的值,m 的上标星号表示已得到的仅满足动量方程的暂时值,上标 ′ 表示需应用质量守恒而求的修正值,由式(7-68)得

$$A_P^{m-1} U_P^{m*} + \sum_{l=E,W,N,S} A_l^{m-1} U_l^{m*} = S_P^u = S_u^t + S_u^c + S_u^p \qquad (7-81)$$

设 $S_u = S_u^t + S_u^c$,并将 S_u^p 的表达式(7-76)带入,两边同除以 A_P^{m-1} 得

$$U_P^{m*} = -\frac{1}{A_P^{m-1}} \sum_l A_l^{m-1} U_l^{m*} + \frac{S_u}{A_P^{m-1}} - \frac{1}{A_P^{m-1}} \left(\frac{\Delta p^{m-1}}{\Delta x}\right)_P \Delta V$$

现假设对上式的压力作式(7-80)的校正即可获得满足质量方程的速度,即

$$U_P^m = -\frac{1}{A_P^{m-1}} \sum_l A_l^{m-1} U_l^{m*} + \frac{S_u}{A_P^{m-1}} - \frac{1}{A_P^{m-1}} \frac{\Delta(p^{m-1} + p')}{\Delta x} \Big|_P \Delta V$$

$$= U_P^{m*} - \frac{1}{A_P^{m-1}} \frac{\Delta p'}{\Delta x} \Delta V \qquad (7-82)$$

上式即为依据压力校正的速度校正式。现在的问题是需要求出这个压力校正,对上式两边同取散度,由不可压缩流体的质量方程 $\frac{\partial(U_i^m)}{\partial x_i} = 0$ 推得关于压力校正的泊阿松方程:

$$\frac{\partial}{\partial x_i}\Big[_c = \Big[\frac{1}{A_P^{m-1}}\Big(\frac{\Delta p'}{\Delta x_i}\Big)\Delta V\Big]_p = \Big[\frac{\partial(U_i^{m*})}{\partial x_i}\Big]_p$$

$$\int_V \frac{\partial}{\partial x_i}\Big[\frac{1}{A_P^{m-1}}\Big(\frac{\Delta p'}{\Delta x_i}\Big)\Delta V\Big]dV = \int_V \frac{\partial(U_i^{m*})}{\partial x_i}dV$$

$$\int_S \Big[\frac{1}{A_P^{m-1}}\Big(\frac{\Delta p'}{\Delta x_i}\Big)\Delta V\Big] \cdot d\vec{S} = \int_S U_i^{m*} \cdot d\vec{S}$$

$$\sum_{i=e,w,s,n} \frac{1}{A_P^{m-1}}\Big(\frac{\Delta p'}{\Delta x_i}\Big)\Delta V \cdot S_i = \sum_{i=e,w,s,n} U_i^{m*} \cdot S_i$$

$$(7-83)$$

对二维正交网格,$\Delta V = \Delta x \Delta y, S_{e,w} = \Delta y, S_{n,s} = \Delta x$,采用中心差分法,可将其离散成如下代数方程组

$$A_P^p p_P' + \sum_{l=E,W,N,S} (A_l^p p_P') = \Delta m_P^{m*} \qquad (7-84)$$

其等号右边为由动量方程获得的尚未满足质量方程的速度对于所考虑控制体各面的总流量(流入为正,流出为负)之和;

$$A_E^p = \rho \overline{(\frac{1}{A_P^u})_e} S_e^2 = \rho \overline{(\frac{1}{A_P^u})_e} \Delta y^2, A_W^p = \rho \overline{(\frac{1}{A_P^u})_w} S_w^2 = \rho \overline{(\frac{1}{A_P^u})_w} \Delta y^2, \quad A_N^p = \rho \overline{(\frac{1}{A_P^v})_n}$$

$$S_n^2 = \rho \overline{(\frac{1}{A_P^v})_n} \Delta x^2, \quad A_S^p = \rho \overline{(\frac{1}{A_P^v})_s} S_s^2 = \rho \overline{(\frac{1}{A_P^v})_s} \Delta x^2$$

其中对均匀网格$\overline{(\frac{1}{A_P^u})_e} = \frac{1}{2} [(\frac{1}{A_P^u})_P + (\frac{1}{A_P^u})_E]$,对非均匀网格,还得应用线性插值法。其余各面均作类似处理。对守恒的方案,总有 $A_P^p = -\sum_{l=E,W,N,S} A_l^p$ 且边界上的 $A_l^p = 0$。这样,即可由式(7-84)求出压力校正量,进而对速度进行如式(7-82)的校正得到满足质量方程的速度。但这时可能又不怎么满足动量方程了,下面接着循环解动量方程求得更精确的速度,再应用泊阿松方程进行修正,一直循环至残差足够小,就可求得 RANS 的满足精度要求的数值解。

7.7.7　污染物河流中心及岸边同时释放的数值模拟研究

在 7.5.7 小节学习有限体积法时,我们已进行了假定河流流速恒定为 0.2 m/s,扩散系数 $D=0.1$ m^2/s,在一宽 10m,长 30m 的一段河流的中间及岸边分别释放浓度为 1mg/L 的恒定污染源的模拟研究,结果和理论解较为接近。实际河流流速在横断面上是不均匀的,中间大而靠近岸边小,如果需研究污染物在中心和岸边同时排放的问题,没有理论解,也没有经验公式可以用来估计计算,按本节前述方法编写调试好计算模拟程序,很快就可以给出如下对较为复杂的污染情形的预测,从这我们也可看出数值模拟的优点及必要性。

这一小节我们将应用前面所学的 RANS 解法,进一步地进行中间及岸边污染物释放的流场及浓度的同步模拟。设中心及岸边入流的流速亦为 0.2 m/s,宽约为 1m 的入口部分含浓度为 1mg/L 的污染物,污染物的边界条件及数值求解的处理方法如 7.5.7 小节所述。

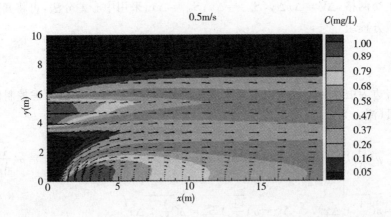

图 7 - 26 河道中心及岸边污染物同时排放的流场及浓度的数值模拟

  模拟结果如图 7-26 所示,可见在侧向流入的污染物的下游近岸处出现了一滞留区,使得那儿的浓度高而不易被稀释扩散,这是在实际排污中要十分注意避免的。由图中断面速度分布可看出,我们模拟的是层流的流动,实际的河流的流动一般均是湍流,若采用第 5 章所讨论的湍流模型,将会得到更为接近实际的模拟结果。对湍流模型,比如说 k-ε 模型,进行数值模拟时,对其湍流动能(5-40)及其耗散率方程(5-41)中的时变项、随流输运及扩散项的处理方法和标量浓度的传输的处理方法可完全一样,而对剩余的其他各项,均采用其前一计算步的值放入源项。光盘上提供的 Matlab 程序 FV_RiverPollu.m(其中调用了 sipsol2D.m)为假定恒定流场及均匀网格的污染物河流中心释放的应用有限体积法的模拟程序,读者可将改为应用前面所讨论的方法同步模拟流场及污染物传输的程序。

复习思考题

  7.1 试应用随光盘赠送的试用版模拟软件 Simusoft 模拟 7.3 节所给的重力流沿斜坡流动例并查看相应的各种模拟结果(注意试用版的 Simusoft 中的网格点数不得超过 1000)。

  7.2 简述有关数值计算方法的一致性及稳定性。

  7.3 何谓收敛性? 一般我们如何来判断一数值计算方法的收敛性?

  7.4 试述数值模拟可能有的误差来源及解决方法。

  7.5 何谓结构化网格?

  7.6 写出式(4-34)在三维直角坐标系中的表达式并说明各项的物理意义,进而推出其一维稳态的表达式(7-1),并说明理由。

  7.7 由泰勒展开式推出中心差分表达式的一般表达式(式 7-9),并说明当网格间隔是接近于 1 的等比数列时,其精度是接近于二阶的;当为等间距网格时,其精度是二阶的。

  7.8 试由泰勒级数法推出二阶精度非均匀网格向后差分离散格式的一般表达式。

7.9　试用泰勒级数表法求适用于等比间隔网格的二阶导数的三点中心差分格式（式7-13）。

7.10　试用二阶多项式拟合法推导出非均匀网格的二阶向后差分表达式。

7.11　写出 7.4.5 节例题在相邻终端边界的 x_{N-1} 点的类似 x_2 点的边界条件。

7.12　试推导出离散精度级数的估算式（式7-26）及离散误差估算式（式7-27,式7-28）。

7.13　推导出以 QUICK 格式中以相关网格间距的函数表示的插值系数 $g_{1\sim4}$。

7.14　由式(7-33)～式(7-35)推出式(7-36)。

7.15　试写出显式欧拉法在非均匀网格中的一般表达式。

7.16　试写出应用于均匀网格中隐式欧拉法、C-N法及三时间段法的离散后的代数方程各参数的表达式。

7.17　写出对 RANS 随流输运项应用延后校正的控制体在 w,n,s 面的离散式及对离散线性代数方程(7-68)常数贡献的表达式。

7.18　试由对微分形式的动量方程两边同进行散度运算,推出微分形式的关于压力的泊阿松方程。

7.19　试将光盘上提供的 7.6.5 小节的程序 UNSTEADY1D. m 的随流输运项的 CDS 格式改为 UDS 格式,探讨各非恒定离散格式的特性。

7.20　将光盘上提供的模拟恒定流场的河流中心污染物释放模拟程序 FV_RiverPollu. m 改为河边释放污染物的模拟程序。

7.21　试对 FV_RiverPollu. m 应用本章所讨论的方法,将其扩展为同步模拟流场及污染物传输的程序。

参 考 文 献

Anderson J D. Computational Fluid Dynamics. McGraw - Hill,1995.

Cebeci T , Shao J P , Kafyeke F. & Laurendeau, E. Computational fluid dynamics for engineers. Horizons Publishing Inc,2005.

Ferziger J H , Peric M. Computational methods for fluid dynamics (2nd Edition). Springer,1999.

Versteeg H K. & Malalasekera,W. An introduction to computational fluid dynamics (2nd Edition). Pearson Education Limited,2007.

陶文铨. 计算传热学的近代进展. 北京:科学出版社,2000.

陈作斌. 计算流体力学及应用. 北京:国防工业出版社,2003.

第8章 重力流研究专题

环境流体中许多流动,如江河湖海中含污染物或泥沙等流体的流动,大气中冷暖空气的流动,海洋中的洋流以及室内外温度密度不同的空气的随流输运等均可以看做是重力流。重力流可以说是无所不在,也一直是国内外研究的热点,所以我们在本书的最后一章对其专门进行介绍。

8.1 重力流概述

8.1.1 重力流的一般概念

重力流(gravity flow)或**密度流**(density flow)一般是指由于成分、温度、盐度、及/或所含有的微小颗粒物而带来的密度不同的流体在另外一种流体内的流动。国内也有翻译成异重流的。我们所研究的重力流一般是指同相液体间的密度差别不大且可以应用波涅勒斯克假设(参考 1.3.1 小节)的流动。所以重力流不包括明渠流,但常常也将泥石流、雪崩等也划入重力流的研究范围。

重力流可以在另外一种流体的底部、中间或上部边界流动。大气中形成沙尘暴(haboob)、海边的微风、烟囱的排气等都是重力流的例子。所以研究大气中的重力流对于飞行安全、气象预报以及大气污染控制等都具有十分重要的意义。海洋中由于盐度及温度的非均匀性所形成的洋流,由含细泥沙所形成的海底浊流以及油井或油轮事故泄漏所形成的油层的扩散流动等为液体中的重力流的典型例子。研究这些重力流对于海底地形地貌、油气勘探以及污染的控制及防范等也都有十分重要的意义。现代地球上最大的沉积特征为海底沉积扇(submarine fan)及深海平原(abyssal plain),而这二者均和为含泥积物的重力流的海底浊流的流动及其沉积相关。

8.1.2 重力流的一般分类

重力流按其形成机制可以分为**突然释放型**(sudden-release)及**连续注入型**(sustained-inflow)两种类型。前者的典型例子为闸门两边密度不同的流体在闸门抽去后所形成的流动;后者的典型例子为污水排水管连续地注入环境流体的流动。这两种机制所形成的重力流有着明显的不同之处,突然释放型重力流是非稳态流,而以恒定流量连续注入的重力流在其头部通过之后会达到一**准平衡状态**(quasi-equilibrium),其剖面浓度及速度基本保持恒定。但是这两种机制所形成的重力流的头部也有着极为相似的动力学特征。

重力流按其所含成分性质的不同可以分为**保守重力流**(conservative gravity flow)及**含颗粒重力流**(particulate gravity flow)。前者为由于含有溶于流体的稳定物质所形成的重力流,如盐水重力流;后者为流体中含有由湍流支撑悬浮的颗粒物所形成的重力流,如**海底浊流**(turbidity current)等。野外观察到的海底浊流的流速一般在 $1\sim10\mathrm{m/s}$ 的范围内,沉积物的体积比浓度在 $0.1\%\sim7\%$ 之间。

8.1.3　重力流的头部特性

以比水重的水平突然释放重力流为例,如图 8-1 所示,重力流沿流向有一清晰的头部(head)及后续本体部(body)。突然释放型浊流还有一渐渐变弱的尾部(tail)。重力流头部起着排开一般为静止的环境流体、引导后续密度流的作用。其加速周边的环境流体所遇到的阻力比底部及上部的摩擦阻力要大,因此重力流头部一般比后续部分要厚一些,以获取更多的重力势能。重力流头部典型的特征为如图 8-1 所示:上部由自由剪切层的黏性力所引起的 Kelvin-Helmholz 不稳定性横向涡(transverse vertex)或滚动(billows),底部固体边界的摩擦力使重力流头部在接近底部有一向前突起的鼻部(overhanging nose),它压在被卷入的较轻流体之上的重力不稳定性以及 Kelvin-Helmholz 滚动分解的二次不稳定性形成的复杂的波瓣及裂缝(lobes and clefts)的迁移结构。Kelvin-Helmholz 滚动所带来的湍流混合及下部突出鼻部的挤压二者可带来多达 15% 重力流流量的环境流体被夹带(entrainment of environmental fluid)进重力流中。所以重力流如果在其运行过程中没有从边界上获得额外的补充(比如说浊流夹带河床底部的泥沙)的话,其和环境流体的密度差一般是逐渐减小的。

许多海底浊流沉积的底部均有明显的侵蚀的痕迹,显示浊流头部有较强的搬运能力,比后续的本体部更能将较粗的颗粒物搬运至较远处沉积。

8.1.4　重力流本体部的速度及浓度特性

在重力流的本体部其沿垂直于流向的剖面的平均速度、浓度及湍流动能有着各自的典型特征;且对于有稳定入流的处于准平衡状态的重力流来说,有自相似的特性。以密度比环境流体高的重力流为例,其速度剖面的特征如图 8-2(a)所示,在距底部距离是重力流厚度的约 $0.2\sim0.3$ 处,存在一速度的极大值,以此为界,可

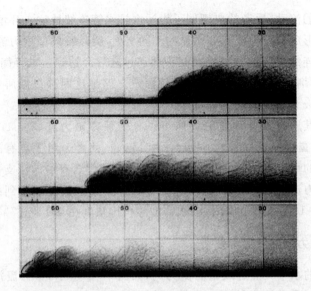

图 8-1　三不同时间段的突然释放型重力流(源自 Hallworth 等,1993)

将重力流的本体部为上下两部分,其下为壁面黏性力占主导地位的壁面边界层,我们称之为**内层**(inner layer),和一般河流的底部边界层类似;其上为自由剪切占主导地位的**外层**(outer layer),和混合层及射流剪切层类似。可见,重力流同时具备了第 5 章所介绍的湍流产生的两种机制,所以它一般为湍流。同类重力流浓度或密度剖面特征如图 8-2(b)所示,其在固体边界处密度最大,向上逐渐减小,存在明显的密度分层,在速度最大处附近存在一拐点。图 8-2(c)为典型重力流的剖面湍流动能分布,其在重力流的内、外层各存在一极大值,而速度极大值的位置对应其一极小值,因为此处速度梯度为零,即湍流动能的源项在此处最小。

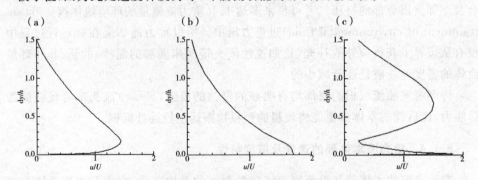

图 8-2　数值模拟稳定入流型重力流的以深度平均值
无量纲化的竖直面速度(a)、浓度(b)及湍流动能(c)图

8.1.5　描述重力流的水力学方程

尽管将重力流和明渠流类比有后面 8.6 节所讨论的过度简化的危险性，但是我们依然可以从考虑了重力流的一定特殊性的类比中获得有关重力流的一些洞见。考虑斜坡上有恒定入流的处于准平衡状态的重力流，其深度平均流速为 U，密度为 ρ，设其在底部边界及上部自由剪切层边界的切应力分别为 τ_0, τ_i 对应的阻力系数（drag coefficient）分别为 f_0, f_i，且有如下关系存在

$$\tau_0 = \frac{1}{2} f_0 \rho U^2, \tau_i = \frac{1}{2} f_i \rho U^2 \tag{8-1}$$

再设总的切应力满足明渠流的均匀流的基本公式，即

$$\tau_0 + \tau_i = \frac{1}{2}(f_0 + f_i)\rho U^2 = \rho g' h J \Rightarrow U \approx \sqrt{\frac{2hg'S}{f_0 + f_i}} \tag{8-2}$$

$$g' = \frac{\rho - \rho_0}{\rho_0} g \tag{8-3}$$

$$Fr_d = \frac{U}{\sqrt{g'h}} = \sqrt{\frac{2S}{f_0 + f_i}} \tag{8-4}$$

式中，g' 为因浮力作用而**缩小的重力加速度**（buoyancy-reduced gravitational acceleration），为类似驱动明渠流的重力加速度的驱动重力流的实际重力加速度；ρ_0 为环境流体密度；h 为重力流厚度；J 为水力坡度，对于均匀流来说，它近似为重力流流经的斜坡坡度 S；Fr_d 为类似明渠流弗雷德数的重力流的密度弗雷德数。式（8-2）~式（8-4）告诉我们，如果重力流厚度及阻力系数不变的话，其平均流速及密度弗雷德数均和坡度的二分之一次方成正比。实验告诉我们斜坡上有恒定入流的处于准平衡状态的重力流的平均流速及密度弗雷德数基本上是随着坡度的增加而增大的。

8.2　重力流 RANS 模型方程

采用不同的模型会有不同的模型方程。这里我们介绍经多项实验数据验证的简单有效的单相流雷诺平均模型。在此模型中将重力流和其环境流体一起看作流体连续体，这样可以直接应用第 4、第 5 章所讨论的流体运动方程。不过在动量方程及湍流模拟方程中还得考虑重力流在环境流体中所受到的浮力作用的影响。下面我们分别介绍基于雷诺平均的重力流数学模型的质量方程、动量方程、湍流 $k-\varepsilon$

模型方程、内部携带物的传输方程及必要的边界条件,这些都是进一步进行数值模拟重力流的基础。

8.2.1　重力流质量方程

因为后面要涉及深度平均的变量,在这一章为了和大多数文献的使用符号一致,我们采用小写的字母表示变量的雷诺平均量,而用对应大写的字母表示其深度平均量。重力流依然符合连续介质假设,设其雷诺平均速度为 u_i,且一般情形下为不可压缩流体,其连续性方程满足速度的散度为零,即

$$\frac{\partial u_i}{\partial x_i} = 0 \tag{8-5}$$

8.2.2　重力流动量方程

同样设重力流为不可压缩流体,并应用涡黏度假设,根据 5.5 节的讨论,可得到关于如下雷诺平均动量方程

$$\frac{\partial (\rho u_i)}{\partial t} + \frac{\partial}{\partial x_j}(\rho u_i u_j) = \rho g_i - \frac{\partial p}{\partial x_i} + \frac{\partial}{\partial x_j}\left((\mu + \mu_t)\frac{\partial u_i}{\partial x_j}\right) \tag{8-6}$$

式中,ρ 为重力流密度;μ 为环境流体分子动力黏度;$\mu_t = \rho \nu_t$ 为涡动力黏度;g 为重力加速度;p 为雷诺平均压力。可进一步简化此方程。设 ρ_0 为环境流体密度,p_s 为重力流所流经的原本静止的环境流体的压力,那么对于静止的环境流体,$u_i = 0$,其动量方程为

$$0 = \rho_0 g_i - \frac{\partial p_s}{\partial x_i} \tag{8-7}$$

上述二式相减得

$$\frac{\partial (\rho u_i)}{\partial t} + \frac{\partial}{\partial x_j}(\rho u_i u_j) = (\rho - \rho_0) g_i - \frac{\partial p'}{\partial x_i} + \frac{\partial}{\partial x_j}\left((\mu + \mu_t)\frac{\partial u_i}{\partial x_j}\right) \tag{8-8}$$

式中,$p' = p - p_s$ 为重力流压强减去了环境流体静止压强后的动力压强,右边第一项表示了重力流在环境流体中所受到的重力减去浮力的合力,一般称之为**浮力项**。更进一步地如果重力流的密度和环境的密度相差不大($< 10\%$)的话,我们可以应用**波涅勒斯克假设**(Bossinesq assumption),即对重力流动量方程(8-8)除去浮力项外,其他各项中的重力流密度变量 ρ 可看作近似等于环境流体密度 ρ_0 的常数,并且对式(8-8)除以 ρ_0 得

$$\frac{\partial u_i}{\partial t} + \frac{\partial}{\partial x_j}(u_i u_j) = \left(\frac{\rho - \rho_0}{\rho_0}\right) g_i - \frac{\partial p'}{\rho_0 \partial x_i} + \frac{\partial}{\partial x_j}\left((\nu + \nu_t)\frac{\partial u_i}{\partial x_j}\right) \tag{8-9}$$

式中，υ,υ_t 分别为分子及涡运动黏度，等号右边第一项括号中的量为重力流的**过量密度比**（excess fractional density），而其和重力加速度的乘积即为**缩小的重力加速度**，其物理意义为实际作用在单位质量重力流上的减去了浮力体积力后的重力。若重力流过量密度比不大的话，比如说为 5%，那么实际作用在重力流上的重力仅为作用于明渠流上的 5%。式(8-9)是一般文献中用得最多的重力流的动量方程。

8.2.3　重力流的湍流模拟

前面已经提到重力流具有壁面剪切及自由剪切产生湍流的双重机制，所以重力流一般为湍流。为了很好地模拟重力流，就得应用恰当的湍流模型。应用于模拟重力流的湍流模拟的有单方程模型、二方程 Mellor-Yamada 模型及浮力项修正后的 k-ε 模型等。根据我们和实验数据的对比研究及分析，由于单方程模型及 Mellor-Yamada 模型都采用了基于壁面距离定义的湍流尺度，而此尺度不因适合重力流自由剪切层内的湍流尺度而模拟效果不好。所以这里我们重点介绍取得了满意模拟效果的浮力项修正后的湍流 k-ε 模型。在波涅勒斯克假设的条件下，要使第 5 章的湍流动能及其耗散率方程(5-40、5-41)能够模拟重力流，只需对其添加如下反映浮力的作用的 G_b 项就可以了

$$\frac{\partial k}{\partial t} + \frac{\partial}{\partial x_j}(u_j k) = \frac{\partial}{\partial x_j}\left(\frac{\upsilon_t}{\sigma_k}\frac{\partial k}{\partial x_j}\right) + G_{ij} - \varepsilon + G_b \qquad (8-10)$$

$$\frac{\partial \varepsilon}{\partial t} + \frac{\partial}{\partial x_j}(u_j \varepsilon) = \frac{\partial}{\partial x_j}\left(\frac{\upsilon_t}{\sigma_\varepsilon}\frac{\partial \varepsilon}{\partial x_j}\right) + c_{1\varepsilon}\frac{\varepsilon}{k}(G_{ij} + C_{\varepsilon3}G_b) - c_{2\varepsilon}\frac{\varepsilon^2}{k} \qquad (8-11)$$

式中，平均应变率及浮力对湍流动能源项的影响项分别为

$$G_{ij} = -\overline{u_i' u_j'}(\partial u_i / \partial x_j) = \upsilon_t\left(\frac{\partial u_i}{\partial x_j} + \frac{\partial u_j}{\partial x_i}\right)\frac{\partial u_i}{\partial x_j} \qquad (8-12)$$

$$G_b = -g_i\frac{\upsilon_t}{\rho_0\sigma}\frac{\partial \rho}{\partial x_i} \qquad (8-13)$$

式(8-13)反映了重力流内部若在重力作用方向($-x_2$ 方向，$g_2 = -9.8\text{m/s}^2$)上存在密度分层且高密度在下的话，浮力项为负，减小湍流动能，反之即高密度在上的话浮力项为正，会促进湍流的产生。一般可采用如下标准 k-ε 模型的系数(Rodi，1984)：$C_\mu = 0.09, C_{\varepsilon1} = 1.44, C_{\varepsilon2} = 1.92, \sigma_k = 1.0, \sigma_\varepsilon = 1.3, \sigma = 0.85$。对于二维盐水重力流，Choi 和 Garcia(2002)发现 $C_{\varepsilon3} = 0.3$ 的模拟效果很好。但为了使模型能够模拟任意地形坡度，可能如下定义其更好(Henkes 等，1991；Huang et al.，

2005,2007)

$$C_{\varepsilon3} = \tanh \left| \frac{U_v}{U_h} \right| \tag{8-14}$$

其中,U_h,U_v 分别为重力流的当地水平及垂向上的速度分量。

8.2.4 重力流传质方程

以 c_i 表示重力流中所含有的第 i 种可溶性物质所带来的过量密度比或非溶性颗粒物的体积比浓度,并假设颗粒物在随重力流一起流动的同时还有一沿重力方向($-x_2$ 方向)的恒定下降速度 v_{si} 的话,那么依据式(5-34),这些重力流的含有物的传输方程可统一地表示为

$$\frac{\partial c_i}{\partial t} + \frac{\partial}{\partial x_j} \left[(u_j - v_{si}\delta_{j2}) c_i \right] = \frac{\partial}{\partial x_j} \left(D_t \frac{\partial c_i}{\partial x_j} \right) + q_i \tag{8-15}$$

式中,D_t 为涡黏性系数(参见式 5-35);q_i 为对应 c_i 的源项。对于含溶解物质的重力流,对应的 $v_{si} = 0$。另外我们设重力流中颗粒物(c_i)在环境流体中的**浸没比重**(submerged specific gravity)为 R_i,对可溶性物质,取 $R_i = 1$,那么重力流的密度为

$$\rho = \left(1 + \sum_i R_i c_i \right) \rho_0 \tag{8-16}$$

对于比重为 2.65 的石英沙粒来说,其水下浸没比重为 $2.65 - 1 = 1.65$。

8.2.5 边界条件

对于上述重力流数学模型的边界条件。若为有入流的重力流,入口一般设定指定的流速及所含有物的浓度,入口处的湍流动能及其耗散率可依据 Fukushima 和 Watanabe(1990) 的如下经验公式估算

$$k_{\text{in}} = (0.1u_{\text{in}})^2, \quad \varepsilon_{\text{in}} = 10k_{\text{in}}^{3/2} C_\mu^{3/4} / (\kappa h_{\text{in}}) \tag{8-17}$$

式中,u_{in},k_{in},ε_{in},h_{in} 分别为入口的均速、湍流动能及其耗散率和入口重力流厚度。

下游出口一般设定在远离研究的区域并采用零梯度外延。在远离重力流的环境流体的自由表面可采用对称边界。对重力流在固体的边界的流场应用墙面率(参见 5.4.2 小节)。所模拟的重力流的携带物若在固体边界没有物质交换,可采用零梯度边界。对于复杂的含颗粒物,比如说泥沙的重力流的底部边界,对第 i 种颗粒物所引起的底床高度 y_{bi} 对时间的变化率可采用如下的 Exner 方程来动态地进行模拟

$$(1 - \lambda) \frac{\partial y_{bi}}{\partial t} = -\nabla \cdot (F_{bi} \vec{q}_{bi}) + D_{bi} - F_{bi} E_{bi} \tag{8-18}$$

式中,λ 为河床物质孔隙度,下标 b 表示和底床(bed)相关的量;F_{bi} 为第 i 种颗粒物在底床混合层内所占的比例;方程的等号右边第一项表示推移质搬运通量 q_{bi} 所带来的河床高度改变,第二项为颗粒物沉积所引起的高度增加,

$$D_{bi} = c_{bi}v_{si} \qquad (8-19)$$

式中,c_b 为近底床颗粒物浓度;第三项表示应**沉积物的夹带**(entrainment of sediment)所引起的河床高度的降低,可使用如下 Smith 和 McLean(1977)的经验关系式来估算

$$E_{bi} = \frac{0.65\gamma_0 S_0 v_{si}}{1 + \gamma_0 S_0} \qquad (8-20)$$

式中,$\gamma_0 = 2.4 \times 10^{-3}$,$S_0 = \dfrac{\tau - \tau_{ci}}{\tau_{ci}}$,其中 τ,τ_c 为河床剪切力及临界剪切力。将所有的颗粒物所带来的河床高度改变量相加,就得到该时间步总的河床高度改变量。各粒径颗粒物的推移质搬运通量可采用 van Rijn(1984)的如下经验公式计算

$$\frac{q_{bi}}{\sqrt{Rgd_i^3}} = 0.053 \frac{(S_0)^{1.5}}{d_i^{0.3}\left(\dfrac{Rg}{v^2}\right)^{0.1}} \qquad (8-21)$$

式中,d 为颗粒物直径。

在 t 时间步的第 i 粒径的颗粒物在河床剪切力作用范围的**混合层**或**活动层**(mixing layer/active layer)内的比例可以用如下公式来估算(Huang et al.,2007)

$$F_{bi}^t = \frac{H^t F_{bi}^{t-1} + \delta_i^t - \delta^t F_{bi}^{t-1}}{\sum_i (H^t F_{bi}^{t-1} + \delta_i^t - \delta^t F_{bi}^{t-1})} \qquad (8-22)$$

式中,上标表示对应的时间步;H 为混合层厚度;δ_i^t 为 t 时间步的沉降厚度(若侵蚀为负值)。 上式的分子有着明确的物理意义。即第 i 种颗粒物 t 时间步厚度为 H^t 的混合层内的比例先是以其在前一时间步的值来估算,然后再对之进行在新的时间步的校正。 混合层的厚度可以取底部沉积物直径 d_{90} 的两倍(Wilcock & McArdell,1997; De Vries,2002)或根据经验公式计算。

8.3　重力流数值模拟和实验的对比研究

实验是我们获得知识及检验理论及数值模拟是否合理的重要手段。重力流实验,不仅可帮助我们理解有关重力流的诸多运动及动力学的特征,并且也为我们验证前节所述数学模型提供了很好的基础。这一节我们先对有关重力流的实验作一

简单介绍,接着介绍应用上节所述的 RANS 模型数值模拟突然释放型重力流、连续注入型的盐水及含颗粒物重力流和实验数据对比验证的一些结果。

8.3.1　重力流实验研究简介

由于自然界重力流发生的不确定性及其对测量设备的破坏性,直接观察测量自然发生的重力流研究还不多,对重力流的运动学及动力学特征的揭示大多是通过实验研究来完成的。学术界一直对具独创性的水下重力流实验给予高度的重视。Science 期刊在 1989 年刊载了由 Garcia 及 Parker 通过实验研究水下重力流由斜坡流入水平坡来模拟海底浊流由海底峡谷流入沉积扇的报告,其主要作者,现为伊利诺伊大学(University of Illinois at Urbana-Champaign)周文德水系统研究所(Ven Te Chow Hydrosystems Lab)的所长 Garcia 博士其后又发表了一系列相关实验的论文。Nature 期刊于 1993 年发表了英国剑桥大学研究小组的实验研究水平突然释放型水下浊流的水卷吸(entrainment)的研究报告。Geology 期刊在 2007 年发表了本书编著者作为参与人之一的美国南卡罗来纳大学(USC/University of South Carolina)利用实验研究发现海底矩形峡谷内海底浊流的双螺旋结构(Helical flow couplets)的文章。上述三篇代表性论文也大致反映了实验研究海底浊流的三种类型。第一类为水下水平流道上的开闸释放型;第二类为水下直斜坡或直斜坡连接以水平坡的直峡谷内连续入流型;第三类为水下弯曲峡谷内连续入流型。

(1)开闸释放型(lock-exchange)

多为一些英国的实验小组所进行,如图 8-3 所示将含盐或固体颗粒的高密度的流体分隔在约 5m 长的水槽的一端,闸门(lockgate)抽去后,可用于模拟因滑塌形成的水下重力流水平流动。其流动时间短且为非稳态,故此类实验多集中于观察浊流头部的前行速度、Kelvin-Helmholtz 不稳定性结构及相应沉积特征上。这类实验的主要发现有:滑塌型浊流根据其发展阶段可分为三个相,在初始的**坍塌相**

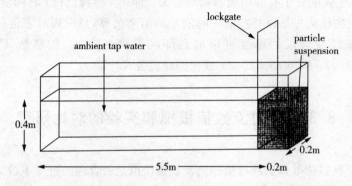

图 8-3　开闸释放型重力流实验示意图(源自 Gladstone 等,1998)

浊流头部在重力惯性作用下以几乎常速前行且很少有水卷吸,在随后的**惯性悬浮相**浊流长度的增加为时间的 2/3 次方指数函数且环境水体的水卷吸为初始重力流水量及重力流行近距离的函数,最后为**黏性力统治相**。根据这类实验的结果,提出了较为简单的假设没有水卷吸的盒模型(box model)及其一些改进的模型。也有实验研究开闸释放流在斜坡上由泥石流(debris flow)转换为浊流的机理。

(2)直斜坡上连续入流型(continuous inflow on straight slope)

一般在如图 8-4 所示的一长约 10m,宽 0.3m,深 1m 左右的水槽内进行,底坡坡度一般为 3°左右(近似模拟大陆架的坡度)。一次实验一般可持续 30min 左右,可较为准确地测量重力流本体部的几个不同剖面的速度、浓度。近来因实验测量手段的进步,如 ADV (Acoustic Doppler velocimeter)、LDA(Laser Doppler Anemometry)、UDVP(Ultrasonic Doppler Velocity Profiling)等的出现,也获得了较

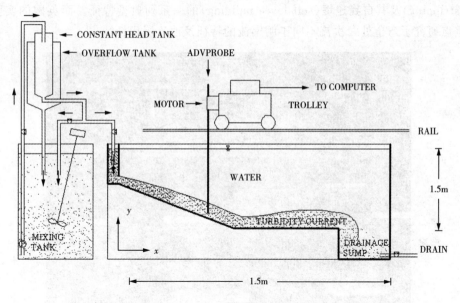

图 8-4 二维连续入流型重力流实验示意图(源自 Garcia,1993)

为可靠的重力流的在垂向上湍流动能分布数据。从 20 世纪 50 年代至 2012 年止,美国和英国的几个研究小组都多次进行了这类实验。实验告诉我们:在浊流的头部通过之后,后续的浊流本体部在斜坡上会达到一**准平衡**(quasi-equilibrium)状态,即各处的流速及沉积物浓度均随时间变化不大,各纵剖面以深度平均值无量纲化后的速度及浓度曲线趋于一致(collapse of velocity and concentration profiles)。由剖面速度知,这类浊流在纵剖面上以速度最大值线为界可明显地分为上、下两部分,下部为和河床固体接触的边界层,和明渠流的类似;上部为密度分层的剪切流层;且速度的最大值处对应湍流动能的一极低值,浓度梯度在此急剧增大。由这些

实验获得浊流的**水卷吸系数**(ambient fluid entrainment coefficient)、**拖曳系数**(drag coefficient)及沉积物底部浓度和平均浓度之比等参数,可用于下面 8.5 节所述的浊流深度平均三方程及四方程模型的模拟。

(3)三维弯曲峡谷内连续入流型(3D continuous inflow in submarine sinuous channel)

此类三维的重力流实验还不多,最近美国和英国的研究小组都进行了此类实验。前面已提到美国南卡罗来纳大学(USC/University of South Carolina)的研究小组通过在如图 8-4 所示的 12.2m×6.1m×1m 池内所修建的一高为 0.3m,宽为 0.6m 的水下矩形弯曲河道所进行的实验发现了水下浊流在弯道处的双螺旋流动结构。美国麻省理工学院(MIT)的在一 5.0m×4.5m×0.5m 的水槽内所建的一小型梯形弯曲河道内的实验揭示了海底浊流在弯道处的**外溢**(spilling)、**外甩**(stripping)及其**自我建堤**(self levee-building)的一系列典型特征。而英国的实验重点研究了弯道处二次流不同于明渠流的特征及浊流沉积特征。

图 8-5   水下三维弯曲峡谷上重力流实验设置图

8.3.2   突然释放型重力流的数值模拟

突然释放型重力流实验除了研究重力流头部的动力学特征外,一般还测量头部的运行速度。图 8-6a 比较了如图 8-3 所示初始和环境流体等高的闸门释放全盐水重力流(s2s100)及含有不同比例(100% 的 s2s0 到 20% 的 s2s80)比重为 3.217g/cm³ 平均粒径为 88μm 的金刚砂(silicon carbide)实验及模拟结果。由图可看出,模拟很好地再现了实验结果:保守型的突然释放重力流几乎以等速向前运行(30s 以后稍见速度减慢),而含沉积颗粒的重力流的运行速度由于粒子的沉积,过量密度比不断减小而失去部分驱动力,所以头部运行速度也渐渐减小。图8-6b比较了初始在水下的突然释放的盐水重力流的实验和模拟的对比。由图可见,简单的盒子模型只能预测初期的重力流的运行速度,越往后误差越大,而我们依据8.2节的 RANS 数学模型可以更好地预测重力流的运行。

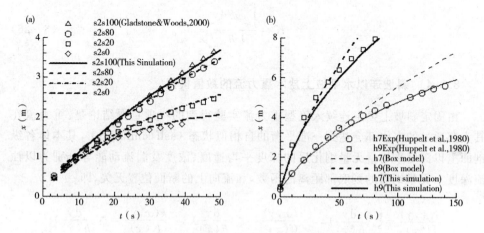

图8-6 数值模拟及实测的水平突然释放型重力
流头部运行距离对比图(源自 Huang 等,2009)

8.3.3 重力流厚度及深度平均量的定义及计算

由于重力流在环境流体中运移时不断夹带环境流体,和环境流体没有一清晰的边界,Ellison 和 Turner(1959)提出了较为客观的如下的深度积分式(式8-23~式8-25)来定义重力流厚度 h,深度平均速度 U 及深度平均浓度 C,后来的重力流研究者也多采用此定义来表述实验结果,所以我们在讨论连续入流型重力流前,先对这些定义作一介绍。

$$h = \frac{\left(\int_0^\infty u \, \mathrm{d}y\right)^2}{\int_0^\infty u^2 \, \mathrm{d}y} \tag{8-23}$$

$$U = \frac{\int_0^\infty u^2 \, \mathrm{d}y}{\int_0^\infty u \, \mathrm{d}y} \tag{8-24}$$

$$C = \frac{\int_0^\infty uc\,\mathrm{d}y}{Uh} \tag{8-25}$$

式中，y 指向重力的反方向，积分上限为无穷，但实际计算时，只要计算到 U 足够小就行了。我们可以类似地定义其他我们所需要的深度平均量，比如说深度平均湍流动能 K

$$K = \frac{\int_0^\infty uk\,\mathrm{d}y}{Uh} \tag{8-26}$$

8.3.4 斜坡连以水平坡上盐水重力流的数值模拟

由固定斜坡上恒定连续入流型重力流实验得到的一项重要结论是：重力流在其头部通过的本体部会达到一准平衡的自相似状态（self-similarity），其本体各纵剖面上以深度平均量无量纲化后的深度平均速度、浓度及湍流动能等分别为以浊流深度 h 无量纲后的到底部距离的函数，和流向上的断面位置无关，即

$$\frac{u(x,y)}{U(x)} = \zeta_u\left(\frac{\mathrm{d}y}{h(x)}\right), \quad \frac{c(x,y)}{C(x)} = \zeta_c\left(\frac{\mathrm{d}y}{h(x)}\right), \quad \frac{k(x,y)}{K(x)} = \zeta_k\left(\frac{\mathrm{d}y}{h(x)}\right) \tag{8-27}$$

式中，ξ_u, ξ_c, ξ_k 的具体函数形式得由实验确定。这实质上反映了斜坡上有恒定入流的重力流和射流及混合层流一样会达到一种局部平衡。我们先来看如图 8-7 所示的盐水重力流实验和数值模拟的对比。

由图中可见，计算模拟比实验数据呈现了更好的自相似性，实验数据可能由于测量误差有一定的分散，但它们基本是吻合的。起始斜坡上的盐水重力流为急流（supercritical）和下游为缓流（subcritical）重力流呈现不同的相似性。急流的速度最大处离底部相对较近，出现在 $y/h \sim 0.2$ 处，浓度曲线则相对更圆滑；而缓流速度最大处在 $y/h \sim 0.35$ 处，浓度曲线呈现更明显的拐点。

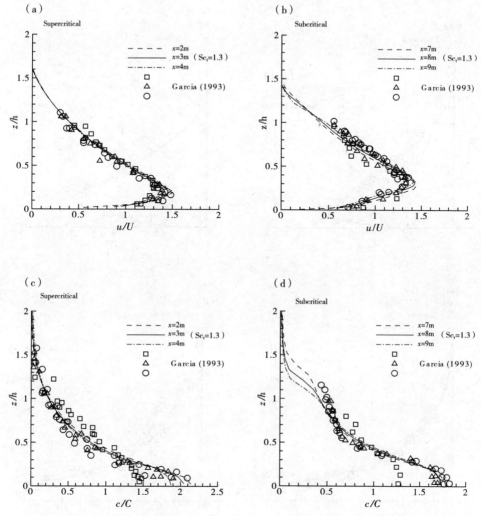

图 8-7 数值模拟及实测的有恒定入流的盐水重力流在斜坡(左)及水平坡(右)的
无量纲化后的速度(上)及浓度(下)对比图(源自 Huang 等,2005)

8.3.5 斜坡连以水平坡上含单粒径颗粒物重力流的数值模拟

这部分的模拟对比包括剖面速度、浓度及沉积厚度。对含比重为 2.65,粒径为 $9\mu m$ 的低体积比浓度(小于 5%)粒子重力流实验(Garcia,1993)的数值模拟的剖面速度及浓度对比如图 8-8 所示。和前一小节盐水重力流的对比可见,浓度不高的含微小颗粒的重力流的特性和盐水重力流基本是一致的,我们可以借助盐水重力流来研究含低浓度颗粒物重力流。

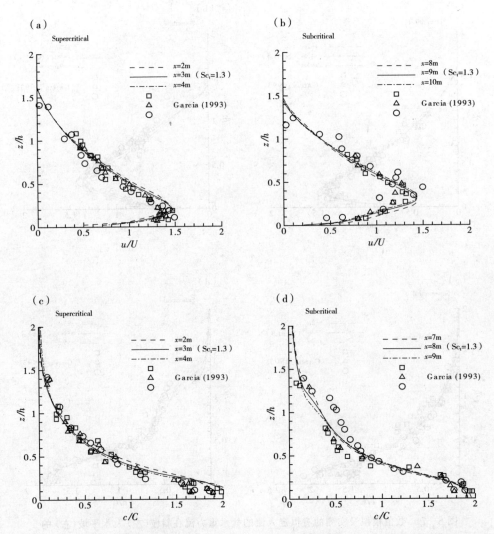

图 8-8　数值模拟及实测的有恒定入流的含颗粒物重力流在斜坡（左）及水平坡（右）的
无量纲化后的速度（上）及浓度（下）对比图（源自 Huang 等,2005）

对粒径为 $30\mu m$(GlassA2) 及 $9\mu m$(Daper6) 浊流实验的沉积厚度比较如图 8-9 所示。可见计算模拟也较好地模拟出含大粒径颗粒的重力流在上游沉积多的特征。近入流处的沉积差异可能是由于模拟的入流条件不同造成的,实际入流在河床底部流速为零,而在模拟中尽管保持了入流流量相等,但假定入流断面为均一流速。

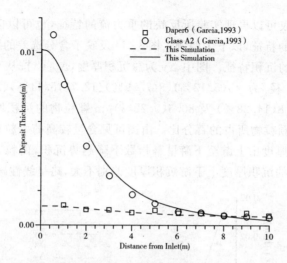

图 8-9　数值模拟的浊流沉积厚度对比图（源自 Huang 等,2009）

8.3.6　含多粒径颗粒物重力流的数值模拟

对恒定入流含分选差的多粒径的颗粒物($5 \sim 80\mu m$)的重力流实验(Garcia,1990)的数值模拟,在距入流 4m 处的剖面上 5 种粒径颗粒物的浓度对比图如图 8-10 所示。由图可见不同粒径颗粒物在重力流中的不同分布特征。大粒径的颗粒物(如粒径 $32\mu m$、$20\mu m$)在底部的浓度较上边明显要高出许多,而细粒径的颗粒物在纵向上的分布更加均匀。数值计算模拟的 $C_{1\sim5}$ 浓度较好地反映了实测对应的 $5 \sim 32\mu m$ 颗粒物的浓度的不同分布状况。

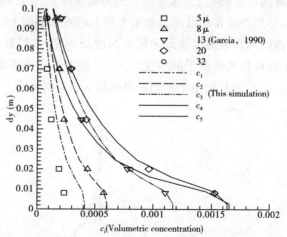

图 8-10　斜坡上 4m 处含多粒径颗粒物重力流的 5 种粒径
颗粒物实测及模拟的垂向浓度分布(源自 Huang 等,2007)

　　数值模拟不仅可以再现实验所反映的重力流的特征,也可以向我们揭示更多的实验不易测量的特征,以下为两例。图8-11反映了含分选差的颗粒物重力流的不同粒径颗粒物的沉积特征。图中 Δy 为总沉积厚度,$\Delta y_{1\sim7}$ 按从小到大分别对应了模拟的粒径为 5(5.12%)、8(7.59%)、12.7(15.14%)、20.2(23.27%)、32(34.38%)、50.8(14.28%) 及 80.6(0.22%)μm 颗粒物的沉积厚度。括号内为入流中对应粒径颗粒物所占的百分比。由图可见含量较高的大粒径的颗粒物(32、50.8μm) 的沉积厚度由上游至下游呈幂指数下降趋势沉积,而粒径较小的沉积物(12.7、20.2μm) 的沉积厚度上下游沉积厚度差别不大,略呈线性减少趋势。

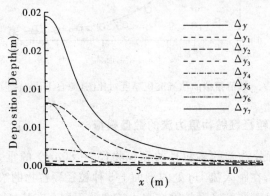

图 8-11　数值模拟含 7 种不同粒径的分选差的颗粒物的
重力流的沉积分布图(源自 Huang 等,2007)

　　图 8-12 为所模拟的含分选差的颗粒物重力流在斜坡上的无量纲化的速度(a)及不同粒径颗粒物的浓度(b)以及水平坡上的类似图(c,d)。由图中我们可观察到一个有趣的现象,即不论是在斜坡还是在水平坡上的垂直剖面上,不同粒径颗粒物的无量纲化浓度曲线均在横向流速最大值处高度处相交,并以此点为拐点。以此点为界,粒径较平均粒径大的粒子的浓度(c_6/C_6) 在下方高于平均浓度,而在上方则低于平均浓度(c/C);颗粒物小于平均粒径的如 c_1/C_1 则相反。

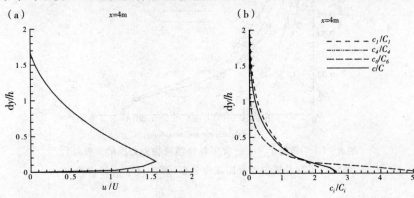

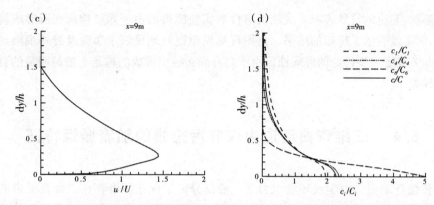

图 8-12 数值模拟含多粒径颗粒物重力流在上游斜坡(上)及下游水平坡(下)无量
纲化后的速度(左)及不同粒径级沉积物浓度(右)图(源自 Huang 等,2007)

8.3.7 水下三维梯形直渠道浊流的数值模拟

数值模拟不仅能很好地揭示二维重力流的流动及沉积分布特征,也同样能模拟
三维条件下的浊流的流动及沉积。图 8-13 显式了模拟麻省理工(MIT)Morhrig 等

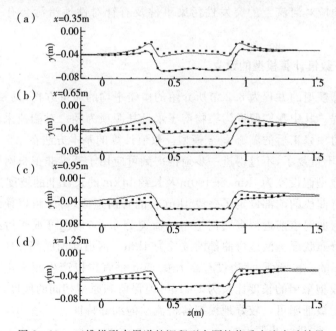

图 8-13 三维梯形直渠道的沉积型含颗粒物重力流实验结果
及数值模拟对比(Huang 等,2012)

(2006)所进行的三维梯形直渠道的沉积型含颗粒物重力流实验的对比。图 8-13
(a)~(d)分别为上游至下游 4 个不同的剖面。各图中下边的符号或线表示初始的

渠道形状,上边的符号表示 5 次浊流事件后实验测得的由于颗粒物沉积所形成新的渠底,而实线表示了模拟的结果。由图可见模拟很好地反映了实验及野外观察到的将在 8.7 节进一步讨论的海底浊流由于超升高而溢出形成的越是上游越明显的自我建堤现象。

8.4　三维弯曲河道中保守污染物的随流搬运特征

传统环境流体力学或环境水力学一般仅分析了保守污染物在二维直渠道的中间或岸边释放的不考虑重力作用对因比重的不同而带来的垂向差异的分布特征。这里保守是指假定污染物不与环境流体或边界物质发生物理、化学或生化反应等而带来量的改变。一般的河流均是弯曲的,比水重或轻的污染物在弯曲河道的中间或岸边释放的分布情形会是怎样呢? 第 6 章介绍的传统理论分析不易得出结论,这一章我们介绍本书编著者近期利用数值模拟得到的发表在国际有影响力的学术期刊《Environmental Pollution》等上的结果(Huang 等,2010,2012),对于我们快速科学地应对河流上的突发性污染事件及有针对性地治污会有一定的参考作用。

8.4.1　数值计算模型的设立

数值计算模型的方程为 8.2 节所介绍的雷诺平均的质量方程、动量方程、污染物的传输方程。其中我们假设污染物溶于水且其源项为零。对湍流采用 8.2.3 小节介绍的浮力项修正后的湍流 $k-\varepsilon$ 模型。数值计算的基本方法在第 7 章已进行了介绍,这儿就不重复了,不过得进一步地推广到可应用于三维非正交网格上。

模拟的原型假设宽为 1km、深 100m 及长约 14km 的长江上的坡度为 0.0002 一段。在正旋弯曲段的前部设定了一段 4km 长的直河道段,一来可以使假设的均匀入流在流至弯曲河道前近似真实河道中的流速分布,二来也可观察污染物在直河道中的运移分布状况。河道弯曲部的波长为 4km。河道断面底部如图 8-14 所示半径为 15km 的一段圆弧,两边设有高为 0.15m 垂直岸以产生较为正交的结构化网格。计算模型采用的长度比尺为 1:100,但保留和原型相同的坡度,因为湍流模型在此尺度上被证明可以较好地模拟解析流动的细部特征。

不失一般性,进一步假设:

(1)作为环境流体的河道中的水的密度为 $1000kg/m^3$,其运动黏度为 $1.0e^{-6} \ m^2/s$;

(2)污染物和水是相溶的,比水重及轻的污染物的过量密度比分别为 ±

0.015；

（3）施密特数取单位 1；

（4）河流中没有污染物的源或槽，且在除去入口处的各边界没有污染物的吸收或释放；

（5）左边入流流速为 0.1 m/s，根据弗雷德数相似性，相当于原型的流速 1m/s，污染物在河道断面的中部或岸边以同等的流量 0.075 m³/s 连续注入，模拟时长为 1000s。

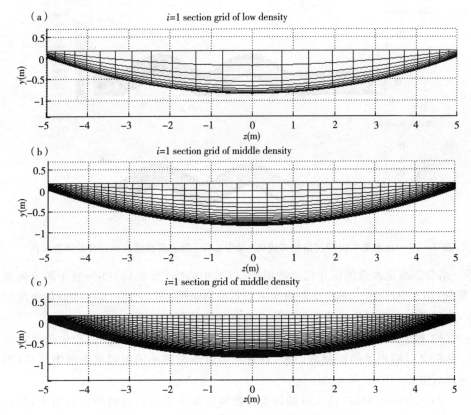

图 8 - 14　网格测试用河道断面网格示意图

（a,b,c 所示的网格密度分别相差一倍）

经如上图所示的网格密度测试，采用图(b)所示的 101×20×49 的网格所得的模拟结果可很好地满足收敛性要求，以下所有的模拟均采用了此密度的网格。下面我们分别观察模拟的不同位置释放的比水重或轻的污染物在河道的水平不同位置及不同深度等处的分布特征。

8.4.2 比水重的污染物岸边及中心释放的基本分布特征

因为比水重的污染物主要分布在渠道底部,所以我们主要观察如图8-15所示的比水重的保守污染物岸边(a)及中心(b)释放后接近河床底部的密度云图。两种不同注入方式的区别主要表现在前期的直道上,在后边的弯道部分大致相同。

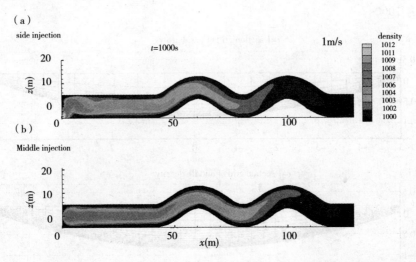

图8-15 比水重的保守污染物岸边(a)及中心(b)释放后接近河床底部的密度云图

结合下面比水重的保守污染物岸边(a)及中心(b)释放后1000s在下游直河道4断面(图8-16a,$b_1 \sim b_4$)及弯曲河道顶点处两断面(图8-16a,$b_5 \sim b_6$)的密度云图,我们可以观察到比水重的污染物分布的如下特征:

(1) 对于岸边释放,比水重的污染物在被河流带往下流的同时,沿岸边滑向对岸,然后又以缩小了的振幅滑回来,在直河道以渐渐减小的振幅呈来回振荡状(图8-15a,图8-16 $a_1 \sim a_4$);

(2) 对于中心释放,比水重的污染物被河流带往下流的同时先滑向两岸,又汇聚至中间,呈振幅渐渐减小的坍塌状振荡(图8-15b,图8-16$b_1 \sim b_4$);

(3) 在下游一定距离的弯道处,二者的浓度分布相似,都是在弯道靠近内岸的一边呈现较高的浓度(图8-15,图8-16 $a_5 \sim a_6$,$b_5 \sim b_6$);

(4) 中心释放的比水重的污染物比岸边释放的能稍快地流至下游,可能是岸边释放的污染物的左右振荡比中心坍塌式振荡要消耗掉更多的重力势能。

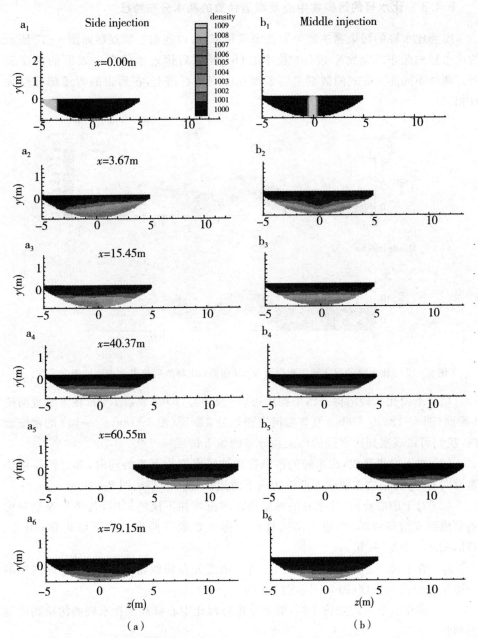

图 8 - 16　比水重的保守污染物岸边(a) 及中心(b) 释放后 1000s 在下游直河道
(1 ~ 4) 及弯曲河道顶点处(5 ~ 6)横断面的密度云图

8.4.3 比水轻的污染物中心及岸边释放的基本分布特征

因为比水轻的污染物主要分布在渠道顶部,所以我们主要观察如图8-17所示的比水轻的保守污染物岸边(a)及中心(b)释放后接近水体自由表面的密度云图。两种不同注入方式的区别主要表现在前期的直道上,在后边的弯道部分也大致相同。

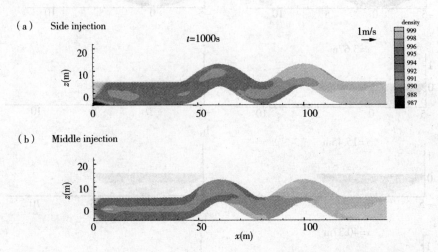

图8-17 比水轻的保守污染物岸边(a)及中心(b)释放后接近水表面的密度云图

结合下面比水轻的保守污染物岸边(a)及中心(b)释放后1000s在下游直河道4断面(图8-18a,$b_1 \sim b_4$)及弯曲河道顶点处2断面(图8-18a,$b_5 \sim b_6$)的密度云图,我们可以观察到比水轻的污染物分布的如下特征:

(1)对于岸边释放,比水轻的污染物在被河流带往下流的同时,部分污染物快速滑向对岸,污染物主要顺着两岸边向下游运移(图8-17a,图8-18 $a_1 \sim a_4$);

(2)对于中心释放,比水轻的污染物被河流带往下流的同时,几乎是等量对称地分成两支滑向两岸,然后和岸边释放一样主要顺着两岸边向下游运移(图8-17b,图8-18 $b_1 \sim b_4$);

(3)在下游一定距离的弯道处,二者的浓度分布相似,都是在弯道靠近内岸的一边呈现较高的浓度(图8-17,图8-18 $a_5 \sim a_6$,$b_5 \sim b_6$);

(4)和比水重的污染物不同,似乎岸边释放比中心释放的比水轻的污染物的运行稍快。

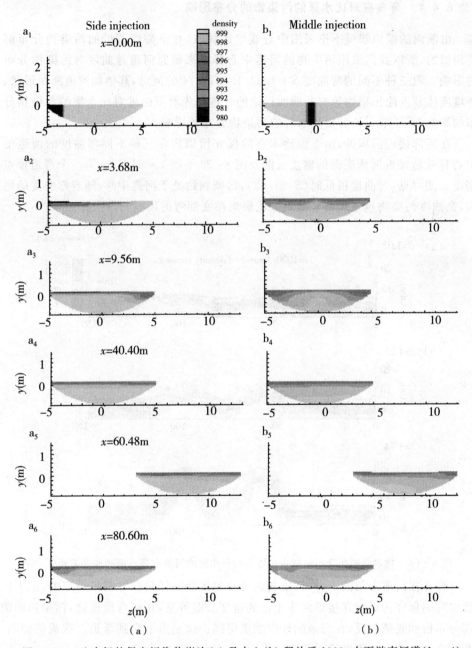

图 8-18 比水轻的保守污染物岸边(a) 及中心(b) 释放后 1000s 在下游直河道(1 ~ 4)
及弯曲河道顶点处(5 ~ 6) 横断面的密度云图

8.4.4 弯曲度对比水重的污染物的分布影响

由前面的模拟知道不论采用中心或岸边释放,在下游弯道处的污染物分布都是相似的,所以我们采用污染物的河道中心释放来研究河道弯曲度对污染物分布的影响。取三种不同的弯曲度 $S=1.02,1.22,1.74$ 的河道,其他如河道断面形状、环境流体及入流污染物等都和前面讨论的一样。先看弯曲度对比水重的污染物分布的影响,下小节讨论其对比水轻的污染物分布的影响。

在底部接近河床处,由下面比水重的保守污染物在三种不同弯曲度的河道中中心释放后接近河床底面的密度云图及图 8-23 下游 $x=61.29\text{m}$ 第一个弯道顶点密度云图可见,弯曲度很低时($S=1.02$),污染物约处于河道中间,随着弯曲度的增大,高浓度污染物越来越明显地更多地聚集在底部弯道顶点的内弯处。

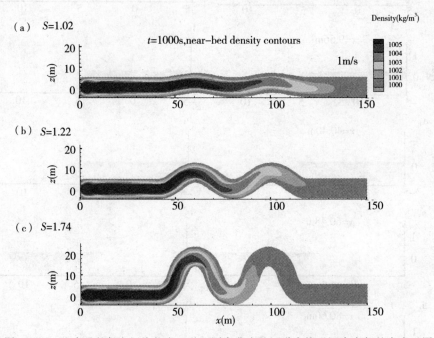

图 8-19 比水重的保守污染物在三种不同弯曲度的河道中接近河床底部的密度云图

那么在河道底部的上方,污染物的分布和底部一样吗?答案是否定的,由下面比水重的保守污染物在接近河床中部的密度云图可见,在河弯顶点处,污染物的浓度分布恰和底部相反,在弯道的外岸浓度更高。这是由于受到弯道二次流的影响,我们在 8.4.6 小节将继续讨论这一点。

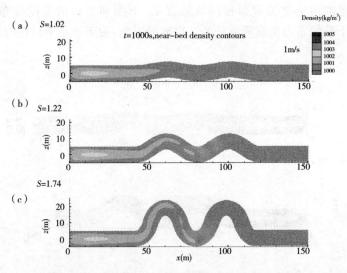

图 8-20　比水重的保守污染物在三种不同弯曲度的河道接近河床中部的密度云图

8.4.5　弯曲度对比水轻的污染物的分布影响

由下面比水轻的保守污染物在三种不同弯曲度的河道中接近自由表面的密度云图及图 8-24 下游弯道顶点密度云图可见,随着弯曲度的增大,比水轻的污染物越来越明显地聚集在弯道顶点处的内弯上部。

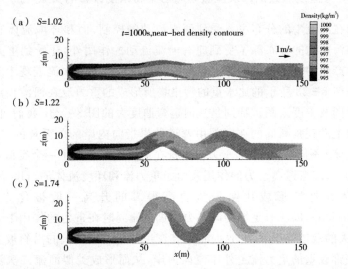

图 8-21　比水轻的保守污染物在三种不同弯曲度的河道接近河道自由表面的密度云图

而在弯道的下面接近河床处,由图 8-22 可见,多数污染物反而位于弯道的外岸。和比水重的污染物的分布相同的地方是,下面和上边的浓度分布都恰好相反。这是由于受到重力流在弯道处的二次流的影响,为下一小节讨论的内容。

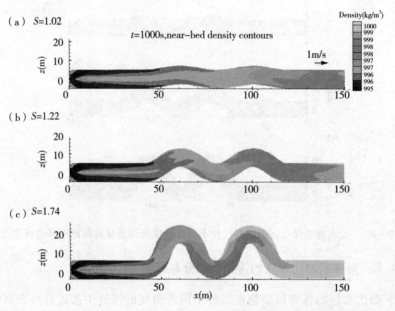

图 8-22 比水轻的保守污染物在三种不同弯曲度的接近河床底部的密度云图

8.4.6 弯道顶点处的二次流流动与污染物浓度分布的关系

污染物在河流中的分布主要受到河水流动的控制,而和环境流体有密度差异的重力流的污染物的分布除了受到原有河流流动的作用外,还受到重力流本身的密度差异所产生的流动的影响。这在河道弯道顶点处的二次流表现十分明显。我们先观察如图 8-23 所示的比水重的污染物所形成的重力流在河湾顶点处的二次流流动矢量图及密度云图。特别是从河道弯曲度大的图 8-23c 我们可发现,和一般河流的从上游观察断面的在底部由弯道外岸指向内岸的单循环的二次流(三维观察为螺旋流)不同,比水重的重力流本身在河道底部形成了一个类似于明渠流二次流的流动,由于弯道离心力的作用及由于重力流和环境流体的密度差不大,水下重力流整体在外岸形成比明渠流要高得多的升高一般被称之为超升高(super-elevation),以获取足够的向心力。重力流同时在重力的作用下会形成密度分层,密度大的液体处于底部,这时重力在弯道外岸斜坡提供的沿斜坡方向的分力又会促使底部较重的重力流由外岸流向内岸,从而形成类似河流二次流的重力流的水下二次流,导致密度大的污染物在弯道底部内岸聚集;同时此二次流的上部向外岸的流动造成了密度相对较低的污染物在河道断面中间部位的弯道外岸处的聚集(图 8 - 23c,b)。

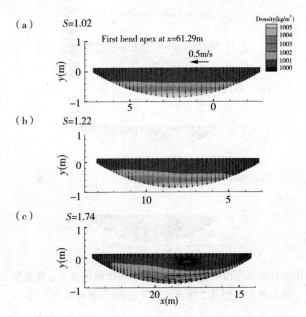

图 8 - 23　比水重的保守污染物在三种不同弯曲度的河道中心释放后在下游弯道
顶点密度云图及二次流速度矢量图(弯道外岸在左边)

由图 8-23 还可看到,在河道内部水下重力流的上部的环境水体还有一和明渠
流二次流方向相反的二次流。具体的二次流循环的强度、位置及大小等应和重力
流的流量对河流流量的相对比例、断面形状及坡度等有一定关系,但此模拟所反映
的基本特征应不会改变。

比水轻的污染物所形成的重力流聚集在河流表面形成上轻下重的密度分层(图
8 - 24a),表面的轻污染物在弯道顶点处在离心力的作用下会在环境流体的上层形成
一由内岸指向外岸的二次流,此二次流下部回流将一部分轻污染物带入外岸较深处
(图 8 - 24 b,c),从而形成在弯道外岸底部轻污染物的较多分布(图 8 - 22 b,c)。

和重污染物在底部的流动不同,轻污染物在水流上层更易受到表面水流的影
响,因为上层的水流速较底部要大,图 8 - 25 显示了轻污染物在弯道处表面的流动
及分布特征。由图清晰可见,随着河道弯曲度的增大,在靠近弯道顶点内岸处会形
成含较多低污染物水流的回流,阻碍污染物沿弯道内岸传向下一弯道的外岸,这样
弯道内岸处的高浓度的轻污染物就受因下游洄流的挤压而形成的沿流向的高速水
流带至下一弯道的内岸处,从而形成轻污染物在弯道表面内岸的聚集(图 8 - 21b,
c)。尽管在弯道顶点表面存在由内岸指向外岸的二次流,但其流速和主流相比
要小得多,且在流动的过程中,污染物还会被稀释及带至下游,所以弯道外岸上部
的轻污染物浓度没有内岸的高。

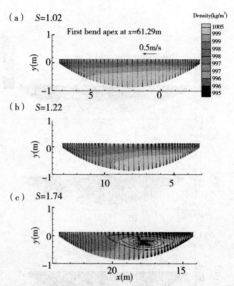

图 8 - 24　比水轻的保守污染物在三种不同弯曲度的河道中心释放后在下游弯道
顶点密度云图及二次流速度矢量图（弯道外岸在左边）

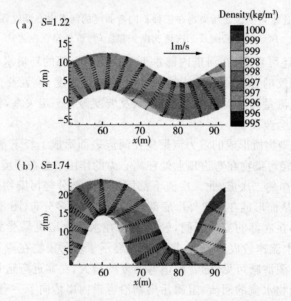

图 8 - 25　比水轻的保守污染物在河道下游弯道处接近自由表面的密度云图及流速矢量图

　　以上模拟及分析所揭示的重、轻污染物在弯曲河道中的不同位置的不同分布
特征，对于快速应对河流中的各种突发性污染事件或有计划的排污去污，科学地根
据其分布特征采取成本效益高的应对措施应有一定的参考作用。

8.5　重力流深度平均模型简介

在高性能计算机硬件及数值计算求解纳维耳-斯托克斯方程的技术普及之前，早期的许多重力流的数学模型和水力学的一样均采用深度平均的模型，其优点是数值计算求解相对简单，对硬件的要求不高并可进行长达上百千公里大范围的计算模拟，缺点是在进行深度平均时丢失的信息需要经验公式或经验系数来弥补，当然不用说不能告诉我们所求量在深度上的变化情况。这一节我们对有关文献中见到的一些有关重力流的深度平均的质量、动量、传质及湍流动能方程做一介绍。

8.5.1　深度平均量的基本定义

在 8.2.3 小节已给出了重力流的一些深度平均量的定义。设坐标轴 y 正向为重力作用的反方向，y_s，y_b 分别表示重力流的上、下边界的 y 坐标值，则任一三维变量 φ 的深度平均量 Φ 的一般定义为

$$\Phi(x,z) = \frac{\int_{y_b}^{y_s} \varphi(x,y,z)\,\mathrm{d}y}{h} \tag{8-28}$$

式中 $h = y_s - y_b$ 为重力流厚度。

8.5.2　水下重力流的上、下边界条件

进一步假设重力流为比水重的底流（underflows），那么底边界和固体接触的界面流速为零，即

$$u_i(x, y = y_b, z) = u_{ib} = 0, \quad i = x, y, z \tag{8-29}$$

底流的上部边界，因为有水夹带等因素的影响会随时间及平面位置的变化而变化，可用函数 $y_s(x,z,t)$ 来表示，其对时间的全微分应为上部边界在深度方向的变动速度 u_{ys} 加上上部水体被夹带进重力流的流速 w_e。

$$\frac{\mathrm{d}y_s(x,z,t)}{\mathrm{d}t} = u_{ys} + w_e = \frac{\partial y_s}{\partial t} + \frac{\partial y_s}{\partial x}\frac{\mathrm{d}x}{\mathrm{d}t} + \frac{\partial y_s}{\partial z}\frac{\mathrm{d}z}{\mathrm{d}t} = \frac{\partial y_s}{\partial t} + \frac{\partial y_s}{\partial x}u_{xs} + \frac{\partial y_s}{\partial z}u_{zs}$$

$$\tag{8-30}$$

式中，u_{xs}，u_{zs} 为上部边界在 x，z 方向上的变动速度。将 2.1.7 小节的莱布尼兹积分公式应用于深度平均定义式（8-28）得

$$\int_{y_b}^{y_s} \frac{\partial \varphi(x,y)}{\partial x} dy = \frac{\partial}{\partial x}(h\Phi(x)) - \frac{\partial y_s}{\partial x}\varphi(x,y_s) + \frac{\partial y_b}{\partial x}\varphi(x,y_b) \qquad (8-31)$$

这些关系式(8-29 ~ 8-31)在下面的推导中要用到。

8.5.3 深度平均质量方程

对重力流的质量方程(8-1)在重力流深度范围内积分得

$$\int_{y_b}^{y_s} \frac{\partial u_x}{\partial x} dy + \int_{y_b}^{y_s} \frac{\partial u_y}{\partial y} dy + \int_{y_b}^{y_s} \frac{\partial u_z}{\partial z} dy = 0 \qquad (8-32)$$

对其第一、三项应用莱布尼兹积分定理(8-31)得

$$\frac{\partial}{\partial x}(hU_x) - \frac{\partial y_s}{\partial x}u_{xs} + \frac{\partial y_b}{\partial x}u_{xb} + u_{ys} - u_{yb} + \frac{\partial}{\partial z}(hU_z) - \frac{\partial y_s}{\partial z}u_{zs} + \frac{\partial y_b}{\partial z}u_{zb} = 0$$

$$(8-33)$$

式中,大写字母表示的为对应小写变量的依据式(8-28)定义的深度平均量(下同),应用底部边界速度为零的条件(式8-29)得

$$\frac{\partial(hU_x)}{\partial x} + \frac{\partial(hU_z)}{\partial z} - \frac{\partial y_s}{\partial x}u_{xs} + u_{ys} - \frac{\partial y_s}{\partial z}u_{zs} = 0 \qquad (8-34)$$

应用边界条件(式 8-30),并考虑 $\frac{\partial y_s(x,z,t)}{\partial t} = \frac{\partial[h(x,z,t)+y_b]}{\partial t} \overset{y_b \approx \text{constant}}{\approx}$

$\frac{\partial h(x,z,t)}{\partial t}$ 得

$$\frac{\partial h}{\partial t} + \frac{\partial(hU_x)}{\partial x} + \frac{\partial(hU_y)}{\partial z} = w_e \qquad (8-35)$$

上式也可用作单位长度入流量为 w_e 的明渠流的深度平均方程,其值为正时流入,为负时流出,为零即流量守恒,没有流入或流出。

8.5.4 深度平均动量方程

我们以三维的重力流动量方程(8-5)为基础,在深度方向积分推导重力流的深度平均动量方程。为了明确物理意义及书写的方便,首先将动量方程(8-5)的最后一项以切应力的形式表达出来

$$\frac{\partial u_i}{\partial t} + \frac{\partial}{\partial x_j}(u_i u_j) = Rcg_i - \frac{\partial p'}{\rho \partial x_i} + \frac{1}{\rho}\frac{\partial}{\partial x_j}(\tau_{ji}) \qquad (8-36)$$

式中,R,c 分别为为重力流中所含有颗粒物的水下比重及体积比浓度,对可溶性物

质取 $R=1$，c 为超密度比；$Rc=\dfrac{\rho-\rho_0}{\rho_0}$ 为超密度比，$\tau_{ji}=\rho(\upsilon+\upsilon_t)\left(\dfrac{\partial u_i}{\partial x_j}+\dfrac{\partial u_j}{\partial x_i}\right)$ 为作用在垂向为 x_j 面上的沿 x_i 轴方向的切应力，包括分子切应力及湍动切应力。那么沿 x 轴方向的动量方程为

$$\frac{\partial u_x}{\partial t}+\frac{\partial}{\partial x_j}(u_x u_j)=Rcg_x-\frac{\partial p'}{\rho\partial x}+\frac{1}{\rho}\frac{\partial}{\partial x_j}(\tau_{jx}) \tag{8-37}$$

设为渐变流，同时忽略 y 轴动量方程的惯性及黏性力作用项（因流动主要存在于 x 及 z 方向），得到压力由于含有物 c 的作用的额外的静压力的表达式

$$p'=\rho R g_y \int_y^\infty c\,\mathrm{d}y \tag{8-38}$$

对式（8-37）沿重力流深度方向积分

$$\int_{y_b}^{y_s}\frac{\partial u_x}{\partial t}\mathrm{d}y+\int_{y_b}^{y_s}\frac{\partial u_x^2}{\partial x}\mathrm{d}y+\int_{y_b}^{y_s}\frac{\partial(u_x u_y)}{\partial y}\mathrm{d}y+\int_{y_b}^{y_s}\frac{\partial(u_x u_z)}{\partial z}\mathrm{d}y=$$

$$-\frac{1}{\rho}\frac{\partial}{\partial x}\left(\int_{y_b}^{y_s}p'\mathrm{d}y\right)+Rg_x\int_{y_b}^{y_s}c\,\mathrm{d}y+ \tag{8-39}$$

$$\frac{1}{\rho}\int_{y_b}^{y_s}\frac{\partial\tau_{xx}}{\partial x}\mathrm{d}y+\frac{1}{\rho}\int_{y_b}^{y_s}\frac{\partial\tau_{yx}}{\partial y}\mathrm{d}y+\frac{1}{\rho}\int_{y_b}^{y_s}\frac{\partial\tau_{zx}}{\partial z}\mathrm{d}y$$

应用莱布尼兹积分公式（式 8-31）得

$$\left(\frac{\partial}{\partial t}(hU_x)-u_{xs}\frac{\partial y_s}{\partial t}+u_{xb}\frac{\partial y_b}{\partial t}\right)+\left(\frac{\partial}{\partial x}(h\overline{u_x^2})-u_{xs}^2\frac{\partial y_s}{\partial x}+u_{xb}^2\frac{\partial y_b}{\partial x}\right)+$$

$$(u_{xs}u_{ys}-u_{xb}u_{yb})+\left(\frac{\partial}{\partial z}(h\overline{u_x u_z})-u_{xs}u_{zs}\frac{\partial y_s}{\partial z}+u_{xb}u_{zb}\frac{\partial y_b}{\partial z}\right)=$$

$$-\frac{1}{\rho}\left[\frac{\partial(hP')}{\partial x}-p'_s\frac{\partial y_s}{\partial x}+p'_b\frac{\partial y_b}{\partial x}\right]+Rg_x hC+$$

$$\frac{1}{\rho}\left(\frac{\partial}{\partial x}(hT_{xx})-\tau_{xxs}\frac{\partial y_s}{\partial x}+\tau_{xxb}\frac{\partial y_b}{\partial x}\right)+$$

$$\frac{1}{\rho}(\tau_{yxs}-\tau_{yxb})+\frac{1}{\rho}\left(\frac{\partial}{\partial z}(hT_{zx})-\tau_{zxs}\frac{\partial y_s}{\partial z}+\tau_{zxb}\frac{\partial y_b}{\partial z}\right)$$

$$\tag{8-40}$$

式中，大写字母表示深度平均值，上横线表示二变量乘积的深度平均量。下面进一步对之化简。考虑 $p'_s=0$，应用底部边界速度为零的条件（式 8-29）整理得

$$\left(\frac{\partial}{\partial t}(hU_x)\right)+\left(\frac{\partial}{\partial x}(h\overline{u_x^2})\right)+\left(\frac{\partial}{\partial z}(h\overline{u_x u_z})\right)+$$

$$u_{xs}\left(u_{ys}-u_{xs}\frac{\partial y_s}{\partial x}-u_{zs}\frac{\partial y_s}{\partial z}-\frac{\partial y_s}{\partial t}\right)=$$

$$-\frac{1}{\rho}\left[\frac{\partial(hP')}{\partial x}+p'_b\frac{\partial y_b}{\partial x}\right]+Rg_x hC+\frac{1}{\rho}\left(\frac{\partial}{\partial x}(hT_{xx})-\tau_{xxs}\frac{\partial y_s}{\partial x}+\tau_{xxb}\frac{\partial y_b}{\partial x}\right)+$$

$$\frac{1}{\rho}(\tau_{yxs}-\tau_{yxb})+\frac{1}{\rho}\left(\frac{\partial}{\partial z}(hT_{zx})-\tau_{zxs}\frac{\partial y_s}{\partial z}+\tau_{zxb}\frac{\partial y_b}{\partial z}\right)$$

$$(8-41)$$

应用重力流上部边界条件(式8-30),并设上、下边界单位面积沿 x 方向切应力 τ_{sx},τ_{bx} 定义式分别如下(对于明渠流 τ_{sx} 可理解为表面风的作用力)

$$\tau_{sx}=\tau_{yxs}-\tau_{xxs}\frac{\partial y_s}{\partial x}-\tau_{zxs}\frac{\partial y_s}{\partial z} \qquad (8-42)$$

$$\tau_{bx}=\tau_{yxb}-\tau_{xxb}\frac{\partial y_b}{\partial x}-\tau_{zxb}\frac{\partial y_b}{\partial z}-p'_b\frac{\partial y_b}{\partial x} \qquad (8-43)$$

则式(8-41)可简写成

$$\frac{\partial}{\partial t}(hU_x)+\frac{\partial}{\partial x}(h\overline{u_x^2})+\frac{\partial}{\partial z}(h\overline{u_x u_z})-w_e u_{xs}=-\frac{1}{\rho}\frac{\partial(hP')}{\partial x}+Rg_x hC+$$

$$\frac{1}{\rho}\left(\frac{\partial}{\partial x}(hT_{xx})+\frac{\partial}{\partial z}(hT_{zx})\right)+\frac{1}{\rho}(\tau_{sx}-\tau_{bx})$$

$$(8-44)$$

下面采用类似雷诺平均的方法将各变量分解为深度平均量加上一对应于的平均量的变动值,我们设:

$$u_i(x,y,z)=U_i(x,z)+u_i'(x,y,z)$$

$$c_i(x,y,z)=C_i(x,z)+c_i'(x,y,z) \qquad (8-45)$$

$$\tau_{ij}(x,y,z)=T_{ij}(x,z)+\tau_{ij}'(x,y,z)$$

和雷诺分解一样,平均量的再平均其值不变,所有变量的对深度平均值的偏差量的深度平均为零。那么我们有

$$\overline{u_x^2} = \overline{(U_x + u'_x)(U_x + u'_x)} = U_x{}^2 + \overline{u'_x{}^2}$$

$$\overline{u_x u_z} = \overline{(U_x + u'_x)(U_z + u'_z)} = U_x U_z + \overline{u'_x u'_z} \qquad (8-46)$$

$$\overline{u_i c} = \overline{(U_i + u'_i)(C + c')} = U_i C + \overline{u'_i c'}$$

将上式带入(式 8 - 44)，并假设静压分布(式 8 - 38)$P' \approx \rho g_y RCh$

$$\frac{\partial(hU_x)}{\partial t} + \frac{\partial(hU_x^2)}{\partial x} + \frac{\partial}{\partial x}\left(\int_{y_b}^{y_s} u_x'{}^2 \mathrm{d}y\right) + \frac{\partial(hU_x U_z)}{\partial z} + \frac{\partial}{\partial z}\left(\int_{y_b}^{y_s} u_x' u_z' \mathrm{d}y\right) - w_e u_{xs} =$$

$$-Rg_y\frac{\partial}{\partial x}(Ch^2) + RChg_x + \frac{1}{\rho}\left[\frac{\partial(hT_{xx})}{\partial x} + \frac{\partial(T_{zx})}{\partial z}\right] + \frac{1}{\rho}(\tau_{sx} - \tau_{bx})$$

$$(8-47)$$

方程等号左边第三及第五项反映了因深度平均所带来的弥散作用，可作如下变换和切应力一并考虑，设

$$D_{xx} = -\frac{\rho}{h}\int_{y_b}^{y_s} u_x'{}^2 \mathrm{d}y \overset{(8-41)}{=} -\frac{\rho}{h}\int_{y_b}^{y_s}(u_x - U_x)^2 \mathrm{d}y \qquad (8-48)$$

$$D_{zx} = -\frac{\rho}{h}\int_{y_b}^{y_s} u_x' u_z' \mathrm{d}y \overset{(8-41)}{=} -\frac{\rho}{h}\int_{y_b}^{y_s}(u_x - U_x)(u_z - U_z)\mathrm{d}y \qquad (8-49)$$

带入式(8 - 47)即得一般的直渠道中重力流的深度平均的沿 x 轴方向的动量方程

$$\frac{\partial(hU_x)}{\partial t} + \frac{\partial(hU_x^2)}{\partial x} + \frac{\partial(hU_x U_z)}{\partial z} - w_e u_{xs} = -Rg_y\frac{\partial}{\partial x}(Ch^2) +$$

$$RChg_x + \frac{1}{\rho}\left[\frac{\partial(hT_{xx} + hD_{xx})}{\partial x} + \frac{\partial(hT_{zx} + hD_{zx})}{\partial z}\right] + \frac{1}{\rho}(\tau_{sx} - \tau_{bx})$$

$$(8-50)$$

式中，等号左边第一项为水平 x 轴方向动量的时变率，第二、三项为 x 轴方向动量的位变或随流输运项，第四项代表了由于环境流体的夹带而带来的重力流动量变化；方程右边第一、二项分别为压力、重力作用项，第三项含中括号部分为内部黏性力及深度平均的弥散作用项，最后一项为重力流顶部及底部切应力作用项。

采用完全同样的方法，我们可推出深度平均的沿 z 方向的动量方程为

$$\frac{\partial(hU_z)}{\partial t} + \frac{\partial(hU_z^2)}{\partial z} + \frac{\partial(hU_x U_z)}{\partial x} - w_e u_{zs} = -Rg_y\frac{\partial}{\partial z}(Ch^2) +$$

$$(8-51)$$

$$RChg_z + \frac{1}{\rho}\left[\frac{\partial(hT_{zz} + hD_{zz})}{\partial z} + \frac{\partial(hT_{xz} + hD_{xz})}{\partial x}\right] + \frac{1}{\rho}(\tau_{sz} - \tau_{bz})$$

8.5.5 深度平均传质方程

设重力流中某种粒径的粒子体积比浓度或可溶性溶质的过量密度比 c，且源项为零，将 8.2.5 小节重力流传质方程写成直角坐标系的展开式为

$$\frac{\partial c}{\partial t} + \frac{\partial}{\partial x}(u_x c) + \frac{\partial}{\partial y}\left[(u_y - v_s)c\right] + \frac{\partial}{\partial z}(u_z c) =$$

$$\frac{\partial}{\partial x}\left(D_t \frac{\partial c}{\partial x}\right) + \frac{\partial}{\partial y}\left(D_t \frac{\partial c}{\partial y}\right) + \frac{\partial}{\partial z}\left(D_t \frac{\partial c}{\partial z}\right) \qquad (8-52)$$

对其进行如前两小节的沿重力流深度方向积分

$$\int_{y_b}^{y_s} \frac{\partial c}{\partial t} dy + \int_{y_b}^{y_s} \frac{\partial(u_x c)}{\partial x} dy + \int_{y_b}^{y_s} \frac{\partial\left[(u_y - v_s)c\right]}{\partial y} dy + \int_{y_b}^{y_s} \frac{\partial(u_z c)}{\partial z} dy =$$

$$\int_{y_b}^{y_s} \frac{\partial}{\partial x}\left(D_t \frac{\partial c}{\partial x}\right) dy + \int_{y_b}^{y_s} \frac{\partial}{\partial y}\left(D_t \frac{\partial c}{\partial y}\right) dy + \int_{y_b}^{y_s} \frac{\partial}{\partial z}\left(D_t \frac{\partial c}{\partial z}\right) dy$$

$$(8-53)$$

应用莱布尼兹积分定理

$$\frac{\partial}{\partial t}(hC) - c_s \frac{\partial y_s}{\partial t} + c_b \frac{\partial y_b}{\partial t} + \frac{\partial}{\partial x}(h\overline{u_x c}) - u_{xs} c_s \frac{\partial y_s}{\partial x} + u_{xb} c_b \frac{\partial y_b}{\partial x} +$$

$$(u_{ys} - v_s)c_s - (u_{yb} - v_s)c_b + \frac{\partial}{\partial z}(h\overline{u_z c}) - u_{zs} c_s \frac{\partial y_s}{\partial z} + u_{zb} c_b \frac{\partial y_b}{\partial z} =$$

$$(8-54)$$

$$\frac{\partial}{\partial x}\left(hD_t \frac{\partial C}{\partial x}\right) - D_t \frac{\partial c_s}{\partial x}\frac{\partial y_s}{\partial x} + D_t \frac{\partial c_b}{\partial x}\frac{\partial y_b}{\partial x} + D_t \frac{\partial c_s}{\partial y} - D_t \frac{\partial c_b}{\partial y} +$$

$$\frac{\partial}{\partial z}\left(hD_t \frac{\partial C}{\partial z}\right) - D_t \frac{\partial c_s}{\partial z}\frac{\partial y_s}{\partial z} + D_t \frac{\partial c_b}{\partial z}\frac{\partial y_b}{\partial z}$$

式中，c_s，c_b 分别为 c 在 y 在顶部 y_s 及底部 y_b 处的浓度。

应用 8.5.1 小节的边界条件和如下关于 c 在上、下边界的条件：在上部边界其进出的通量应为零，即

$$\left[(u_y - v_s)c - D_t \frac{\partial c}{\partial y}\right]_{y=y_s} = 0 \qquad (8-55)$$

在下部河床边界，颗粒物的夹带通量及沉积通量分别为

$$E_b = -D_t \frac{\partial c}{\partial y}\bigg|_{y=y_b} \qquad (8-56)$$

$$D_b = v_s c_b \qquad (8-57)$$

得

$$\frac{\partial}{\partial t}(hC) - c_s(u_{ys} + w_e) + c_b \frac{\partial y_b}{\partial t} + \frac{\partial}{\partial x}(h \overline{u_x c}) + \frac{\partial}{\partial z}(h \overline{u_z c}) =$$

$$\frac{\partial}{\partial x}\left(hD_t \frac{\partial C}{\partial x}\right) - D_t \frac{\partial c_s}{\partial x} \frac{\partial y_s}{\partial x} + D_t \frac{\partial c_b}{\partial x} \frac{\partial y_b}{\partial x} + E_b - D_b + \qquad (8-58)$$

$$\frac{\partial}{\partial z}\left(hD_t \frac{\partial C}{\partial z}\right) - D_t \frac{\partial c_s}{\partial z} \frac{\partial y_s}{\partial z} + D_t \frac{\partial c_b}{\partial z} \frac{\partial y_b}{\partial z}$$

带入式(8-46)的变量深度平均分解式及假设 $c_s \approx 0$ 及其和 c_b 在 x 及 z 方向的梯度均很小

$$\frac{\partial}{\partial t}(hC) + \frac{\partial}{\partial x}(hU_x C) + \frac{\partial}{\partial x}\left(\int_{y_b}^{y_s}(u_x'c')\,\mathrm{d}y\right) + \frac{\partial}{\partial z}(hU_z C) + \frac{\partial}{\partial z}\left(\int_{y_b}^{y_s}(u_z'c')\,\mathrm{d}y\right) =$$

$$\frac{\partial}{\partial x}\left(hD_t \frac{\partial C}{\partial x}\right) + E_b - D_b + \frac{\partial}{\partial z}\left(hD_t \frac{\partial C}{\partial z}\right)$$

$$(8-59)$$

上式的等号左边第三、第五项反映了因深度平均而在 x, z 轴方向的弥散作用,可对之作如下变换后放入右边的扩散项内一并处理

$$D_{cx} = -\frac{1}{h}\int_{y_b}^{y_s} u_x'c'\,\mathrm{d}y \stackrel{(8-41)}{=} -\frac{1}{h}\int_{y_b}^{y_s}(u_x - U_x)(c - C)\,\mathrm{d}y \qquad (8-60)$$

$$D_{cz} = -\frac{1}{h}\int_{y_b}^{y_s} u_z'c'\,\mathrm{d}y \stackrel{(8-41)}{=} -\frac{1}{h}\int_{y_b}^{y_s}(u_z - U_z)(c - C)\,\mathrm{d}y \qquad (8-61)$$

这样我们就得到如下深度平均的传质方程

$$\frac{\partial(hC)}{\partial t} + \frac{\partial(hU_x C)}{\partial x} + \frac{\partial(hU_z C)}{\partial z} =$$

$$(8-62)$$

$$\frac{\partial}{\partial x}\left[h\left(D_t \frac{\partial C}{\partial x} + D_{cx}\right)\right] + \frac{\partial}{\partial z}\left[h\left(D_t \frac{\partial C}{\partial z} + D_{cz}\right)\right] + E_b - D_b$$

方程等号的左边三项反映了深度平均的浓度的时变及位变,等号右边的前两项分别反映了深度平均浓度在水平两个方向上的涡扩散及弥散,最后两项分别反映了底部边界的夹带及沉积作用。

　　要说明的是,对于弯曲渠道,深度平均的动量方程(8-50,8-51)及传质方程(8-62),除了等号左边的切应力项和扩散项,还需考虑弯道离心力及二次流的影响(Wu,2008)。进一步地假设沿 x 轴方向的弥散和其弥散系数 E_x 及 C 沿其方向的梯度成正比的话,可得到沿 x 轴方向的根据其深度方向的速度及浓度分布求其弥

散系数的计算公式为

$$E_x = -\frac{\int_{y_b}^{y_s}(u_x - U_x)(c - C)\,\mathrm{d}y}{h\frac{\partial C}{\partial x}} \tag{8-63}$$

读者可以用同样的方法推导出深度平均沿 z 轴方向的弥散系数计算公式。

8.5.6　一维深度平均三方程模型

对重力流二维的质量方程,应用边界层条件的动量方程及传质方程进行深度平均并应用相似假设及有关形状参数的顶帽假设(top-hat assumption),可得如下有关重力流的一维深度平均三方程模型(Parker 等,1986;Kubo,Nakajima,2002)。当然此模型方程亦可对上述推导的二维深度平均方程进行一维简化而得

$$\frac{\partial h}{\partial t} + \frac{\partial (hU_x)}{\partial x} = e_w U \tag{8-64}$$

$$\frac{\partial (hU_x)}{\partial t} + \frac{\partial (hU_x^2)}{\partial x} = -Rg_y\frac{\partial}{\partial x}(Ch^2) + RChg_x - c_D(1+\alpha)U_x^2 \tag{8-65}$$

$$\frac{\partial (hC)}{\partial t} + \frac{\partial (hU_xC)}{\partial x} = \frac{\partial}{\partial x}\left[h\left(D_d\frac{\partial C}{\partial x}\right)\right] + E_b - D_b \tag{8-66}$$

式中重力流上部水夹带系数(water entrainment coefficient)为

$$e_w = \frac{w_e}{U} \tag{8-67}$$

α 为顶部自由剪切力对底部河床剪切力的比,动量方程忽略了表面水夹带对动能的影响及内部摩擦力作用项,底部及顶部的摩擦力作用通过需实验确定的摩擦系数 c_D 和深度平均流速联系了起来;传质方程的扩散系数 D_d 包含了分子、涡动扩散及深度平均的弥散三方面的综合作用。这样只要我们通过实验确定了环境流体的夹带速率 w_e、摩擦系数 c_D、顶部底床剪切力比 α、综合扩散系数 D_d 及底部传质物的夹带 E_b 和沉降 D_b 的值或根据已知量的经验计算式的话,就可应用上述三方程模型求解一维重力流的 h,U,C 三未知量了。还有包括湍流动能深度平均方程的四方程模型(Parker 等,1986),可以更好地模拟因沉积物的夹带而自我加速的重力流。Kubo 和 Nakajima(2002)应用上述三方程模型模拟一维海底浊流的多次流动事件及其沉积如图 8-26 所示,显示小型的海底沉积物波可由初期沉积形成的小拱起逐渐经多次浊流的沉积而形成,急流的逆行沙丘及背波(Lee waves)不一定是形成海底沉积物波的必要方式。

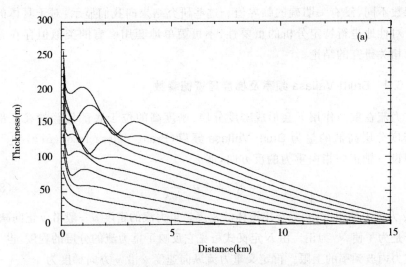

图 8-26　应用浊流三方程模型数值模拟显示沉积物波可以由
多次浊流沉积渐渐发展而成(源自 Kubo 和 Nakajima,2002)

顺便说一下,由重力流的一维深度平均的质量及动量方程,取 $e_w = 0, RC = 1$,
$g_y = g\cos\alpha \overset{\alpha很小}{\approx} g, g_x = g\sin\alpha \approx g\tan\alpha = gS_0$,并设 $ghS_f = c_D(1+\alpha)U_x^2$,其中 α 为斜坡角度,S_0 为河道比降,S_f 为能坡,即得到如下著名的深度平均一维非稳定明渠流的圣维南方程(St. Venant equations):

$$\frac{\partial h}{\partial t} + \frac{\partial(hU_x)}{\partial x} = 0 \tag{8-68}$$

$$\frac{\partial(hU_x)}{\partial t} + \frac{\partial(hU_x^2)}{\partial x} + g\frac{\partial}{\partial x}(h^2) = gh(S_0 - S_f) \tag{8-69}$$

8.6　有关重力流的重要无量纲数

第 3 章学习量纲分析时我们知道,一些恰当定义的无量纲数如雷诺数、弗雷德数等反映了流体流动内部重要的作用力的比,从这些无量纲数的数值我们往往就可判定流体流动的一些重要特性,如是层流还是湍流、急流还是缓流等。研究重力流时常涉及的无量纲数主要有两个:梯度理查德森数及整体理查德森数。在十几年前,这些数还被认为和研究明渠流的弗雷德数一样存在一临界值,可以用来判定重力流的稳定性及流态等,但近来的实验数据及一些分析研究越来越表明:对于水下重力流来说,由于存在着对环境流体的夹带(entrainment)、底部颗粒物的交换及重力分层面的重力内波等,梯度理查德森数及整体理查德森数可能和明渠流的弗雷德数不同,没有一明确的临界值。这些研究结果向我们显示:对于具体的问题要有针对性地进行特定分析的重要性,不可简单地套用已有的类似但存在着本质不同的相关研究的结论。

8.6.1　Brunt-Vailasa 频率及梯度理查德森数

重力流在重力作用下会形成密度分层:密度高的位于底部且轻的在上部。反应这密度分层高低的量为 **Brunt-Vailasa 频率**(Brunt-Valasa frequency)$N[T^{-1}]$。按常规设 y 轴正向指向重力的反方向,那么

$$N^2 = -g \frac{\partial \rho}{\rho_0 \partial y} \tag{8-70}$$

式中,g 为重力加速度;ρ_0 为环境流体的密度。重力流的密度 ρ 一般沿 y 正向减小,加上负号是为了使 N^2 为正。由 N 定义式可见它反映了重力流的分层的程度,也是重力流中重力内波频率的上限。再定义重力流纵向速度 u 沿 y 方向梯度为

$$S = \frac{\partial u}{\partial y} \tag{8-71}$$

梯度理查德森数(gradient Richardson number)的定义为

$$Ri_g = \frac{N^2}{S^2} \tag{8-72}$$

它反映了重力流内部重力分层所代表的稳定性和反映不稳定性的应变率之比,其值越高对应的重力流就越稳定。传统一般认为,梯度理查德森数存在一临界值 $Ri_{gc} \approx 0.25$,若 $Ri_g < Ri_{gc}$ 则重力流是不稳定的,湍流发育,反之则重力流稳定,湍流不发育。典型的重力流的垂直于流向的剖面的梯度理查德森数的分布如图 8-27(a) 所示,右边为对应的流速分布,供参考。

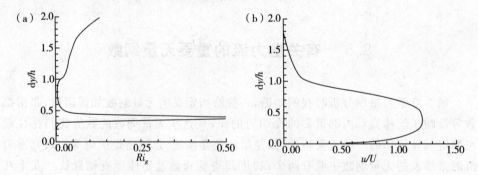

图 8-27　典型重力流沿垂直于流向的理查德森数分布图

由图可见,在速度的极大值处,由于流速梯度为零,梯度理查德森数趋于无穷大,且在其附近,梯度理查德森数都相对较大,处于相对较稳定状态;若以上述的 0.25 为

临界值,可见其在底部边界层及上部的自由剪切层区各有一非稳定的湍流发育区,这和实验观察基本上是一致的。

8.6.2　梯度理查德森数最新研究进展

近来的许多实验、湍流谱理论分析以及 DNS、LES 研究发现,由于重力流等密度面上的各向异性、水平盘状涡的形成及内波的发育会在梯度理查德森数大于 1 甚至到 100 数量级时也会有如图 8 - 28 所示的较强的水平涡黏性及涡扩散性(Galperin et al. ,2007;Canuto et al. ,2008)。

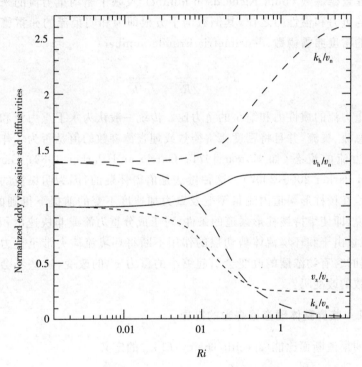

图 8 - 28　无量纲化的水平及垂向涡黏度及涡扩散系数和
梯度理查德森数的关系(Galperin et al. ,2007)

图中 v,k 分别表示涡黏度及涡扩散系数,v_n 表示 $Ri_g < 0.002$ 时各向同性时的涡黏度值,下标 h,z 分别表示水平及垂直方向。 由图可见,在梯度理查德森数小于 0.002 时几乎是各向同性的,随着梯度理查德森数的增大,各向异性也渐渐增强,水平涡黏性及水平扩散系数大于对应的受到密度分层压抑的垂向上的对应的值。 即使在梯度理查德森数远大于 1 时,依然存在较强的水平大于分子黏度的涡黏度及涡扩散性。这样传统的临界梯度理查德森数就失去了意义或不存在。以前应用湍流应力模型模拟重力流时采取的在梯度理查德森数大于 0.25 时,就将流动当作层

流去处理的方法就有必要修正。

8.6.3　整体理查德森数及密度弗雷德数定义

整体理查德森数可通过深度平均的重力流动量方程(8-65)的无量纲化获得，它是根据重力流的深度平均量来定义的

$$Ri = \frac{g'h}{U^2} = \frac{gRCh}{U^2} \qquad (8-73)$$

整体理查德森数（bulk Richardson number）反映了驱动重力流的来自于密度差的缩小的重力和惯性力之比，其倒数的平方根即为和明渠流的弗雷德数相对应的重力流的**密度弗雷德数**（densimetric Froude number）

$$Fr_d = \frac{1}{\sqrt{Ri}} = \frac{U}{\sqrt{g'h}} \qquad (8-74)$$

它反映了重力流的惯性力和缩小的重力比。传统一般认为水下重力流和明渠流一样存在着急流、缓流，并且将密度弗雷德数或理查德森数的值是否为1作为临界值来判定重力流的流态（如 Komar 1971；Garcia and Parker 1989；Garcia 1993；Kostic and Parker 2006,2007）。这种做法是值得怀疑的，因为明渠流的临界弗雷德数为1是在棱柱形渠道内流量不变及重力加速度不变的前提下得到的，而对于重力流来说，即使维持棱柱形渠道的条件，对于成分重力流或非快速沉积型的浊流来说，其流量由于和环境流体剪切层的作用不断将环境流体夹带至重力流中而逐渐增大，同时含有物浓度的改变会引起缩小的重力 g' 的改变，这些不会带来临界理查德森数的改变吗？

8.6.4　临界整体理查德森数的推导

借用明渠流断面比能（specific energy）$E[L]$ 的定义

$$E = y + \frac{U^2}{2g} = y + \frac{Q^2}{2gA^2} \qquad (8-75)$$

式中，y 为重力流深度；Q 为流量；A 为渠道断面面积；$U = Q/A$ 为平均流速。对于流量 Q 不变的明渠均匀流来说

$$\frac{dE}{dy} = 1 - \frac{Q^2}{gA^3}\frac{dA}{dy} = 1 - \frac{U^2}{gA}\frac{dA}{dy} = 1 - \frac{U^2}{gA}T = 1 - \frac{U^2}{gD} = 1 - Fr^2 \quad (8-76)$$

其中，$T = dA/dy$ 为渠道顶宽，$D = A/T$ 为渠道水力半径。

明渠流临界弗雷德数为1的结论可通过断面比能对深度的导数为零得到。

下面我们对水下重力流的断面比能进行分析。对于渠道内的重力流，作用等

同于明渠流重力加速度的为缩小的重力加速度

$$g' = \frac{\Delta\rho}{\rho}g = RCg \qquad (8-77)$$

式中，ρ 为环境流体密度；$\Delta\rho$ 为重力流的过量密度；R 为颗粒物的浸没比重（对于成分重力流为 1）；C 为深度平均的颗粒物的体积比浓度（对于成分重力流为过量密度比）。所以**重力流的断面比能**应定义为

$$E = y(x) + \frac{U(x)^2}{2g'(x)} = y(x) + \frac{Q(x)^2}{2g'(x)A(x)^2} \qquad (8-78)$$

如前所述，由于环境流体的夹带及底部颗粒物的沉积或夹带使得流量 Q 及缩小的重力 g' 均为变量，所以重力流的对深度的微分应为

$$1 - \frac{Q^2}{g'A^3}\frac{\partial A}{\partial y}\Big(1 - \frac{A}{Q}\frac{\partial Q}{\partial A} + \frac{A}{2g'}\frac{\partial g'}{\partial A}\Big) = 0 \qquad (8-79)$$

设其为零得

$$1 - \frac{Q^2}{g'A^3}\frac{\partial A}{\partial y}\Big(1 - \frac{A}{Q}\frac{\partial Q}{\partial A} + \frac{A}{2g'}\frac{\partial g'}{\partial A}\Big) = 0 \qquad (8-80)$$

经和式(8-76)类似的变换，我们得到重力流的临界密度弗雷德数为

$$Fr_{dc} = \sqrt{\frac{1}{1 - \dfrac{1}{U}\dfrac{\partial Q}{\partial A} + \dfrac{A}{2C}\dfrac{\partial C}{\partial A}}} \qquad (8-81)$$

也即临界整体理查德森数为

$$Ri_c = 1 - \frac{1}{U}\frac{\partial Q}{\partial A} + \frac{A}{2C}\frac{\partial C}{\partial A} = 1 + Q_{cor} + C_{cor} \qquad (8-82)$$

其中流量校正 Q_{cor} 及浓度校正 C_{cor} 分别为

$$Q_{cor} = -\frac{1}{U}\frac{\partial Q}{\partial A} \qquad (8-83)$$

$$C_{cor} = \frac{A}{2C}\frac{\partial C}{\partial A} \qquad (8-84)$$

可见如果流量矫正及浓度矫正均为零的话，临界密度弗雷德数就和明渠流一样为 1 了。

8.6.5　临界整体理查德森数几种情形下的物理意义

根据重力流临界理查德森数的表达式(8-82)的可能取值范围,可将重力流分为如下 A,B,C 三种类型(Huang 等,2009)。

(1)A 型:$0 < Ri_c < 1(Fr_{dc} > 1)$

适用于多数水下保守的成分重力流或具一般程度的侵蚀及沉积的浊流。依据式(8-79),其 $0 \geqslant Q_{cor} + C_{cor} > -1$。 对于保守的成分重力流或具侵蚀性及一般程度沉积的浊流来说,流量随着断面面积的增加而增大,也即 $Q_{cor} < 0$。深度平均浓度由于环境流体的夹带而减小,即 $C_{cor} < 0$。一般程度的侵蚀及沉积的二校正项之和的绝对值小于1,即 $|Q_{cor} + C_{cor}| < 1$。

(2)B 型:$Ri_c < 0(Fr_{dc}$ 不存在)

适用于强沉降性浊流或强环境流体夹带型重力流。在这些情形下浓度及 / 或流量的变化很大致使 $Q_{cor} + C_{cor} < -1$。其背后的物理意义为这类重力流的总能量($\rho g'h + \dfrac{\rho U^2}{2}$)因通过沉降、环境流体的夹带等引起的重力流的密度减小而消耗或耗散掉了,以至于无需进一步通过水跃来消耗能量去转化为缓流。

(3)C 型:$Ri_c > 1(Fr_{dc} < 1)$

适用于比较少见的强侵蚀的浊流。此类浊流的强烈的沉积物夹带导致沉积物的深度平均体积比浓度 C 随着下游断面面积的增加而增加,即 $C_{cor} > 0$。其增加的程度需大于因环境流体夹带而为负的 Q_{cor} 才会产生这种情形。一个特例是斜坡上侵蚀型浊流遇到了反向斜坡,这时 Q_{cor} 也大于零,也即导致 $Q_{cor} + C_{cor} > 0$。

上述分析应该说也有实验数据的支持,Garcia(1990)进行了在坡度为 4.8 度的斜坡上流入依据临界密度弗雷德数为1判断为急流的盐水成分重力流及含比重为 2.65 的粒径分别为 $4\mu m$、$9\mu m$、$30\mu m$、$65\mu m$ 的沉积物浊流流至水平坡的实验,所有浊流均为沉降性的。结果只有盐水成分重力流及部分细粒径($4\mu m$、$9\mu m$)的浊流观察到水跃(A 型);对大粒径强沉降性的浊流均未观察到水跃(B 型)。Huang 等(2009)的数值模拟也显示了相同的结果。

8.7　三维海底峡谷中浊流流动及其沉积研究简介

在科学技术日益发展的今天,自然科学的各领域相互渗透,一些已没有明确的界限了。这一节我们将看到环境流体力学不仅如前述可以模拟河流中的污染物的迁移,也可以模拟海底峡谷或渠道中的浊流的流动及其沉积,涉及传统地质学和海洋地质学的领域。**海底浊流**(turbidity currents)为重力流的一个重要分支,其和环境流体的密度差主要是由于湍流支撑的处于悬浮状态的细小沉积物颗粒所构成的。浊流沉积所形成的主要由砂岩及泥岩构成的**浊积岩**（turbidites）是最常见的沉积岩之一，代表着现代地球上最大的沉积特征的**海底沉积扇**（submarine fans）及**深海平原**（abyssal plains）均和浊流的流动和沉积相关。随着在古代浊积岩中的油气储层不断被发现及海底油气资源的开发，浊流及其沉积已成为现代海洋地质学的研究热点之一。

8.7.1　野外观察及实验研究概述

几乎在各大河流如密西西比河、扎伊尔河、孟加拉河、印度河及罗纳河等的入海口的大陆架上、大陆坡及海洋盆地中都发现了浊流流经的海底峡谷（submarine canyons）、如图 8 - 29 所示的海底渠道（submarine channels）及其下游的沉积扇等。这些海底渠道在形状上和地表河流有诸多相似之处，上游深陡，下游蜿蜒曲折，绵延可达几百甚至上千公里，宽度和深度很多都超过了地表河流的程度，其内流动的浊流被认为是将陆源或浅海处的沉积物搬运至深海的主要方式。

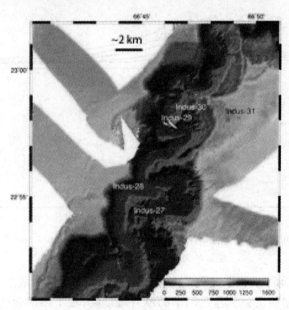

图 8 - 29　海底测深所显示的一海底峡谷图

观察到的浊流的浓度一般均较低，体积比浓度在 0.1% ～ 7% 之间，厚度可达几百米，速度一般在 0.5 ～ 10m/s 的范围内。从被冲断的电缆来判断，峡谷内的浊流可能会达到 19m/s 的高流速。

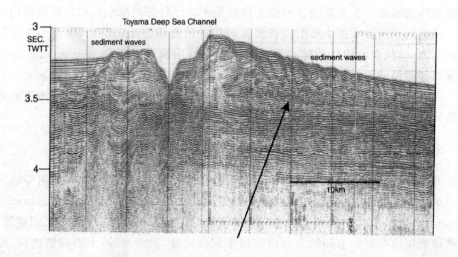

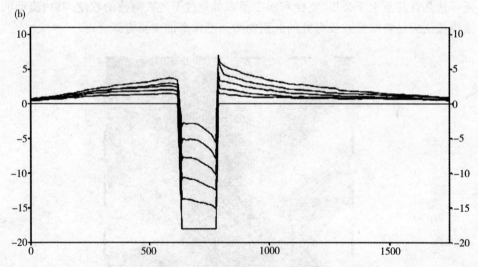

图 8-30　实测(a/Nakajima & Satoh,2001)及实验(b/Kane 等,2010)
显示的海底峡谷弯道处的剖面图

　　图 8-30 显示了实测及实验的多次海底浊流事件在弯曲峡谷弯道处的沉积特征,右边弯道外岸的沉积较左边内岸的厚且坡度陡,成上凹的曲线,而内岸的呈略上凸的曲线。实测的在两岸的堤上还可见多次浊流沉积所形成的沉积物波(sediment waves)。从水平面上观察,在弯曲海底渠道的外岸还可观察到由于离心作用溢出的椭圆形或舌形的沉积。在大陆坡可观察到浊流侵蚀所形成的几十米深、几百米宽的沟渠(gulleys)以及几百米深、几公里宽的海底峡谷。除了在海底渠道堤岸,在大陆坡的底部亦可见沉积物波,其波高几十米,波长几公里。许多浊流沉积,不论近处还是远处的,都具有一个明显的侵蚀基底显示浊流的头部具有较强

的侵蚀性以及将较粗的颗粒物搬运至远处的能力。

8.7.2　数值计算模型的设立

对浊流的实测研究有诸多不便,如浊流发生的时间及地点的不确定性,对测量设备损坏性等。实验室浊流研究的长度尺度一般为几米到十几米,和自然界的浊流的规模相差较大,也受到诸如场地、测量设备及维持模型和原型相似所需的诸多无量纲数一致的困难。采用 8.2 节所述的数学模型可以模拟较大规模的浊流运动,缩小和原型的长度比尺差别以及方便地改变比重及黏度等参数,达到更高的相似性及以较低的成本获取更多的有价值的信息。下面我们介绍最近数值模拟所揭示的浊流在水下直及弯曲的梯形渠道内的流动及其沉积特征。

计算模型采用的长度比尺为 1∶100,因为所采用的湍流 $k-\varepsilon$ 模型在此尺度上被证明可以较好地模拟流动的细部特征,而其原型又能代表典型的海底浊流的尺度。数值计算模型所模拟的一弯曲渠道的地形的等高线,三维计算空间网格及渠道断面处的网格如图 8-31 所示。

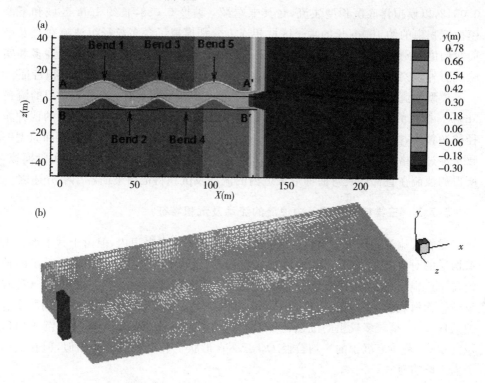

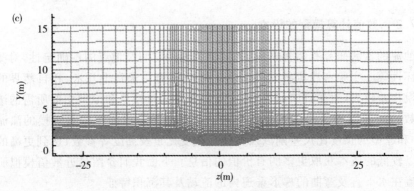

图 8 - 31　计算模型区域弯曲渠道的地形等高线

（a）三维计算区域网格（b）及横断面网格（c）示意图

模型的梯形渠道底宽为 6m,顶宽 15m,高 0.9m,整个渠道位于水下 15m 处,相当于原型的 1500m 水下;模拟区域整个含渠道区域长约 120m,坡度很小,为 0.0012,以模拟洋底沉积型浊流,在其末端经一坡度 0.088,长约 10m 区域和下游模拟沉积扇的约 100m 长的水平区域相连。分别模拟了含多粒径组浊流在直及平面弯曲度分别为 1.02,1.06,1.12 的梯形渠道的多次流动及沉积,获得了许多和实验及野外观察一致的结果以及一些未曾展示的丰富的各剖面的流动及沉积特征。

模型浊流入流流速为 0.5m/s,根据密度弗雷德数相似性,相当于原型的流速 5m/s。模拟的浊流含比重为 2.65 粒径分别为 $10\mu m, 20\mu m, 35\mu m, 60\mu m$ 的四种粒径的颗粒物,按 0.15,0.35,0.35 及 0.15 的比例构成总体积比浓度为 2%,和原型一致。经过网格测试,对直渠道进行了 12 次,对弯曲渠道进行了 8 次浊流实验模拟,所得的浊流在直梯形及弯曲梯形渠道内的流动及沉积特征由下面各小节分述之。

8.7.3　三维梯形直峡谷中浊流的流动及沉积特征

尽管入流浊流（0.8m 高,入流面积 9.45 m^2）完全在渠道内,但由于其上部自由剪切层的对环境水体的夹带,浊流很快就溢出（spilling）岸边,携带泥沙溢出的浊流在岸边很快变弱,沉积物下沉形成类似堤坝的沉积（图 8 - 32,图 8 - 33）,这种现象被称为海底浊流的自我建堤（self-levee building）。由图 8 - 32 还可观察到两个有趣的现象:一是较多较粗的沉积物可以通过渠道浊流头部搬运至较远的沉积扇区域沉积;二是浊流沉积的平均粒径 D_{sg} 云图在形状上和沉积厚度的相似,但在流向方向上略有延长。

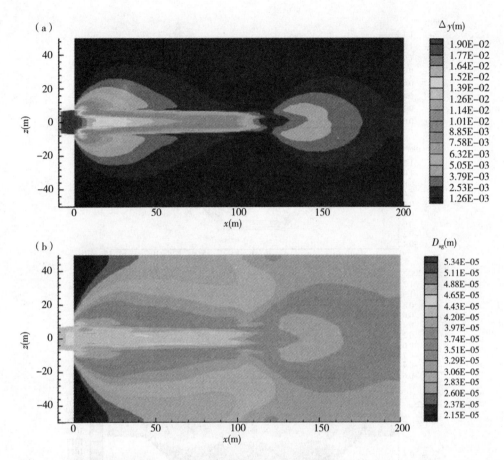

图 8 - 32　模拟水下梯形直渠道上单次浊流事件的沉积厚度(a)及沉积物平均粒径云图(b)

下面的浊流的横断面二次流速度矢量及密度云图(图 8 - 33d)以及下游三不同横断面的 12 次浊流沉积图更清楚地揭示了浊流的溢出、自我建堤及梯形渠道内和堤岸的沉积特征:

(1)由图 8 - 33(d)可知,浊流在下游不远处已形成了较清晰的密度分层,含沉积物较粗较多密度高的流体位于渠道内部,密度低的位于上部;

(2)浊流在梯形渠道的堤岸部形成分流,部分流向渠道外溢流并沉积形成自我建堤,部分在重力作用下沿梯形渠道边坡下滑并在底坡角处形成回流,致使那儿沉积较少,最终在渠道底部形成了两条平行的小沟(图 8 - 33b,c,d),这和 Kane 等(2010)的实验观察也是一致的;

(3)浊流自我建堤的堤坝在上游较显著,成上凹的曲线,越往下游越趋于平缓。

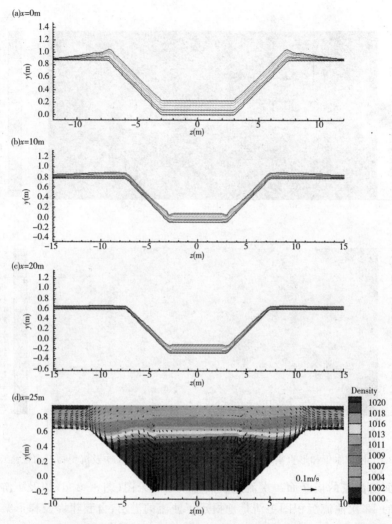

图 8-33　模拟 12 次浊流流动及沉积后的梯形渠道三横断面沉积地层图及
横断面二次流速度矢量及密度云图

8.7.4　弯曲梯形峡谷中浊流二次流的特征及其对沉积的影响

Corney 等(2006)和 Keevil 等(2006)根据如图 8-34b 所示的重力流的弯道顶点处实验数据指出重力流的弯道底部二次流的方向和明渠流的是相反的,即从上游方向观察在弯道底部二次流是由内岸流向外岸的。而 Imran 等(2007,2008)则根据在水下较深矩形渠道内的重力流的实验及数值模拟指出重力流在弯道处的二次流的方向和河流的是一样的。这就出现了结论完全相反的争论。最近 Abad 等

(2011)及 Serchi 等(2011)则根据理论分析、实验及模拟等指出水下重力流二次流的方向可以和河流的一样或相反,要依据底坡的坡度及密度弗雷德数所定的流态来决定;即当底坡大、重力流为急流时,沿流向的最大速度位置较低,二次流的方向与河流的是相反的,反之则和河流的是一样的。而我们的研究则显示:二次流的方向好像不那么简单,看来还和渠道的形状及弯曲度的大小等因素有关。

重力流在弯道顶点处会受到指向弯道外岸离心力的作用,对比图 8 - 33(d) 浊流在直梯形渠道中及如图 8 - 34(a) 所示的在弯曲渠道顶点处的二次流的速度矢量图,可以清楚地看出:对弯曲渠道来说,离心力会促进弯道内岸处沿梯形边岸的回流,放大之而形成貌似指向弯道外岸占统治地位的二次流。但是右边外岸处的和河流方向相同的二次流并没有完全消失,而是被压缩至外岸边坡的狭窄的区域内,其大小及位置和浊流的流量、渠道的断面形状及平面弯曲度等的不同而不同。实际上,从主张重力流二次流的方向和河流的相反的作者的实验数据中(图 8 - 34b),我们也可看到右边外岸处一狭窄的区域显示出和我们模拟的一样的和河流二次流方向一样的流动。也就是说,实际上在弯道顶点处,水下重力的两个方向的二次流是可以同时存在的。

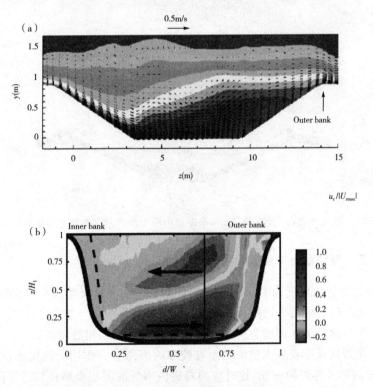

图 8 - 34　数值模拟浊流在弯道顶点处的二次流速度矢量图及密度云图
及实验测得的(Corney 等,2006)某重力流实验的弯道顶点处的二次流的速度云图

　　浊流的二次流的方向并不是无足轻重的,它对浊流对沉积物的搬运和沉积及塑造浊流沉积地形有着显著的作用。如图 8-35(a) 所示,在直渠道中的浊流沿边岸流向渠底的二次流起到了一定程度上限制浊流外溢,使更多的沉积物留在渠道内沉积或被搬运至下游的作用。

　　而在弯曲渠道顶点处的由内岸指向外岸二次流(图 8-35b) 则促进了浊流在外岸边的外溢及较内岸更多的沉积物在外岸及其下游处的沉积,即所谓的**外甩**作用(stripping);而同时存在的被压缩的沿外岸边坡的回流则起着限制部分浊流外溢,使较多较粗的颗粒物沉积在渠底靠外岸一边,使那儿可以成为更好的油气储层。

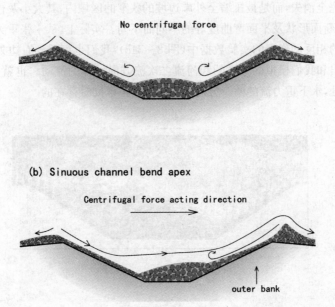

図 8-35　浊流在直(a) 及弯曲(b) 梯形渠道内的二次流对沉积物的搬运和沉积的影响

8.7.5　弯曲峡谷中浊流的平面沉积特征

　　下面的对边坡坡度为 11.31° 的梯形弯曲渠道内浊流流动及其沉积模拟的沉积厚度(dy/m)和沉积物平均粒径(D_{sg}/m)云图显示:

　　(1) 在弯曲渠道内部的靠外岸处沉积较厚且粒径也相对较高;

　　(2) 在弯道外岸及其下游方向上有较多的因离心力作用而被抛出的重力流所形成的椭圆形或舌形的沉积,比对应的弯道内岸处的沉积要厚且粒径要高;

　　(3) 和图 8-32 所示的水下直渠道内的浊流所形成的沉积一样,弯曲渠道内浊流的沉积物粒径云图和沉积厚度云图相比,在形状上相似并呈在流向上被拉伸的形态。

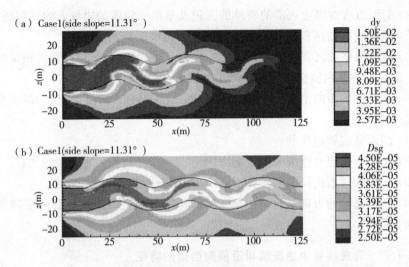

图 8-36　弯曲峡谷内单次浊流事件后的沉积厚度(a)及沉积物平均粒径(b)云图

8.7.6　弯曲峡谷中浊流沉积沿纵向剖面的特征

不同位置的纵向剖面有不同的特征,我们来观察上述弯曲渠道经八次浊流流动后的两不同纵剖面的沉积厚度及粒径(Dsg/m)云图。

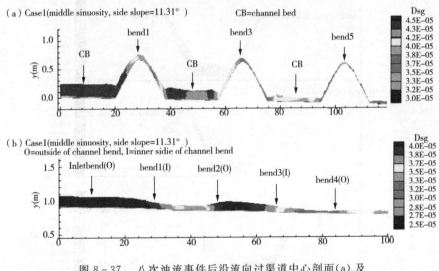

图 8-37　八次浊流事件后沿流向过渠道中心剖面(a)及
沿渠道堤岸边剖面(b)的沉积厚度及粒径云图

上面的沿流向部分切入渠道内部的剖面(图 8-31a,AA′剖面)的沉积厚度及粒径云图显示:

（1）剖面由弯曲渠道底部的较厚的沉积及呈拱形较薄的边坡上的沉积所构成；

（2）渠道底部的沉积物粒径总是大于相邻边坡沉积物的粒径；

（3）边坡的拱形沉积的上游一边的粒径较下游边的要高,粒径及沉积厚度均由上游方向往下游方向沿拱形呈渐渐减小之势。

图 8-37 中下面的沿渠道堤岸边剖面(图 8-31a, BB′剖面) 的沉积厚度及粒径云图显示：

（1）剖面呈波状起伏状；

（2）在靠近弯道外岸处及其下游方向上,沉积较厚,粒径也相对较大；

（3）在靠近弯道内岸及其下游方向上,沉积渐渐变薄,粒径渐细；

（4）浊流流动的方向是由略短渐变厚的外岸沉积至后面的较长的变薄的内岸的方向。

8.7.7　弯曲峡谷中浊流沉积沿横向剖面的特征

图 8-38 的 8 次浊流在上述弯曲梯形渠道上的流动后所形成的沉积的横剖面的厚度特征显示了和实测剖面及实验观察(图 8-30) 的高度一致性。图中(a),(c) 为对应图 8-31 bend 1,2 二弯道顶点处的横剖面图,而(b) 为对应此二弯道顶点中间弯道转换转换处的剖面图。

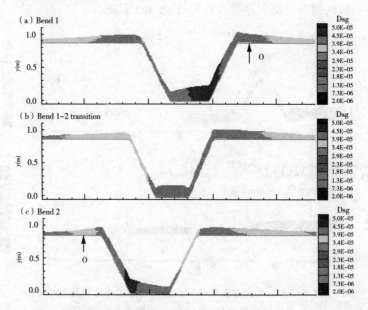

图 8-38　八次浊流事件后在弯曲梯形渠道的三不同横剖面的沉积厚度及沉积物粒径云图

(a)(c) 为下游二弯道顶点处；(b) 为其间弯道转换处

由上面的不同位置的横剖面的沉积厚度及粒径(D_{sg}/m)云图,我们可观察到：

（1）弯道顶点处外岸的沉积和内岸的存在明显的形状及厚度上的不同,外岸沉积较厚且呈上凹的形状,而内岸的较薄呈略向上拱的形状;

（2）在弯道顶点处,渠道底部靠外岸一边的沉积较厚,粒径也相对较粗;

（3）在弯道转换处的渠道底部呈现和直渠道相类似的特征(图 8 - 33b,c),沉积厚度及粒度较均匀,且在二底角处有由于沿边坡的回流的影响而形成的小沟或较少的沉积;

（4）在弯道转换处两岸的沉积有明显的不同,它们各自承接了其上游岸边沉积的特征,即和弯道顶点外岸相连的一边的沉积较厚、粒径较粗,另一侧则相反。

这几小节所揭示的浊流流动及其沉积特征,对于我们根据野外观察的浊积岩的露头、深海钻探及地震波勘探等获得的关于浊流沉积的特征来推断其古代的形成环境,推测可能的油气储层的位置及规模等会有一定的参考作用。

复习思考题

8.1　简述重力流的一般概念及其特性。

8.2　何谓重力流的过量密度比及缩小的重力?

8.3　试述比水重的污染物在河道中心释放后在直河道及弯曲河道分布的一般特征。

8.4　试述比水轻的污染物在河道中心释放后在直河道及弯曲河道分布的一般特征。

8.5　试述比水重的污染物在河道岸边释放后在直河道及弯曲河道分布的一般特征。

8.6　试述比水轻的污染物在河道岸边释放后在直河道及弯曲河道分布的一般特征。

8.7　试述河道弯曲度对比水重的污染物在河道中释放后的影响。

8.8　试述河道弯曲度对比水轻的污染物在河道中释放后的影响。

8.9　由重力流的三维的 z 方向的动量方程推导出其深度平均动量方程(8 - 47)。

8.10　试推导深度平均沿 z 轴方向传质方程。

8.11　写出深度平均沿 z 轴方向的弥散系数计算公式。

8.12　试述你对重力流的梯度理查德森数及整体弗雷德数的理解。

8.13　试述海底浊流在梯形直渠道的流动及沉积特征。

8.14　谈谈你对水下重力流在弯道处的二次流的理解。

8.15　试述海底浊流在弯曲渠道中的流动及沉积特征。

参 考 文 献

Abad J D, SequeirosO E, Spinewine B, et al. Secondary current of saline underflow in a highly meandering channel: experiments and theory. Journal of Sedimentary Research,2011,81: 787 - 813.

Anderson,J D. Computational Fluid Dynamics. McGraw-Hill,1995.

Buckee C,Kneller B,Peakall J. Spec. Publs. Int. Ass. Sediment,2001,31:173 - 187.

Canuto V M, Cheng Y, HOward A M, et al. Stably stratified flows: a model with no Ri(cr). Journal of the atmospheric sciences,2008,65:2337 - 2347.

Cebeci T, Shao J P, Kafyeke F, et al. Computational fluid dynamics for engineers. Horizons Publishing Inc. , 2005.

Chen C J, Jaw S Y. Fundamentals of turbulence modeling. Taylor and Francis, 1997.

Choi S , García M H. turbulence modeling of density currents developing two dimensionally on a slope. J. Hydraul. Eng. , 2002, 128(1): 55 - 63.

Corney R T, Peakall J, Parsons D R, et al. The orientation of helical flow in curved channels. Sedimentology, 2006, 53: 249 - 257.

De Vries P. Bedload layer thickness and disturbance depth in gravel bed streams. J. Hydraul. Eng. , 2002, 128 (11): 983 - 991.

Ellison T H , Turner, J S. J. Fluid Mech, 1959, 6: 423 - 448.

Felix M , Peakall J. Sedimentology, 2006, 53: 107 - 123.

Ferziger J H, Peric M. Computational methods for fluid dynamics (2nd Edition). Springer, 1999.

Fukushima Y , Hayakawa N. Analysis of inclined wall plume by the turbulence model. J. App. Mech. , 1990, 57: 455 - 465.

Garcia M , Parker G. Experiments on hydraulic jumps in turbidity currents near a canyon - fan transition. Science, 1989, 245: 393 - 396.

Galerin B, Sukoriansky S , Erson P S. On the critical Richardson number in stably stratified turbulence. Atmospheric science letters, 2007, 8: 65 - 69.

Garcia M. Depositing and eroding turbidity sediment driven flows: Turbidity Currents. Proj. Rep. 306, St. Anthony Falls Hydraulic Lab. , Univ. of Minnesota, Minneapolis, 1990.

Garcia M. Hydraulic jumps in sediment-driven bottom currents. J. Hydraul. Eng. , 1993, 119(10): 1094 - 1117.

Garcia M J. Depositional turbidity currents laden with poorly-sorted sediments. J. Hydraul. Eng. , 1994, 120(11): 1241 - 1263.

Gary T E, Alexander J , Leeder M R. Sedimentology, 2005, 52: 467 - 488.

Gladstone C, Phillips J C , Sparks R S. J. Sedimentology, 1998, 45: 833 - 844.

Gladstone C , Woods A W. J. Fluid Mech. , 2004, 416: 187 - 195.

Gladstone C, Phillips J C , Sparks R S J. Experiments on bidisperse, constant volume gravity currents: propagation and sediment deposition. Sedimentology, 1998, 45: 833 - 844.

Gladstone C , Woods A W. On the application of box models to particle - driven gravity currents. J. Fluid Mech. , 2000, 416: 187 - 195.

Hallworth M A, Phillips J C, Huppert H E , et al. Entrainment in turbulent gravity currents. Nature, 1993, 362: 829 - 831.

Huppert H E , Simpson J E. The slumping of gravity currents. J. Fluid Mech. , 1980, 99: 785 - 799.

Huppert H E , Simpson J E. J. Fluid Mech. , 1980, 99: 785 - 799.

Islam, M A and Imran, J. J. Geophysical Research, 2010, 115: 1 - 14.

Henkes R A W M, Flugt F F , Hoogendoorn C J. Natural convection flow in a square cavity calculated with low-Reynolds number turbulence models. Int. J. Heat Mass Transfer, 1991, 34: 1543 - 1557.

Huang H, Imran J, Pirmez C. Numerical model of turbidity currents with a deforming bottom boundary. Journal of Hydraulic Engineering, 2005, 131(4): 283 - 293.

Huang H, Imran J, Pirmez C. Numerical modeling of poorly sorted depositional turbidity currents. Journal of Geophysical Research, 2007, 112: 1 - 15.

Huang H, Imran J, Pirmez C. Numerical Study of Turbidity Currents with Sudden-Release and Sustained-Inflow Mechanisms. Journal of Hydraulic Engineering, 2008, 134(9): 1199 - 1209.

Huang H, Imran J, Pirmez C. Nondimensional parameters of depth-averaged gravity flow models. Journal of Hydraulic Research, 2009, 47(4): 455 - 465.

Huang H, Imran J, Pirmez C, et al. The critical densimetric Froude number of subaqueous gravity currents can be non - unity or non-existent. Journal of Sedimentary Research, 2009, 79: 479 - 485.

Huang H, Chen G, Zhang Q F. The distribution characteristics of pollutants released at different cross-sectional positions of a river. Environment Pollution, 2010, 116: 55 - 70.

Huang H, Imran J , Pirmez C. The depositional characteristics of turbidity currents in submarine sinuous channels. Marine Geology, 2012, 329 - 331: 93 - 102.

Huang H, Chen G , Zhang Q. Influence of river sinuosity on the distribution of Conservative Pollutants. Journal of Hydrologic Engineering, 2012, 17(12): 1296 - 1301.

Imran J, Islam A M, Huang H, et al. Helical flow couplets in submarine gravity underflows. Geology, 2007, 35: 659 - 662.

Imran J, slam M A , Kassen A. "The orientation of helical flow in curved channels" by Corney et al. , Sedimentology, 2008, 53: 249 - 257.

Kane I, McCaffrey W D, Peakall J, et al. Submarine channel levee shape and sediment waves from physical experiments. Sedimentary Geology, 2010, 223(1 - 2): 75 - 85.

Karim M F, Kennedy J F. IALLUVIAL: A computer-based flow and sediment routing model for alluvial streams and its application to the Missouri river. Iowa Institute of Hydraulic Research Report No. 250, 1982.

Kneller B, Buckee C. The structure and fluid mechanics of turbidity currents. Sedimentology, 2000, 47: 62 - 94.

Komar D P. Hydraulic jumps in turbidity currents: Geological Society of America Bulletin, 1971, 82: 1477 - 1487.

Kostic K , Parker G. The Response of turbidity currents to a canyon-fan transition: internal hydraulic Jumps and depositional signatures: Journal Hydraulic Research, 2006, 44: 631 - 653.

Kostic K , Parker G. Conditions under which a supercritical turbidity current traverses an abrupt transition to vanishing bed slope without a hydraulic jump: Journal of Fluid Mechanics, 2007, 586: 119 - 145.

Kubo Y , Nakajima T. Laboratory experiments and numerical simulation of sediment-wave formation by turbidity currents. Marine Geology,2002,192:105 – 121.

Middleton G V. Sediment deposition from turbidity currents. Annu. Rev. Earth Planet. Sci. ,1993,21:89 – 114.

Mohrig D,Straub K M,Buttles J. Controls on geometry and composition of a levee built by turbidity currents in a straight laboratory channel. In Parker and Garcia (ed.),River,coastal and estuarine morphodynamics: RCEM 2005,Taylor and Francis Group,London,2006,579 – 584.

Nakajima T,Satoh M. The formation of large mudwaves by turbidity currents on the levees of the Toyama deep-sea channel,Japan Sea. Sedimentology,2001,48:435 – 463.

Parker G,Fukushima Y , Pantin H J. Fluid Mech,1986,171:145 – 181.

Parker G,Garcia M,Fukushima Y ,et al. J. of Hydraulic Research,1987,25(1):145 – 181.

Peakall J, Amos K J,Keevil G M, et al. Flow processes and sedimentation in submarine channel bends. Marine and Petroleum Geology,2007,24(6 – 9):470 – 486.

Rodi W. Turbulence models and their applications in hydraulics. International Association for Hydraulic Research,Delft,The Netherlands,Monograph,1984.

Serchi F G, Peakall J, Ingham D B , et al. A unifying computational fluid dynamics investigation on the river-like to river-reversed secondary circulation in submarine channel bends: Journal of Geophysical Research,2011,116:1 – 19,C06012,doi:10. 1029/2010JC006361. Shin,J. O. ,Dalziel S B. and Linden P F. J. Fluid Mech. ,2005,521:1 – 34.

Simpson J E. Gravity currents in laboratory, atmosphere, and ocean. Ann. Rev. Fluid Mech. ,1982,14:213 – 234.

Simpson J E. Gravity currents. Cambridge University Press,1997.

Smith J D , McLean S R. Spatially averaged flow over a wavy surface. J. Geophys. Res. , 1977,82(12):1735 – 1746.

Straub K M,Mohrig D,McElroy B,et al. GSB Bulletin,2007,25983:1 – 18.

Versteeg H K , Malalasekera W. An introduction to computational fluid dynamics (2nd Edition). Pearson Education Limited,2007.

Wilcox P R , McArdell B W. Partial transport of a sad/gravel sediment. Water Resour. Res. ,1997,33:235 – 245.

Wu W. Computational river dynamics. Taylor and Francis,2008.

Wynn R B,Cronin B T , Peakall J. Sinuous deep-waterf channels: genesis,geometry and architecture. Marine and Petroleum Geology,2007,24:341 – 387.